COURS COMPLET

D'ENSEIGNEMENT PRIMAIRE

rédigé conformément aux programmes
du 27 juillet 1882

ÉLÉMENTS USUELS

DES

SCIENCES PHYSIQUES

ET NATURELLES

PAR

LE D' SAFFRAY

COURS MOYEN

LIVRE DU MAITRE

DEUXIÈME ÉDITION

PARIS

LIBRAIRIE HACHETTE ET Cie

79, BOULEVARD SAINT-GERMAIN, 79

1883

PRÉFACE

Les *Premières notions* que l'enfant acquiert à l'École maternelle, les *Leçons de choses* qui occupent une large place dans le Cours élémentaire de l'École primaire, ont été pour vos élèves une révélation attrayante de la nature.

Vous avez choisi des sujets pratiques d'entretiens. Vous avez causé des *choses*, répondant aux questions toujours renouvelées, les suscitant, les dirigeant, de telle sorte que l'enfant était acteur dans la leçon. Vous le faisiez marcher de découverte en découverte. Il prenait possession du monde à mesure qu'il entrevoyait de nouveaux horizons, ou qu'une lumière plus vive fixait son attention sur des objets déjà familiers.

Reportez-vous aux premières impressions de votre enfance, et vous comprendrez ce qui s'est passé dans ces jeunes esprits pendant les leçons adaptées à leur manière de voir, de comprendre, de sentir. L'enfant éprouve une joie intense quand, après un peu d'effort, il comprend, il voit une vérité. Sans se rendre compte de l'importance utilitaire de ses nouvelles conquêtes, il a conscience de son éclosion intellectuelle.

Voilà ce que vous lisiez dans les grands yeux candides qui semblaient absorber vos paroles, — tant que vous avez eu l'art d'instruire sans ennuyer.

Mais pour cela même que vos petits mutins écoutaient de tout leur cœur, leur attention était promptement fatiguée. Aux premiers symptômes vous avez apporté une heureuse diversion. Une anecdote est venue à propos dramatiser la leçon et lui donner une forme vivante. Des spécimens ont circulé dans les rangs : on les a regardés, palpés, sentis, goûtés. Vous savez avec quelle conscience l'enfant se livre à ces examens minutieux. Une fois la connaissance faite, c'est pour la vie.

Cependant, c'est aux petites démonstrations expérimentales que vous avez dû vos plus grands succès près de votre jeune auditoire. Quelques objets usuels, ingénieusement adaptés, ont suffi pour exécuter de très jolies expériences qui ont vivement frappé l'imagination et laissé un durable souvenir.

Voilà ce que vous avez fait pour les élèves du Cours élémentaire.

Après quelques semaines de vacances, vous les retrouvez tels que vous les avez quittés. Si vous voulez vous conformer à l'esprit du programme pour le Cours moyen, vous n'avez guère à modifier la méthode qui vous a donné de si bons résultats : continuez de faire des Leçons de choses, en prenant pour sujet les matières prescrites.

Le programme comprend des notions élémentaires sur l'homme, les animaux, les végétaux ; quelques leçons sur les trois états des corps, l'air, l'eau et la combustion.

Ce programme apporte une modification profonde dans notre enseignement national. Les leçons de *mots* cèdent la place aux leçons de *choses*. L'enfant est placé d'emblée en face de la nature pour lui apprendre à voir, à comparer, à juger. Forcé de mettre simultanément en jeu les sens et l'intelligence, il acquiert naturellement l'habitude de les bien employer en toute occasion.

Les abstractions, les théories ne sont pas accessibles pour l'enfant. Il lui faut des exemples et des applications tangibles. Appelé à jouer un rôle dans la nature, il lui importe au plus haut point de connaître les forces qu'il lui faudra subir ou diriger ; les êtres qu'il devra éviter, utiliser ou combattre ; les matériaux que l'industrie humaine transforme pour assurer ses progrès. C'est par l'étude de l'homme et de la nature que vous préparerez l'enfant à la *lutte pour l'existence* et que vous ouvrirez son esprit aux grandes et nobles impressions qui satisfont son besoin d'idéal. En donnant pour base à l'enseignement primaire les éléments des sciences physiques et naturelles, l'administration de l'Instruction publique assure, à bref délai, une plus-value incalculable de la génération pour laquelle l'éducation primaire est devenue obligatoire.

Quelques bons esprits se sont effrayés de cette réforme qui inscrit en tête des programmes primaires l'enseignement des *Sciences physiques* et *naturelles*. Il suffira d'une courte expérience pour les rassurer. La science primaire n'aura ni les méthodes, ni le style, ni les allures de la science classique. Elle restera dans son rôle *éducatif*, sans aucune prétention à la science pure. Son langage sera celui de tout le monde. Sauf un petit nombre de termes, qu'il est désirable de vulgariser, l'enfant n'apprendra rien du vocabulaire latin et grec qui hérisse les abords de la science officielle. Les vrais savants ne seront point scandalisés des libertés prises avec leur méthode ou leur langage. Les enfants feront de la science presque sans le savoir.

Pour rester dans ces limites, les maîtres n'auront qu'à se rappeler ces paroles de Rollin qui s'appliquent fort bien à nos nouveaux programmes : « J'appelle Physique des enfants une étude de la nature qui ne demande presque que des yeux. Elle consiste à se rendre attentif aux objets que la nature nous présente, à les considérer avec soin, à en admirer les différentes beautés, mais sans en approfondir les causes secrètes, ce qui est du ressort des savants. Il est inconcevable combien les enfants pourraient apprendre de choses si l'on savait profiter de toutes les occasions qu'eux-mêmes en fournissent. »

Oui, l'enfant, avec son continuel *pourquoi?* se prête merveilleusement à l'enseignement de la science primaire. Rien de plus facile que de tenir son attention en éveil, d'exciter, de diriger sa curiosité, afin d'atteindre le but éducatif que l'on a eu spécialement en vue en l'initiant aux premières notions des sciences physiques et naturelles. Il emportera de l'école un petit bagage de connaissances précises, qu'il possèdera complètement et qu'il sera prêt à augmenter selon les circonstances; il aura, comme le souhaitait Montaigne, « une tête bien faite plutôt que bien pleine. »

Pour interpréter et appliquer les nouveaux programmes, vous avez besoin d'un guide habitué à mettre la science à la portée de l'enseignement élémentaire. Nous vous offrons, pour conseiller de chaque jour, ce livre écrit pour vous, dans l'esprit qui doit animer votre enseignement.

Vous n'y retrouverez pas la forme gaie, anecdotique, enfantine, des Leçons de choses. Sans cesser d'être aussi intéressant, aussi attrayant que possible, l'enseignement du Cours moyen doit être tel que l'enfant ne le considère pas comme une variété des récréations. La forme d'entretiens familiers est la plus convenable, parce qu'elle permet une diversité de style, de moyens, de mise en scène qui assurent l'attention, la collaboration du jeune auditoire. En rédigeant ces leçons, nous nous sommes constamment représenté l'effet produit par chaque partie, afin de prévenir la lassitude ou l'ennui. Nous ne parlons que de phénomènes et d'êtres déjà familiers ; de ce que l'enfant est à même de vérifier chaque jour. Nous indiquons des applications ingénieuses de chaque fait étudié ; nous décrivons des expériences que vous exécuterez facilement au moyen de quelques appareils très simples.

Notre plan d'ouvrages pour l'enseignement des sciences physiques et naturelles ayant été fait d'un seul coup, toutes les parties ont été coordonnées de telle sorte que les connaissances s'enchaînent dans un ordre logique et que chaque année continue, en le complétant, l'enseignement de l'année précédente.

Dans les livres du Maître, pour les Cours moyen et supérieur, chaque leçon est suivie d'un questionnaire préparé avec soin et rédigé de telle sorte que l'élève est obligé de répondre par des phrases entières, tirées de son propre fonds.

Les livres destinés aux élèves n'offrent qu'un résumé succinct des leçons ; mais à chaque page, des vignettes très enseignantes, très jolies à l'œil, représentent d'une manière aussi exacte que pittoresque les phénomènes, les êtres, les expériences dont il importe d'assurer le souvenir.

Encouragé par le succès de notre Musée des écoles qui a rendu si facile et si attrayant l'enseignement des Leçons de choses, nous allons le modifier et le compléter selon la lettre et l'esprit des nouveaux programmes, afin que les maîtres aient sous la main un matériel préparé spécialement pour l'enseignement élémentaire des sciences *physiques* et naturelles.

C'est avec joie que nous avons entrepris d'aider les maîtres et les élèves dans la nouvelle voie ouverte à notre enseignement national. Nous tiendrons à grand honneur d'avoir pu contribuer à rendre populaire une réforme longtemps désirée et dont nous attendons les meilleurs résultats.

C. S.

ÉLÉMENTS USUELS
DES SCIENCES PHYSIQUES
ET NATURELLES

PREMIÈRE PARTIE

L'HOMME

AVANT-PROPOS

Mes amis, supposez que l'on vous a fait présent d'une
ferme avec ses dépendances : champs, prairies, vergers,
jardins, habitation, étable, écurie, etc. Le tout est meublé,
outillé, pourvu de tout ce qu'il faut pour une exploitation
régulière. Quelle sera votre première idée?.... Voir cette
ferme, n'est-ce pas ?

Vous irez, en toute hâte, reconnaître votre propriété.
D'un premier coup d'œil vous évaluerez la contenance des
champs, vous constaterez l'état des cultures. Vous visite-
rez la maison de la cave au grenier; vous ferez connais-

sance avec les bœufs, les vaches, les chevaux, les bêtes de la basse-cour ; vous parcourrez le verger et le jardin.

Cela fait, vous aurez déjà une idée générale de votre propriété. Vous comprendrez qu'il faut du temps pour l'étudier en détail, et vous diviserez la tâche. Vous aurez d'ailleurs besoin que l'on vous explique bien des choses, car il ne suffit pas toujours de voir pour bien se rendre compte du *pourquoi* et du *comment*.

Si un homme entreprenait d'apprendre, dans les plus petits détails, tout ce qui concerne l'exploitation d'une ferme, savez-vous combien il lui faudrait de temps ? Toute sa vie n'y suffirait pas. Il faut donc faire un choix, et au lieu de chercher à tout savoir par le menu, apprendre seulement ce que l'on a besoin de mettre chaque jour en pratique.

La terre est l'immense propriété du genre humain. Les hommes lui demandent tout ce qui est nécessaire à la satisfaction de leurs besoins ou de leurs plaisirs. Ils n'en obtiennent jamais rien sans peine, assurément, mais à mesure qu'ils l'étudient et la connaissent mieux, ils en retirent, avec moins de travail, de plus grands avantages.

Nous avons donc tout intérêt à étudier, à connaître la terre, notre grand domaine, avec tout ce qu'elle produit, tout ce qui en dépend, tout ce qui l'influence : les pierres, les plantes, les animaux ; l'air, la chaleur, la lumière. Cet ensemble constitue ce que l'on appelle LA NATURE.

Nous vivons dans la nature. Nous subissons constamment ses influences, mais nous apprenons à les modifier en vue de notre bien-être. Nous mettons en œuvre ses forces pour nous épargner de la fatigue. Nous approprions à nos besoins ses richesses et nous lui faisons produire, à volonté, ce qu'il nous importe de posséder en abondance. Nous jouissons de ses beautés ; nous imaginons des moyens pour les adapter à nos goûts, à nos convenances.

Pour tout cela il nous faut interroger cette grande et belle nature. Nous pouvons commencer par l'étude des pierres, des plantes, des animaux : cet ensemble de connaissances constitue les SCIENCES NATURELLES. Puis nous chercherons à reconnaître les *propriétés* des corps, nous constaterons les *phénomènes* qui résultent de leur *action réciproque :* tel est l'objet des SCIENCES PHYSIQUES.

Vous le voyez, mes amis, pour faire connaissance avec la terre, notre domaine, notre patrie, nous avons besoin d'apprendre les ÉLÉMENTS DES SCIENCES PHYSIQUES ET NATURELLES, que l'on peut désigner par un seul nom : étude de la Nature.

Que ce mot *étude* ne vous effraye pas. Vous aimez les *Leçons de choses.* Eh bien, ces leçons dans lesquelles nous avons causé de l'air, du feu, des animaux, des minéraux, des plantes, nous n'aurons qu'à les continuer pour remplir notre programme. Seulement, comme vous êtes plus grands et que vous avez déjà quelques notions sur toutes ces *choses* dont l'ensemble forme la Nature, nous pourrons aborder des sujets plus variés, entrer dans plus de détails et nous attacher davantage aux applications pratiques.

Dans cette Nature que nous allons étudier vous occupez une place. Vous vous préparez à y jouer un rôle, à en prendre possession. Pour cela, vous vous servirez de votre corps et de votre intelligence. Eh bien, dans la Nature, ce qu'il vous importe le plus de connaître, c'est vous-même En vous appliquant à étudier le mécanisme, les fonctions, les aptitudes de votre corps, à comprendre en quoi consistent les facultés de votre esprit, il ne s'agit pas seulement de satisfaire une *curiosité* bien naturelle. Cet objet pourrait vous laisser indifférents. Mais vous y avez un *intérêt* direct et d'une application journalière. Connaître votre corps, c'est apprendre à le maintenir en bonne santé, à vous en servir de la manière la plus utile pour vous et pour les autres. Connaître votre esprit, c'est acquérir les moyens de développer votre intelligence pour l'appliquer à bien remplir votre destination sur la terre.

Voilà pourquoi, mes amis, nous allons commencer l'année par quelques simples causeries sur l'homme.

I. — APPARENCE GÉNÉRALE DU CORPS.

Avez-vous remarqué, mes amis, combien se ressemblent les pieds de devant et les pieds de derrière du chien, du chat, du bœuf, du cheval? Leurs quatre pieds sont évidemment construits pour le même usage : ces animaux sont destinés à marcher à quatre pattes.

Qui peut me dire comment on appelle les animaux pourvus de quatre pieds?

Louis a bien répondu : ce sont des *quadrupèdes*.

Voyez, au contraire, la différence qu'il y a entre vos pieds et vos mains. Henri, dites-nous pourquoi nos mains ne ressemblent pas à nos pieds.

— Parce qu'elles ne sont pas faites pour marcher

C'est juste. Vous vous êtes peut-être amusé à marcher à quatre pattes. Essayez-le avec attention et vous constaterez que vos membres ne sont pas disposés pour ce genre d'exercice. Ce qui vous gênera le plus, ce sera l'impossibilité de plier vos doigts en arrière. Instinctivement vous fermerez les mains et vous vous appuierez sur la partie externe des doigts.

En effet, mes amis, tout notre corps est combiné pour que nous marchions debout. Cette attitude droite est un privilège de l'homme : vous ne la retrouverez point chez les animaux.

Ernest n'a pas l'air tout à fait de cet avis. Eh bien, dites-nous votre idée.

— Les chiens qui *font le beau* et les singes se tiennent droits,

Ils se tiennent droits à leur manière. Quand un chien fait le beau, comme l'on dit, son corps et ses jambes ne forment pas une ligne droite; et comme il ne se maintient dans cette position que par un effort considérable, il est bien vite fatigué et reprend sa posture naturelle. Le singe peut se tenir plus droit et garder plus longtemps cette posture. Cela tient à la disposition de ses cuisses par rapport au corps. Cependant ce n'est pas non plus sa posture naturelle. Ce n'est que dans des images de fantaisie, que l'on voit des singes se promener la canne à la main.

Le singe vit ordinairement sur les arbres. Ce n'est pas un animal *marcheur*. Quand il descend à terre, il avance gauchement à quatre pattes, en s'appuyant sur ses mains à demi fermées. Dans les arbres, c'est tout autre chose, il se montre excellent *grimpeur* et très agile acrobate. Ses pieds diffèrent à peine de ses mains; aussi l'appelle-t-on animal à quatre mains, ou en un mot *quadrumane*.

Léon, quel avantage voyez-vous pour l'homme à se tenir droit?

— Si l'homme marchait à quatre pattes il ressemblerait à un animal, et il ne pourrait pas se servir de ses mains.

C'est vrai. La posture et la démarche de l'homme lui donnent un caractère de noblesse et d'élégance qui manque aux quadrupèdes. Il semble moins attaché à la terre. Si l'on compare une belle statue et l'image d'un singe, l'animal qui se rapproche le plus de l'homme, on ne peut hésiter à déclarer de quel côté se trouve l'harmonie des formes, la grâce, la beauté.

De plus, comme l'a dit Léon, il fallait que l'homme se tînt debout pour employer au service de son intelligence ses bras et ses mains, au lieu d'en faire de simples supports.

Remarquez aussi, mes enfants, que la posture droite donne à la tête une position commode et élégante ; que le visage s'offre en plein aux regards.

Dites-nous, Henri, lorsque vous abordez un de vos camarades, où se portent tout naturellement vos regards ?

— A sa figure.

Et dans sa figure, que fixez-vous tout d'abord ?

— Les yeux.

Bien. Dites-nous maintenant, Jean, que signifie : lire dans les yeux ?

— Cela signifie que si l'on regarde bien les yeux d'une personne on peut deviner à peu près ce qu'elle pense ou ce qu'elle ressent.

C'est vrai, l'œil de l'homme est particulièrement *expressif*, c'est-à-dire qu'il exprime à sa manière et laisse comprendre les sentiments, les pensées. Les yeux sont doux et bons, ou froids, astucieux, méchants ; ils sont gais et vifs, ou tristes, ternes et abrutis. Dans le regard on voit se refléter l'honnêteté, la bravoure, la décence ; ou bien la bassesse, le vice, la peur. Le regard attire, implore, interroge ; il repousse, commande, encourage. Voilà pourquoi l'on dit : l'œil est le miroir de l'âme.

Jean, si ce n'est pas dans les yeux que vous regardez votre camarade, sur quelle autre partie de son visage se fixe de préférence votre regard ?

— Sur la bouche.

Cela est également naturel et instinctif. C'est que la bouche complète d'ordinaire l'impression que produit le regard. Les lèvres prennent une expression en harmonie avec les pensées, les sentiments. Le sourire suffit même pour exprimer, avec des nuances très délicates, tout un ordre d'impressions agréables ou gaies. Le sourire est frère du regard. Ce sont les yeux et les lèvres qui contribuent le plus à traduire ce qui se passe en nous.

Ernest, vous avez entendu dire : cette personne a une bonne physionomie; ou au contraire : elle a une mauvaise physionomie? Qu'est-ce que cela signifiait?

— On voulait dire que la personne avait l'air bon ou méchant.

C'est cela. On appelle physionomie l'expression des sensations, des sentiments, des pensées, qui résulte de l'ensemble des traits. Ce sont les yeux et les lèvres qui contribuent le plus à la physionomie, cependant l'expression du visage est notablement modifiée par le front tranquille ou plissé; les sourcils relevés, abaissés, ou rapprochés par un froncement de la peau; les ailes du nez rétrécies ou dilatées; le menton dirigé en haut ou en bas. La physionomie est encore modifiée par l'aspect général de la tête, la forme et l'ampleur du front, la couleur des yeux, la disposition et la couleur des cheveux, de la barbe; la forme des oreilles, la nuance de la peau.

Julien, supposez que vous entendiez dire : cet enfant a une physionomie avenante, honnête, intelligente; — cet autre a l'air bête, méchant, renfrogné. Auquel des deux voudriez-vous ressembler?

— Au premier, bien sûr.

Mais croyez-vous que cela dépende de vous?

— Non, car on ne se fait pas.

Eh bien, mon ami, vous vous trompez. Cela dépend de vous en grande partie. Nous naissons beaux ou laids, et nous n'y pouvons rien. Mais quand vous serez grand, vous aurez mainte occasion de constater ceci : une personne très belle peut ne point sembler aimable, ni bonne, ni intelligente; tandis que la laideur disparaît aisément sous une expression d'intelligence, d'amabilité, d'honnêteté. Nous ne faisons pas les traits de notre visage, mais nous en modelons l'expression. La physionomie, en effet, traduit non seulement nos impressions, nos sentiments, nos pensées du moment où l'on nous examine, mais encore les pensées, les sentiments, les impressions auxquels nous sommes habitués.

Si vous voulez acquérir une bonne physionomie, mes enfants, habituez-vous aux pensées qui élèvent, aux impressions honnêtes, aux sentiments vertueux. Portez dans la vie ce que vous apprenez à l'école. Vous acquerrez ainsi la seule beauté enviable, celle qui résiste aux années et qui constitue, dans le monde, la meilleure des recommandations : la beauté de l'âme reflétée par la physionomie.

Lucien, vous avez regardé bien des fois la tête d'un chien, d'un bœuf, d'un porc, d'un cheval, d'un coq. Si vous comparez toutes ces têtes à celle de l'homme, quelle est la différence principale que vous remarquez?

— Tous ces animaux ont une très grande bouche allongée.

C'est vrai. La gueule du chien, le bec du coq, la bouche du cheval occupent dans leur tête une place considérable. Il en est de même chez le lézard, la grenouille, la carpe, etc. Chez les animaux la bouche très allongée semble indiquer qu'ils vivent pour manger. Tandis que chez l'homme qui mange pour vivre, mais qui vit pour penser et travailler, la bouche est réduite dans ses proportions et le front s'agrandit pour loger un cerveau beaucoup plus développé que celui des animaux.

L'un de vous peut-il me dire comment s'appelle la partie la plus volumineuse de notre corps, celle à laquelle s'attachent la tête et les membres?

Vous hésitez. J'ai entendu : c'est le corps. Celui qui a dit cela ne se trompait pas tout à fait. Lorsque l'on dit : le corps humain, on entend l'ensemble de l'homme: les membres, la tête, et la partie centrale nommée *tronc;* mais dans le langage usuel, lorsque l'on veut distinguer le tronc des membres on le désigne souvent par le mot corps. Cela n'offre aucun inconvénient lorsque l'expression ne peut laisser aucun doute. Dans le cas contraire, il vaut mieux employer le mot *tronc* qui est plus correct.

Remarquez, mes enfants, que chez l'homme le tronc est peu volumineux par rapport aux membres, et disposé de telle sorte qu'il se trouve en équilibre dans la station, dans la marche et dans la position assise, sans que nous fassions aucun effort pour le maintenir dans cette attitude.

Cette disposition verticale du corps nous permet d'employer les bras de la manière la plus avantageuse. Lorsqu'un singe s'assied, s'il veut maintenir son corps droit il est obligé de plier et de relever les jambes. L'homme assis à terre peut allonger les jambes et demeurer droit sans effort.

Ernest, vous avez un peu plus de dix ans : vous êtes d'une taille moyenne pour votre âge. Comme tous les enfants, vous ambitionnez fort de grandir, de devenir un homme. Réfléchissez bien. Quel rapport pensez-vous qu'il y ait entre votre taille et celle que vous aurez quand vous serez un homme?

— Oh, quand je serai un homme, je serai bien deux fois aussi grand qu'aujourd'hui.

Vous êtes bien ambitieux! Vous aspirez au moins à devenir tambour-major! Sans vous mesurer, je pense que vous êtes haut d'environ 1^m,27 centimètres, par conséquent il ne vous manque que 0^m,27 centimètres pour atteindre la taille réglementaire d'un petit troupier. Vous aviez à peine trois ans quand il vous manquait la moitié de cette taille. Un homme qui atteint 1^m,68 centimètres est de taille moyenne.

Nous connaissons la taille de l'homme. Voyons un peu combien il pèse.

Ernest, savez-vous quel est votre poids?

— Le mois dernier je pesais 26 kilogrammes.

C'est le poids moyen d'un enfant de dix ans. Un homme de vingt-cinq ans mesurant environ 1^m,68 centimètres pèse à peu près 64 kilogrammes. Ainsi vous voyez que les enfants augmentent beaucoup plus en poids qu'en hauteur. A vingt-cinq ans votre poids aura augmenté de trois cinquièmes, tandis que votre taille se sera accrue seulement d'un sixième, si vous atteignez la taille moyenne.

Charles, comment appelle-t-on les hommes qui restent beaucoup au-dessous de la taille moyenne?

— On les appelle des nains.

Et ceux qui atteignent une taille extraordinaire ?

— Ce sont des géants.

On peut considérer comme le résultat d'une maladie ces différences extrêmes de taille, en plus ou en moins. Rarement la force des géants est proportionnelle à leur taille et les nains manquent presque toujours d'intelligence.

Louis, ne pensez-vous pas que les animaux couverts de poils sont mieux partagés que l'homme qui est nu?

— Ils n'ont pas besoin de vêtements.

C'est vrai. Mais réfléchissez un peu. Vous mettez des vêtements légers en été, épais en hiver. Quand vous avez reçu une ondée, au lieu de grelotter jusqu'à ce que vos vêtements se soient séchés sur votre corps, vous les changez, ce qui préserve au moins d'un rhume. De quel côté trouvez-vous maintenant l'avantage?

— Tout compte fait, il vaut mieux se faire son vêtement.

Henri, qu'est-ce qui fait la valeur principale d'un homme? Est-ce son corps ou bien son esprit, son âme, son intelligence ?

— Ce n'est pas le corps.

C'est vrai. Mais il ne s'en suit pas que nous devions mépriser ou négliger notre corps. Il s'en vengerait bien. Pour que l'esprit, l'âme, l'intelligence puissent se développer et accomplir leur destination, il faut absolument que le corps soit bien développé et maintenu en parfait état. Nous ne sommes ni de simples brutes, ni de purs esprits. L'homme est la réunion d'une âme et d'un corps destinés à agir de concert et qui ne peuvent rien l'un sans l'autre. Tout ce qui amoindrit ou dégrade le corps affaiblit et rabaisse l'esprit. D'autre part, l'esprit imprime au corps une marque particulière. L'attitude, la démarche, les gestes, la physionomie doivent aux facultés bien cultivées de l'esprit leur charme, leur grâce, leur noblesse.

Ainsi, mes amis, n'oubliez pas ceci : nous devons prendre soin de notre corps, le respecter, et nous efforcer de le rendre en tous points le digne compagnon et l'utile instrument de notre esprit.

QUESTIONNAIRE.

Qu'est-ce qu'un quadrupède? — Dites ce qui caractérise les pieds des quadrupèdes. — Comment l'homme emploierait-il ses mains s'il essayait de marcher à quatre pattes? — Quelle est la posture naturelle de l'homme? — De quelle façon marche le singe quand il est à terre? — Pourquoi appelle-t-on les singes *quadrumanes?* — Quel avantage y a-t-il pour l'homme à se tenir naturellement droit? — Qu'est-ce qui attire d'abord l'attention dans le visage? — D'où vient que le regard se fixe instinctivement sur les yeux? — Dites ce que vous entendez par l'*expression* des yeux, du regard. — Expliquez cette expression : l'œil est le miroir de l'âme. — Quelles sortes d'impressions exprime le sourire? — Qu'appelle-t-on la physionomie d'une personne? — Dites ce qui contribue à former la physionomie. — Expliquez comment l'aspect général de la tête modifie la physionomie. — Citez quelques manières de désigner une personne par sa physionomie. — Donnez une idée des rapports qu'il peut y avoir entre la physionomie et la beauté ou la laideur. — Expliquez comment nous faisons notre physionomie. — En quoi la tête de l'homme diffère-t-elle principalement de la tête des animaux? — Pourquoi trouve-t-on, chez l'homme, la bouche plus petite et le cerveau plus grand que chez les animaux? — Qu'appelle-t-on le tronc? — Quelle est la taille d'un enfant de dix ans? — Quelle est la taille nécessaire pour entrer dans l'armée? — Combien pèse un enfant de dix ans? — Quel est le poids d'un homme de taille moyenne? — Comment appelle-t-on les hommes qui sont de beaucoup au-dessus ou au-dessous de la taille moyenne? — En quoi est-il avantageux pour l'homme d'avoir la peau nue? — Donnez une idée des rapports qui existent entre le corps et l'esprit. — Comment devons-nous traiter notre corps?

II. — LE SQUELETTE. — LES ARTICULATIONS.

Mes amis, vous savez que les animaux sont formés, comme l'on dit familièrement, de chair et d'os. En regardant découper un poulet, un lapin, vous avez noté déjà, sans doute, quelques particularités intéressantes au sujet des os. Nous allons aujourd'hui compléter vos idées sur ce sujet, et surtout causer des os qu'il nous importe le plus de connaître, ceux de notre corps.

Léon, pouvez-vous nous dire à quoi servent les os de notre corps ?

— Ils servent à lui conserver sa forme.

Bien. Supprimez les os et tout le reste tombera comme un sac mal rempli. Les os forment à notre corps une sorte de charpente qui maintient en place chaque partie.

Ernest, si l'on enlevait les os de votre bras droit pourriez-vous tenir à bras tendu un poids de deux kilogrammes ?

— Mon bras fléchirait parce que rien ne le maintiendrait raide.

C'est cela. Pour exercer une force quelconque il faut un instrument résistant. Si l'on veut soulever une grosse pierre, une poutre, on emploie des *leviers* en bois ou en fer assez forts pour ne pas plier ou rompre. Eh bien, les os de nos membres agissent comme des leviers.

Louis, si vous vous palpez la tête, vous sentez de tous côtés des os, dont l'ensemble s'appelle le crâne. A quoi servent ces os ?

— A garantir le cerveau qui est dans le crâne.

C'est, en effet, leur fonction principale. Toutes les blessures du cerveau étant très graves, il fallait qu'il se trouvât renfermé dans une sorte de boîte osseuse.

Jean, savez-vous comment s'appelle la série d'os que l'on sent sous la peau depuis le cou jusqu'au bas du dos et qui forment une saillie assez considérable, surtout chez les gens maigres?

— C'est l'épine du dos.

On l'appelle vulgairement ainsi, mais il vaut mieux dire *l'épine dorsale*. Ce nom indique que l'on sent tout le long du dos une série de saillies disposées comme une rangée de grosses épines émoussées.

L'épine dorsale est composée par vingt-quatre os peu épais, percés d'un trou au centre et superposés. Ces os forment ainsi une sorte de colonne creuse. Aussi les médecins appellent l'épine dorsale *colonne vertébrale*, c'est-à-dire formée d'os nommés *vertèbres*.

Lucien, que sentez-vous sous vos doigts lorsque vous vous tâtez la poitrine à droite et à gauche?

— Je sens les côtes.

Oui. Et lorsque vous respirez, vous les sentez qui s'élèvent et s'écartent un peu.

Nous avons de chaque côté douze côtes qui consistent en os plats recourbés. Elles partent de l'épine dorsale: sur le devant de la poitrine, elles se réunissent à un os plat et long, le *sternum*. Chez les oiseaux cet os acquiert un développement considérable et une forme spéciale, comme vous pourrez l'observer en examinant ce que l'on appelle familièrement le *bréchet* d'un poulet.

Charles, comment s'appellent les deux parties saillantes qui se trouvent de chaque côté du corps au-dessous de la ceinture?

— Ce sont les hanches.

Bien. Les hanches sont formées par des os plats, épais

et très forts entre lesquels est enclavé un autre os plat qui fait suite à la colonne vertébrale et se termine par un petit os pointu, le coccyx. Cet ensemble d'os plats limite et protège une cavité nommée *bassin*, dans laquelle sont logés les intestins et d'autres organes.

Voyons maintenant de quelles parties osseuses se composent les membres.

Henri, placez votre main droite en arrière de votre épaule gauche. Poussez un peu le coude avec la main gauche afin d'appuyer les doigts le plus loin possible. Bien. Maintenant respirez longuement pour remplir d'air votre poitrine. Ne sentez-vous pas un os qui se soulève sous votre main ?

— En effet, je le sens.

.Cet os large et plat, c'est l'*omoplate*. Maintenant, tâtez l'os mince et assez court qui traverse horizontalement, en avant, de votre épaule à votre cou. C'est la *clavicule*. Ne vous effrayez pas de ces noms nouveaux. Ils ne sont pas plus difficiles à retenir que d'autres, et d'ailleurs, en fait de mots dérivés du latin ou du grec, j'aurai soin de ménager votre mémoire. Mais vous comprenez qu'il faut, autant que possible, appeler chaque chose par son nom, pour éviter des redites, des longueurs et des méprises.

Ces deux os : l'omoplate et la clavicule, servent de point d'attache au bras : voilà pourquoi il vous importe de les connaître.

Ernest, tâtez-vous le bras en dessous, auprès du coude, pendant que vous pliez l'avant-bras. Bien, comme cela. Combien d'os sentez-vous dans votre bras ?

— Je n'en sens qu'un.

C'est juste. Tâtez l'avant-bras auprès du poignet, tandis que vous fléchissez un peu la main. Combien d'os sentez-vous ?

— Il me semble qu'il y en a deux.

En effet. Le bras n'a qu'un os gros et fort ; l'avant-bras

en a deux plus minces. A l'avant-bras s'articule le poignet, au moyen de plusieurs petits os reliés à ceux de la *paume* ou partie moyenne de la main. Puis viennent les os des doigts.

Le membre inférieur offre une grande analogie avec le membre supérieur. La cuisse n'a qu'un os et la jambe en a deux. Ce sont les saillies de ces deux os qui forment la *cheville* du pied.

L'articulation du pied avec la jambe diffère beaucoup de celle de la main avec le bras. Il fallait, en effet, une solidité à toute épreuve à cette partie du corps qui supporte des efforts considérables dans toutes les directions. Aussi les extrémités des os de la jambe forment une cavité, une sorte de *mortaise*, dans laquelle s'emboîte un des os du pied à base élargie et disposé de manière à répartir uniformément la charge du corps. De plus, l'ensemble des os du pied forme une voûte élastique capable de céder un peu en cas de choc violent, et d'agir comme un ressort.

Ce que nous venons de dire suffit pour vous donner une idée générale du squelette. Nous n'avons pas à étudier ici l'*anatomie*, c'est-à-dire la science détaillée du corps humain, et si j'entrais dans plus de détails, vous seriez fort exposés à ne rien retenir.

Nous savons donc à quoi servent les os et comment ils sont disposés pour former le squelette de notre corps. Mais nous devons encore répondre à cette question : Qu'est-ce qu'un os?

Julien, avez-vous jamais remarqué un os brûlé, calciné dans le feu?

— J'en ai vu et touché. Les os brûlés sont blancs, très légers, et si fragiles qu'on les écrase en y touchant à peine.

Voilà qui est bien répondu. Voici un os calciné dans le feu. Si on l'écrase on obtient une sorte de terre ou de cendre. Ce résidu consiste en chaux unie à du phosphore et à du gaz carbonique que vous connaissez bien. On peut retirer des os le phosphore qui sert à préparer la pâte des allumettes chimiques.

Je vous ai parlé, à propos de la fabrication du sucre, d'une poudre noire qui sert à décolorer le sirop. En voici un échantillon : Antoine va nous dire le nom de cette poudre.

— C'est du noir animal.

Et avec quoi fait-on le noir animal?

— Avec des os brûlés.

On ne brûle pas les os à l'air, mais dans des vases en terre cuite. Le noir animal qui a servi aux raffineries est employé comme engrais.

Vous savez ce qui reste quand on brûle les os. Mais en brûlant qu'ont-ils perdu? Qu'est-ce qui a disparu? Ils n'ont perdu que de la gélatine et une petite quantité de graisse. Au lieu de calciner les os pour en faire du noir animal, si on les fait bouillir dans un appareil disposé à cet effet, on en extrait de la gélatine qui se vend sous le nom de colle d'os: je vous en fais passer un morceau.

Vous savez par expérience que les enfants supportent assez bien les chutes. Il en résulte rarement pour eux des accidents graves. Cela tient à ce que leurs os ne sont pas aussi fermes, aussi durs que ceux des grandes personnes. Pendant l'enfance, la gélatine prédomine dans les os, de sorte qu'ils sont flexibles, élastiques. A mesure que l'on avance dans la vie la chaux remplace la gélatine; de sorte que dans la vieillesse les os deviennent cassants.

D'ailleurs tout a été prévu pour le cas où un os vient à se rompre. Il suffit de réunir les parties fracturées, puis de les maintenir immobiles pendant trente à quarante jours, pour qu'il se forme une excellente soudure.

Vous pensez peut-être, mes amis, que les dents sont faites d'une sorte d'os plus dure et plus blanche que les autres. Cependant la matière des dents est bien différente de celle des os, surtout dans la portion qui dépasse les gencives et que l'on appelle *couronne*. L'*ivoire* de la dent est couvert par une matière dure et polie nommée *émail*.

Henri, combien avez-vous de dents? ..... Vous voilà embarrassé. Il paraît que vous ne les avez jamais comptées. Vous devez en avoir vingt-quatre.

Lucien, vous souvenez-vous d'avoir perdu plusieurs de vos dents?

— Oui, c'étaient mes dents de lait.

Bien, on appelle ainsi les premières dents qui poussent aux enfants; il y en a 20. Vers six à sept ans, elles se trouvent poussées tout doucement par d'autres dents plus solides et commencent à tomber.

De sept à quinze ans se complète le nombre de 28 dents. Puis, de dix-huit à vingt-cinq ans poussent les quatre *dents de sagesse*.

A chaque mâchoire il y a quatre dents *incisives* ou coupantes; deux *canines* pointues comme les grandes dents du chien; et dix *molaires* capables de broyer, de moudre les aliments. Cela fait donc trente-deux dents lorsqu'il n'en manque pas à l'appel.

Ernest, vous avez vu les os d'une patte de poulet ou d'un gigot de mouton. Dites-nous comment les os sont terminés.

— Ils sont gros aux deux bouts et recouverts par du croquant.

Appelons *cartilage* ce que vous nommez croquant. Le cartilage diffère complètement des os. Quand on le brûle, il ne laisse presque pas de résidu C'est une matière élastique blanche ou jaunâtre, dont la surface est lisse et comme nacrée.

Dans toutes les *articulations* ou jointures les os sont recouverts par une couche de cartilages. Charles va nous dire pourquoi.

— C'est pour que les os ne frottent pas l'un contre l'autre.

Le cartilage ne les empêche pas de frotter l'un contre

l'autre s'ils sont en contact, mais il rend très doux ce frottement entre les parties unies, polies. Dans les machines, on prend grand soin de polir les pièces soumises au frottement, afin qu'elles s'usent moins vite et que leurs mouvements exigent le moins de force possible.

Henri, qu'est-ce qui relie et retient en contact les os d'une articulation?

— Ce sont les ligaments, sortes de bandes élastiques très fortes.

Fort bien. Les *ligaments* ou liens des articulations consistent en cordons ou en lames de matière fibreuse un peu élastique et très tenace. Il faut d'ordinaire un effort considérable pour allonger et déplacer ces ligaments.

Dans l'*entorse*, ils ne sont que plus ou moins tiraillés et déchirés, de sorte qu'il suffit de repos et de massages pour faire cesser la douleur et le gonflement qui en résultent toujours. Mais quelquefois les ligaments ayant cédé plus complètement les os se sont séparés et ne sont pas revenus à leur place. Il y a dans ce cas *déboîtement* de l'os qui ne forme plus avec ses voisins une articulation régulière. Les médecins appellent ce déboîtement *luxation*. On dit un genou, un bras *luxé*, ou *démis*. La luxation est toujours un accident assez grave qui réclame les soins du médecin. Lui seul d'ailleurs sait reconnaître s'il s'agit d'une entorse ou d'une luxation. Les gens que l'on appelle *rebouteurs* n'ayant pas étudié l'anatomie ne sont pas compétents pour traiter ces accidents. En demandant leurs services, on s'expose à de graves complications, on perd un temps précieux, et quelquefois le médecin ou le chirurgien ne peuvent plus remédier au mal.

La manière dont les os s'emboîtent dans les articulations varie suivant les mouvements plus ou moins étendus, plus ou moins compliqués qu'ils doivent exécuter. On peut comparer les diverses articulations à des pièces assemblées au moyen de gonds ou de charnières.

Léon, quel moyen emploie-t-on pour adoucir le frottement de l'essieu dans le *moyeu* d'une roue?

— On y met de la graisse.

C'est cela. De même on verse de temps en temps un peu d'huile entre les rouages et les autres parties frottantes des machines. Eh bien, dans la machine humaine, tout a été prévu pour que tout fonctionne le plus doucement possible. Les surfaces frottantes des os sont couvertes de cartilage élastique et poli. De plus ce cartilage est constamment *lubrifié*, dans les articulations, par un liquide visqueux analogue au blanc d'œuf.

Mes amis, maintenant que vous connaissez les pièces principales du squelette et la manière dont sont formées les articulations, vous êtes préparés à bien comprendre le sujet de notre prochaine causerie qui traitera des membres et de leurs mouvements.

QUESTIONNAIRE.

Quelle est l'utilité générale des os du corps? — En quoi les os sont-ils utiles aux mouvements? — Dites pourquoi le crâne est formé par une sorte de boîte osseuse? — Qu'est-ce que l'épine dorsale? — De quoi l'épine dorsale est-elle composée? — Quels sont les os qui forment la cavité de la poitrine. — Combien y a-t-il de côtes? — Quels sont les points d'attaches des côtes? — Comment s'appelle l'os plat qui occupe le devant de la poitrine? — Expliquez ce qu'on appelle les hanches. — Dites ce que l'on entend par le *bassin*. — Désignez les os auxquels s'attache le membre supérieur. — Combien y a-t-il d'os dans le bras et dans l'avant-bras? — Qu'est-ce que la paume de la main ? — Combien y a-t-il d'os dans la cuisse et dans la jambe? — Qu'est-ce qui forme la *cheville* du pied? — Donnez une idée de l'articulation du pied avec la jambe. — Pourquoi les os du pied forment-ils une voûte élastique? — Qu'est-ce que l'anatomie? — Décrivez un os calciné. — En quoi consiste un os calciné? — Dites ce que vous savez sur le noir animal. — Dans l'os naturel, quelle est la substance unie aux matières calcaires? — Que savez-vous relativement aux fractures des os? — Dites ce que vous savez sur les dents. — Qu'appelle-t-on dents de lait et dents de sagesse? — Combien avez-vous de dents et combien en aurez-vous en tout? — Comment sont terminés les os des articulations? — Pourquoi les cartilages sont-ils polis? — Qu'est-ce qui maintient en place les os des articulations? — En quoi consistent les ligaments. — Qu'est-ce qu'une entorse? — Qu'est-ce qu'une luxation? — Que pensez-vous des *rebouteurs?* — Comment se trouve adouci le frottement des cartilages?

III. — LES MOUVEMENTS.

Mes amis, vous savez ce qui constitue la charpente du corps, le *squelette*. Vous connaissez aussi la disposition des membres. Voyons maintenant ce qui fait mouvoir toutes ces pièces si ingénieusement construites et assemblées.

Puisque nous sommes faits de chair et d'os, après avoir étudié les os, occupons-nous de la chair. Nous donnerons le nom de *muscles* à ce qui constitue la chair, à ces masses plus ou moins volumineuses qui entourent les os et que nous mangeons sous le nom de *viande*.

Si nous n'avions que la peau sur les os, notre corps aurait une assez vilaine apparence. Ce sont les muscles qui lui donnent des formes pleines, des contours arrondis.

La forme et l'arrangement des muscles concourent certainement à l'élégance et à la beauté du corps, mais ce n'est pas principalement pour cela qu'ils ont été faits. Ils ont un rôle très important à remplir. Ce sont les muscles qui produisent les mouvements si variés de notre corps. Sans muscles pas de mouvements.

Henri, vous avez mangé bien souvent de la viande de bœuf bouillie : dites-nous ce que l'on remarque lorsqu'on l'examine avec attention.

— On voit qu'elle est formée de filaments.

Bien. Ce sont des filaments, des *fibres* réunies qui constituent les muscles. Un certain nombre de fibres d'une finesse extrême, renfermées dans une membrane très délicate, forment un des filaments que nous distinguons dans la viande bouillie. Ces filaments réunis en faisceaux comme des écheveaux de fils constituent les muscles. Chaque paquet d'écheveaux, c'est-à-dire chaque muscle est enveloppé à son tour par une membrane assez épaisse que l'on distingue facilement lorsque l'on coupe en travers la viande bouillie. Grâce à cette enveloppe, chaque muscle se trouve indépendant de ses voisins.

Supposons que les fibres des muscles sont en caoutchouc, et considérons-les pour un instant comme des faisceaux de fils de caoutchouc, capables de s'allonger et de se raccourcir.

Les muscles ne sont pas attachés directement aux os. Chaque écheveau de fibres se termine aux deux bouts par une sorte de cordon ou de courroie plus ou moins élargie, souple, mais sans élasticité. Nous les appellerons des *tendons* parce que ces prolongements des muscles servent à tendre, à tirer, comme nous allons le voir. Les tendons ne sont pas rouges comme les muscles, et changent moins de couleur par la cuisson. Ce sont les tendons que l'on appelle par erreur les nerfs de la viande. Les véritables nerfs sont bien moins volumineux et très mous.

L'extrémité des tendons est attachée aux os : c'est par leur intermédiaire que les muscles peuvent agir sur le squelette. Vous allez facilement comprendre comment les choses se passent.

Lucien, levez-vous. Étendez le bras gauche. Posez les doigts de la main droite sur la partie du bras gauche que l'on appelle le gras du bras. Bien. Là se trouve un gros muscle, le *biceps :* pressez-le entre vos doigts. Maintenant fermez la main gauche et en même temps pliez l'avant-bras sur le bras. C'est cela. Recommencez ce mouvement en pressant toujours votre biceps, et dites-nous ce que vous sentez dans votre main.

— Je sens le biceps qui remue; il grossit quand je plie l'avant-bras.

C'est exact. Quand vous fléchissez l'avant-bras sur le bras le muscle biceps se *contracte*, se raccourcit, et grossit, comme le ferait un écheveau de fils de caoutchouc que l'on chaufferait légèrement. En se raccourcissant il tire sur les tendons, et comme les tendons sont attachés aux os, si les os sont mobiles, il se produit un mouvement.

Pour comprendre comment agit le biceps il ne vous manque plus que de savoir où s'attachent ses tendons. L'un est fixé à l'épaule ; l'autre au point que je touche ici, sur l'os le plus gros de l'avant-bras, c'est-à-dire plus loin que l'articulation. Comme l'épaule est à peu près immobile, lorsque le biceps se contracte, grossit et se raccourcit, tirant avec force sur ses deux tendons, l'os de l'avant-bras se trouve attiré, l'avant-bras se fléchit, se plie sur le bras, grâce au jeu de charnière de l'articulation.

Ernest, posez les doigts de la main droite sur le dos de la main gauche bien étendue. Bien. Fermez et ouvrez plusieurs fois la main gauche. Que sentez-vous sous vos doigts.

— Je sens quelque chose qui remue. On dirait des ficelles.

Eh bien, trouvez le nom de ces ficelles qui vont s'attacher aux os de vos doigts.

— Ce sont des tendons.

C'est cela. Les doigts remuent parce qu'ils sont tirés par une série de tendons minces et très longs dont les muscles recouvrent l'avant-bras. Ils sont tous maintenus autour du poignet par un *ligament* très solide en forme de bracelet. Il faut une série de muscles et de tendons pour plier ou mieux pour *fléchir* les doigts, et une série pour les étendre. Les tendons *fléchisseurs* passent dans la *paume;* les tendons extenseurs se trouvent à la partie supérieure ou *dos* de la main.

Léon, comment appelle-t-on la partie grosse, charnue, qui se trouve au-dessous du jarret ?

— C'est le mollet.

De quoi est-il formé ?

— De muscles.

Et qu'est-ce que ces muscles font mouvoir ?.... Réfléchissez un peu. Les muscles de l'avant-bras font mouvoir la main : que doivent faire mouvoir ceux du mollet qui occupent une place analogue ?

— Ce doit être le pied.

Bien. Tous les muscles de la jambe font mouvoir le pied. Mais le mollet est formé par les plus gros muscles parce qu'il lui imprime le mouvement qui réclame le plus de force. C'est le mollet qui soulève le talon quand nous marchons. Pour soulever le talon il lui faut soulever en même temps tout le corps. Il faut pour cela des muscles puissants.

Dans le squelette, l'os du talon forme une saillie considérable en arrière du pied. C'est une sorte de *levier* qu'il suffit de soulever par son extrémité pour soulever en même temps le corps. Le tendon qui termine inférieurement les muscles du mollet est attaché à cet os du talon. C'est lui que l'on sent se mouvoir en arrière de la cheville lorsque l'on presse cette partie du pied.

Ces exemples suffisent pour vous donner une idée générale de la manière dont les muscles produisent les mouvements par l'intermédiaire des tendons. Mais une chose nous manque pour comprendre vraiment ce qui se passe.

Ernest, je suppose que vous avez besoin de fermer la main. Ce sont les muscles de l'avant-bras qui sont chargés de ce travail. Mais comment savent-ils que vous avez besoin de leur assistance ?

— Ils ferment ma main parce que je le veux.

C'est vrai, mais il y a des gens paralysés qui veulent fermer la main et qui ne le peuvent pas. Que faut-il pour que la main obeisse à la volonté ?

— Il faut que les nerfs fonctionnent bien.

Jean va nous expliquer cela en deux mots.

— Dans les muscles il y a des nerfs. Les nerfs sont en communication avec le cerveau, et c'est par les nerfs que les muscles obéissent.

Bien. Nous causerons plus tard des nerfs en détail. Vous pouvez donc, pour aujourd'hui, vous contenter de cette explication.

Les nerfs établissent une communication entre le cerveau et les muscles, à la manière de fils télégraphiques. Aussitôt que la pensée, la volonté d'accomplir un mouvement est née dans le cerveau, les nerfs la transmettent aux muscles qui se contractent et l'accomplissent.

Voilà comment les choses se passent quand il s'agit de mouvements volontaires. Mais il y a des mouvements qui s'accomplissent sans que nous ayons le temps de les *vouloir* et cela est fort utile.

Louis, lorsque l'on se brûle par mégarde, sans voir ce qui cause la brûlure, qu'est-ce que l'on fait instinctivement ?

— On s'éloigne bien vite.

Oui, on éloigne presque instantanément la partie brûlée du corps qui lui causait du dommage. Cela se fait avant que l'on ait eu le temps de comprendre de quoi il s'agissait et de commander aux muscles les mouvements nécessaires. Mais comment les muscles ont-ils été avertis ?

— Par la brûlure.

Vous voulez dire : par la douleur que cause la brûlure. C'est bien cela. Certains nerfs spéciaux ont transmis l'impression douloureuse et aussitôt, sans que la volonté y fût pour rien, les nerfs qui président aux mouvements sont entrés en jeu, et ont mis à l'abri la partie menacée.

N'est-ce pas là, mes amis, une admirable combinaison ?

Grâce à ces mouvements involontaires, instinctifs, nous échappons à une foule de dangers.

Je veux encore vous dire deux mots d'une sorte de contractions des muscles qui ne dépend point de la volonté.

Charles, savez-vous ce que c'est qu'une crampe ?

— C'est de la raideur dans un membre.

Pas tout à fait. La crampe consiste en une contraction involontaire d'un ou plusieurs muscles. Elle est ordinairement douloureuse. Pendant cette contraction les muscles font souvent roidir les membres dans une position à demi fléchie et il faut un effort pénible pour les redresser.

La fatigue, le froid, les mauvaises positions des membres sont les causes ordinaires des crampes. Pour les faire cesser il faut étendre fortement le membre et frictionner ou plutôt *masser* la partie douloureuse.

Le massage consiste à pétrir les muscles pour rétablir leur élasticité ou rendre plus active la circulation du sang.

Chez les personnes maigres et bien portantes, ce sont les muscles qui donnent au corps son ampleur, qui dessinent les formes des membres.

Dans l'enfance les muscles sont peu développés. Toute la vie est utilisée à l'accroissement. Mais chez l'adulte les muscles acquièrent un développement qui dépend de l'exercice auquel on les soumet.

Tout muscle habitué à un effort régulier s'accroît, et en s'accroissant il acquiert de la force. Regardez les bras d'un forgeron. A chaque mouvement, on voit les muscles faire saillie sous la peau. Le biceps est très développé, et si vous le touchiez quand il se contracte, vous le sentiriez dur et ferme.

Chez les personnes qui exercent spécialement les jambes, on trouve les bras fluets; le biceps même contracté est mou ; mais les muscles de la cuisse et surtout ceux du mollet acquièrent un développement et une dureté remarquables.

Il faut, autant que possible, développer uniformément toutes les parties de notre corps. Pour cela, les jeux, les exercices de toute sorte sont très utiles.

Mais il ne suffit pas d'obtenir un développement régulier des muscles et des forces. On peut être très fort et en même temps lourd, gauche, maladroit. Pour bien faire usage de la force musculaire, il est nécessaire de l'employer avec adresse. Pour cela on doit s'exercer aux mouvements et aux combinaisons de mouvements qui habituent à la souplesse, à l'agilité, à la précision. C'est le but de la gymnastique.

Léon, quel avantage un homme a-t-il à devenir fort?

— Il peut mieux travailler.

Et vous, Henri, qu'en pensez-vous ?

— L'homme fort peut se défendre si on l'attaque.

A votre tour, Ernest.

— L'homme fort n'est pas sujet à être malade

Charles demande à donner aussi son opinion.

— L'homme fort fait un bon soldat.

Mes amis, vous avez tous raison. On ne se porte bien que si le corps est suffisamment développé et fortifié par l'exercice.

Pour bien travailler il faut que les muscles, gros et robustes, soient capables d'efforts réguliers et longtemps répétés.

Il y a dans la vie une foule de circonstances où la force musculaire est très utile. Les gens paisibles et qui ne font de mal à personne ont rarement besoin de se défendre, mais le cas peut arriver et il est bon de pouvoir donner une correction à celui qui nous attaque injustement, mais en outre nous pouvons avoir besoin de forces pour secourir les autres.

Enfin, comme l'a dit Charles, l'homme fort fait un bon soldat. Eh bien, mes enfants, comme vous aurez tous l'honneur d'être soldats il faut vous y préparer de bonne heure, en développant votre corps, en fortifiant et assouplissant vos muscles. Le soldat robuste, exercé, supporte sans souffrir les fatigues, les privations d'une campagne. Il se bat bien parce que son corps aguerri obéit aisément à son courage.

QUESTIONNAIRE.

Qu'est-ce que l'on appelle *muscles?* — Dites comment les muscles modifient l'apparence du corps. — A quoi servent les muscles ? — Expliquez, au moyen d'un exemple familier, comment sont constitués les muscles. — Qu'est-ce qui relie les muscles aux os? — Dites ce que vous savez au sujet des *tendons.* — Quelle différence y a-t-il entre les tendons et les nerfs? — Expliquez ce qui se passe lorsque les muscles se contractent. — Indiquez les points où s'attachent les tendons du *biceps.* — Expliquez comment le biceps fait fléchir l'avant-bras. — Comment remuent les doigts de la main ? — Où sont placés les muscles qui font remuer les doigts? — Quelle partie du corps font mouvoir les muscles du mollet? — Où s'attache le tendon de ces muscles? — Pourquoi faut-il une force considérable aux muscles du mollet et à leur tendon ? — Comment les muscles apprennent-ils qu'ils doivent se contracter? — Tous les mouvements résultent-ils de notre volonté?— Donnez un exemple de mouvements involontaires ou instinctifs. — Dites ce que vous savez au sujet des crampes. — Que faut-il pour développer les muscles? — Qu'arrive-t-il si l'on n'exerce qu'une partie des muscles? Quelles sont les qualités qu'il faut joindre à la force pour en tirer le meilleur parti possible? — Quel est le but de la gymnastique? — Expliquez pourquoi tout homme doit chercher à devenir sain et robuste. — Citez quelques circonstances dans lesquelles est surtout utile la force. — Dites ce qui fait un bon soldat.

IV — LA RESPIRATION

Nous allons causer aujourd'hui de la respiration. Pour bien comprendre ce que nous allons dire sur ce sujet, vous avez besoin de vous rappeler ce que vous savez concernant le feu, la combustion.

Quel rapport y a-t-il, pensez-vous, entre brûler et respirer ? — Aucun, au premier abord. La combustion d'un morceau de braise, ce qui se passe dans la flamme d'une bougie semblent différer absolument de cette fonction de la respiration, si calme que nous nous en apercevons à peine.

Un peu de patience et vous verrez que respirer et brûler sont à peu près la même chose.

Louis, de quoi se compose un morceau de braise.

— C'est du charbon.

Oui, du charbon uni à une petite quantité de matières terreuses. Ce sont ces matières terreuses qui forment la cendre, le résidu que laisse un morceau de braise, qui s'est consumé.

Mais qu'est devenu le charbon lui-même, le *carbone* comme disent les savants ?

— Il a disparu.

Est-ce correct, Jean ?

— Le charbon s'est uni à une partie de l'air pour former un gaz.

Et ce gaz, c'est le gaz *carbonique* ou *acide carbonique*. Rien ne se détruit. Ce qui disparaît sous une forme se reconstitue sous une autre. En brûlant, en se consumant, la braise est devenue un gaz. Leur union, leur *combinaison* a été très rapide, très vive, et il en est résulté un échauffement considérable de la braise, qui est devenue rouge : c'est ce que nous appelons du feu. L'air est composé principalement de deux gaz, dont le plus important, l'*oxygène*, est seul capable d'entretenir la combustion ; en s'unissant au charbon il produit du gaz carbonique.

Je suppose, Ernest, que vous allumez un bout de bougie et le couvrez d'un grand verre ou d'une cloche à fromage. Que lui arrivera-t-il ?

— La bougie s'éteindra faute d'air.

Bien. Après avoir consommé tout l'oxygène de l'air contenu dans la cloche, la flamme s'éteindra. Si vous mettiez un oiseau dans une boîte bien close, qu'est-ce qui arriverait ?

— L'oiseau mourrait.

C'est vrai. Il tomberait mort après avoir consommé l'oxygène mis à sa disposition. Si l'on recueillait l'air, ou plutôt les gaz qui resteraient alors sous la cloche et dans la boîte, on trouverait qu'il s'est formé du gaz carbonique, comme si on y avait brûlé de la braise.

Cet exemple vous fait comprendre que pendant la respiration il se passe quelque chose d'analogue à la combustion. Vous ne serez plus étonnés désormais si je vous dis : respirer et brûler, c'est à peu près la même chose.

Voyons maintenant en quoi consiste la respiration.

Georges, placez une main à plat sur votre poitrine, l'autre au creux de l'estomac, puis respirez lentement, longuement, sans ouvrir la bouche ; comme ceci..... Bien.

Dites-nous quels mouvements vous avez remarqué dans votre poitrine pendant que vous respiriez.

— Ma poitrine s'est gonflée et soulevée.

Bien. Pendant que l'air entrait par vos narines, c'est-à-dire pendant l'*inspiration*, les côtes se relevaient, la poitrine se gonflait. La poitrine est séparée de l'abdomen par une forte cloison élastique nommée *diaphragme*. Quand vous passerez devant l'étal d'un boucher, vous pourrez voir cette cloison dans le corps des moutons, des veaux, pendus aux crochets. Pendant l'inspiration cette cloison s'abaisse. Ainsi la poitrine agit comme un soufflet qui s'ouvre. Sa capacité augmente, l'air qui s'y trouvait ne la remplit plus, il se forme un *vide*, et pour combler ce vide l'air se précipite par la bouche ou par les narines.

Léon, répétez cet exercice de respiration et dites ce que vous sentez pendant l'*expiration*, c'est-à-dire pendant que l'air s'échappe par les narines ou par la bouche.

— Pendant que l'air s'échappe, on sent la poitrine se dégonfler. Les côtes s'abaissent, et le creux de l'estomac s'enfonce.

Très bien. Essayez maintenant de respirer sans gonfler le creux de l'estomac. Pour cela, comprimez-le en vous serrant la taille..... c'est cela. Vous voyez, la respiration a lieu malgré cette compression du bas de la poitrine. Mais Joseph, qui vous a bien regardé, va nous dire si vos épaules remuaient pendant que vous respiriez.

— Oui, j'ai vu les épaules de Léon qui se soulevaient chaque fois qu'il prenait sa respiration.

C'est vrai. La poitrine ayant besoin de se gonfler, de s'élargir, elle le fait dans un sens ou dans un autre. Si des vêtements trop serrés, comme un corset, compriment les côtes et le creux de l'estomac, la poitrine cherche en haut une compensation. Mais cette respiration n'est jamais aussi complète que celle qui résulte du mouvement libre des côtes et du diaphragme. Même si l'on ne se livre à aucun exercice, elle est insuffisante. Si l'on parle haut, si l'on chante, si l'on fait de la gymnastique, il est indispensable de respirer par la base de la poitrine, sans quoi l'on est bien vite essoufflé et fatigué.

Rien ne doit empêcher le libre jeu de la poitrine pendant la respiration. C'est là un point essentiel pour s'assurer la santé et la force.

Mes amis, nous venons de dire que l'air entre dans la poitrine pendant l'*inspiration* et qu'il en sort pendant l'*expiration*. Nous avons dit aussi que la poitrine est une cavité. Puis nous l'avons comparée à un soufflet qui s'ouvre et se ferme. Est-ce que l'air entre dans la poitrine et en sort exactement comme si c'était un soufflet? Ou bien ce soufflet est-il rempli par un organe spécialement destiné à la respiration? Charles va nous dire ce qu'il en pense.

— La poitrine est remplie par les poumons.

Vous avez vu sans doute, chez le boucher, un poumon de bœuf, de veau ou de mouton? C'est ce que l'on appelle souvent le *mou*. Les bouchers gonflent d'air les poumons avant de les suspendre dans leur boutique. Quand on en coupe un morceau il se dégonfle, il devient mou, flasque. On peut voir alors qu'il est formé d'un tissu assez semblable à de l'éponge, mais sans consistance.

Un poumon entièrement dégonflé se réduit à fort peu de chose. Une fois gonflé, il occupe avec le cœur toute la cavité de la poitrine.

Vous comprenez maintenant comment les choses se passent. Quand la poitrine s'élargit il se fait un vide, si les poumons ne se gonflaient pas en même temps ils ballotteraient dans la poitrine. Mais à mesure que la cavité s'agrandit, il pénètre dans les poumons de l'air qui les gonfle, de sorte qu'ils remplissent toujours exactement tout l'espace où ils sont logés. Pendant l'expiration, la poitrine se resserre, presse les poumons et en fait sortir une certaine quantité d'air.

Tout à l'heure j'ai comparé le tissu du poumon, sa substance, à une sorte d'éponge. Mais sa structure est beaucoup plus régulière. Je vais essayer de vous en donner une idée.

L'air que l'on respire par la bouche ou par les narines passe par un tube dont la partie supérieure, nommée *larynx*, contient les organes de la voix. Vous pouvez facilement vous rendre compte de sa position en pressant la partie saillante du cou au-dessous de la proéminence appelée *pomme d'Adam*. Cette proéminence est formée par les cartilages qui constituent la partie supérieure du larynx. Au-dessous du larynx, le tube à air prend le nom de *trachée*. Au bas du cou il se divise en deux tronçons ou *bronches* qui se dirigent chacune vers l'un des poumons, c'est-à-dire à droite et à gauche.

Dans l'intérieur des poumons, les bronches se divisent, se subdivisent et se ramifient dans toutes les directions, formant des tubes de plus en plus étroits, à parois très minces. Les tubes les plus fins se terminent par de petites ampoules disposées en grappes.

Les tubes, les ampoules, ont pour parois une fine membrane dans laquelle se trouve un réseau d'autres tubes d'une petitesse extraordinaire, mais suffisante pour laisser circuler le sang.

Avant d'aller plus loin, je tiens à m'assurer que vous m'avez bien compris. Je vais vous répéter mon explication en vous traçant au tableau une esquisse du larynx, de la trachée, des bronches et des poumons.

Maintenant Arthur va nous dire en quelques mots comment il se représente les *organes de la respiration*.

— Quand on respire, la poitrine se gonfle comme un soufflet. Il se fait ainsi un vide. L'air arrive combler ce vide. Il passe par le larynx où se produit la voix, puis par un tube qui se divise dans les poumons en une foule de tubes de plus en plus petits, terminés par des grappes d'ampoules. Le sang circule dans l'épaisseur des ampoules et des petits tubes.

C'est cela. Mais vous avez omis de nommer ces tubes.

— Ce sont les bronches.

Vous voyez d'où vient le mot *bronchite*, que les médecins emploient pour désigner un rhume. La bronchite est une irritation des bronches.

Voilà donc les poumons gonflés d'air. Presque aussitôt la poitrine se resserre, le diaphragme remonte et il sort une quantité d'air égale à celle qui était entrée. Mais cet air qui sort est très différent de celui que l'on a respiré. Il ressemble à de l'air où l'on aurait fait brûler un morceau de braise. Il lui manque une partie de son *oxygène* qui se trouve remplacée par une quantité égale de *gaz carbonique*.

Quelle est la cause de ce changement? Appliquez-vous à le bien comprendre.

Le sang qui arrive dans les poumons est de couleur noirâtre. Celui qui en sort est d'un beau rouge.

Le sang noir avait circulé longtemps dans le corps avant d'arriver aux poumons. Il avait pris en route du gaz carbonique. En arrivant aux poumons, il laisse échapper ce gaz carbonique et prend, en échange, de l'oxygène. Voilà ce qui produit son changement de couleur.

Retenez donc bien ceci : le sang qui arrive aux poumons est noir et chargé de gaz carbonique. Il se débarrasse de ce gaz que l'on retrouve dans l'air *expiré*, le remplace par de l'oxygène et devient rouge.

Il nous reste à savoir ce que le sang fait de cet oxygène et comment il le perd en route avant de revenir aux poumons.

L'oxygène emporté par le sang trouve sur son chemin toutes sortes de matières auxquelles il tend à s'unir. Ces matières sont les particules usées de notre corps et une portion des aliments qui reste dans le sang. L'oxygène s'en empare et forme avec ces matières du gaz carbonique, absolument comme il s'empare du charbon, de la braise, pour former ce même gaz. Nous pouvons donc dire qu'il *brûle* ces matières.

Lucien, avez-vous vu ouvrir un tas de fumier? Qu'avez-vous remarqué pendant qu'on le démolissait?

— Il en sortait de la vapeur.

— C'est vrai. L'intérieur d'un tas de fumier est chaud. Cette chaleur est produite par l'oxygène de l'air qui s'y infiltre et *oxyde, décompose, brûle* lentement les matériaux dont il est formé. Vous avez là un exemple de combustion lente produisant une chaleur constante et modérée.

Eh bien, mes amis, l'oxygène du sang agit d'une façon analogue en présence des matériaux qu'il oxyde, décompose et brûle à mesure qu'il chemine dans le corps. Il en résulte de la chaleur.

Cette chaleur uniforme, nécessaire à notre vie, nous la devons donc à la respiration. C'est pour l'entretenir que l'air se renouvelle constamment et régulièrement dans nos poumons.

— Henri, qu'est-ce qu'on appelle inspiration?

— C'est le gonflement de la poitrine et l'entrée de l'air dans les poumons.

— Louis va nous dire ce que c'est que l'expiration.

— C'est le rétrécissement de la poitrine et la sortie de l'air des poumons.

— Bien; vous voyez que le mot expirer, employé dans le sens de mourir, veut dire : laisser échapper pour la dernière fois l'air de sa poitrine.

Les deux mouvements d'inspiration et d'expiration constituent une *respiration*. La respiration est plus ou moins rapide selon l'âge, l'état de la santé, les occupations. A cinq ans on respire environ vingt-six fois par minute. A seize ans on ne respire plus qu'une vingtaine de fois par minute, lorsque l'on est au repos. Mais la marche, la course, tous les exercices et même les émotions accélèrent beaucoup la respiration.

Mes enfants, une des premières conditions pour se bien porter et devenir robuste, c'est de bien respirer. Habituez-vous donc à respirer à pleins poumons. Même lorsque vous êtes tranquillement assis à lire, à écrire, prenez une posture aisée qui ne gêne en rien la respiration. Puis, dès que vous êtes en liberté, exercez vos poumons par les jeux, les exercices gymnastiques. Ce sont les poumons qui font l'homme.

QUESTIONNAIRE.

Comment se transforme un morceau de charbon qui se consume ? — Comment s'appelle la partie de l'air qui entretient la combustion. — Nommez le gaz qui se forme par l'union de l'oxygène et du charbon. — Que devient une bougie allumée dans un petit espace clos ? — Pourquoi un oiseau mourrait-il dans une boîte bien close ? — Quel gaz trouverait-on dans la boîte où serait mort l'oiseau ? — Quels mouvements s'opèrent dans la poitrine pendant l'*inspiration ?* — Expliquez à quoi sert le *diaphragme.* — Quels sont les mouvements de la poitrine pendant l'*expiration ?* — Comment s'opère la respiration si l'on comprime le bas de la poitrine ? — Quelle est la bonne manière de respirer ? — La cavité de la poitrine est-elle une sorte de sac vide ? — Dites comment vous vous représentez les poumons. — Expliquez comment les poumons remplissent toujours toute la poitrine. — Décrivez le chemin que parcourt l'air pour pénétrer dans les poumons. — Comment se terminent les bronches ? — Faites comprendre comment le sang circule dans le tissu des poumons. — De quelle couleur est le sang qui arrive aux poumons ? — Quelle couleur a-t-il quand il en sort ? — Qu'est-ce que le sang noir abandonne dans les poumons et qu'est-ce qu'il y prend en échange ? — Qu'est-ce qui cause le changement de couleur du sang dans les poumons ? — Expliquez ce que devient l'oxygène que le sang a pris dans les poumons. — Donnez un exemple familier d'action lente de l'oxygène produisant une chaleur constante. — Qu'est-ce qui produit la chaleur de notre corps ? — Combien de fois respirez-vous par minute ? — A quoi sert de bien respirer ?

V. — CIRCULATION DU SANG.

— Louis, si vous vous piquiez, avec une aiguille très fine, la main, la figure, le bras, qu'est-ce qui sortirait de la blessure?

— Il sortirait du sang.

— Oui, d'une très petite blessure il n'en sortirait qu'une ou deux gouttelettes. Mais en quelque endroit que vous vous piquiez il sortira du sang. Pouvez-vous me dire ce que cela prouve?

— Qu'il y a du sang partout dans le corps.

— Très bien. Il y a du sang dans toutes les parties du corps couvertes de peau; mais, bien entendu, il n'y en a pas dans les dents, les ongles.

Lucien, si vous piquez, au printemps surtout, une plante, voyez-vous aussi sortir quelque chose?

— On voit sortir une eau plus ou moins claire.

— Bien. Cette eau, c'est la sève. La sève circule dans toutes les parties de la plante. Ce n'est pas de l'eau pure. Elle contient en dissolution plusieurs substances qui servent à nourrir la plante. Si la quantité de sève diminuait considérablement, ou bien si elle s'appauvrissait en matières dissoutes, la plante languirait, elle serait malade.

Charles va nous dire à quoi l'on peut comparer le sang qui se trouve dans toutes les parties de notre corps

— A la sève des plantes.

— Oui, mes amis, le sang remplace chez les animaux la

sève des plantes, mais il est beaucoup plus compliqué.

C'est dans le sang que notre corps puise tout ce dont il a besoin pour grandir, pour réparer son usure continuelle.

Par conséquent le sang doit contenir tous les matériaux du corps humain, tout ce qu'il faut pour former des muscles, des os, des ongles, des cheveux.

Ce sont les aliments qui fournissent au sang tous ces matériaux.

Notre corps change continuellement. Chacune des parcelles infiniment petites dont il est composé dure très peu de temps. Dès qu'elle est usée, elle tombe dans le sang, qui fournit aussitôt tout ce qu'il faut pour la remplacer.

Une maison est bâtie en briques : supposez que pendant toute l'année des ouvriers enlèvent des briques de cette maison, mais remplaçant chacune au fur et à mesure. Au bout de quelque temps vous verriez toujours la maison telle que vous l'avez connue le premier jour. Mais ce ne serait plus la même maison, puisqu'il n'y resterait pas une seule des briques employées à sa construction. Eh bien, la même chose se passe dans notre corps. Seulement les briques, c'est-à-dire les parcelles qui le composent, se détachent d'elles-mêmes au bout d'un certain temps; elles tombent dans le sang, et le sang les remplace au moyen de matériaux qu'il tient toujours prêts.

Vous comprenez déjà, mes enfants, qu'il y a dans le sang toutes sortes de choses : les unes bonnes, les autres mauvaises. Il contient tous les matériaux neufs fournis par les aliments, mais aussi tous les résidus, tous les détritus produits par l'usure du corps.

Mais nous sommes organisés d'une manière si admirable que chaque organe prend ce dont il a besoin, rejette ce qui le gêne, sans que le sang se modifie d'une manière bien sensible. Il regagne par la nourriture ce qu'il a perdu et il trouve moyen de se débarrasser de tous les détritus, qui sortent de notre corps avec les résidus de nos aliments.

Vous comprenez quel rôle important le sang joue dans notre vie. S'il s'appauvrissait en matériaux propres à reconstruire miette à miette notre corps, nous dépéririons bien vite. Si, d'autre part, il ne réussissait pas à se débarrasser des détritus qu'il reçoit à chaque instant, il serait promptement souillé, vicié, et il en résulterait de graves maladies.

Henri, de quelle couleur est le sang?

— Il est rouge.

— C'est vrai; mais la nuance varie selon que le sang provient de *veines* ou d'*artères*. Le sang des veines est d'un rouge brun, tandis que celui qui sort des artères est d'un rouge vif. Le sang d'une piqûre peut provenir d'une veine ou d'une artère; il peut aussi être un mélange de ces deux sortes de sang. Voilà pourquoi la couleur du sang qui sort d'une piqûre ou d'une coupure est assez variable. Tout à l'heure je vous expliquerai ces mots : veines et artères.

Charles, savez-vous ce que c'est qu'une loupe?

— C'est un verre grossissant.

— Bien. C'est un morceau de verre bombé sur ses deux faces, deux verres de montre réunis vous donneraient une idée exacte de la forme d'un verre grossissant ou *lentille*. On appelle loupe une lentille de verre montée de manière à pouvoir la manier facilement en la tenant à la main ou en la maintenant dans l'orbite de l'œil, comme le font les horlogers. Lorsque l'on regarde un objet au travers d'une loupe, il paraît agrandi, de sorte que l'on en distingue les plus petits détails.

On peut combiner ensemble plusieurs verres grossissants de manière à produire un effet beaucoup plus considérable. C'est ainsi que l'on construit les *microscopes*. Si l'on regarde avec un microscope une patte de mouche, elle paraît grosse comme le doigt. Dans une gouttelette de lait suspendue à la pointe d'une aiguille, on découvr des milliers de petits *globules* blancs nageant dans un liquide à peu près incolore.

De même si l'on examine au microscope une gouttelette de sang, on la voit formée par un liquide à peu près incolore qui fourmille de petits globules rouges aplatis.

J'ai préparé une petite expérience qui va vous donner une idée de cette apparence du sang et de sa composition.

Dans ce flacon j'ai mis de l'eau battue avec un peu de blanc d'œuf et filtrée à travers un linge. Le liquide rouge que vous voyez dans cet autre flacon est de l'huile colorée en rouge au moyen de la racine d'une plante qui s'appelle orcanète. Je verse un peu d'huile rouge dans l'eau qui contient du blanc d'œuf, c'est-à-dire de l'*albumine* comme l'appellent les savants. Je secoue le mélange. Vous voyez, tout le liquide paraît rouge. Mais ce n'est qu'une apparence. L'huile s'est divisée en gouttelettes, en *globules* ronds si petits et si nombreux qu'ils troublent complètement la transparence de l'eau albumineuse. Tout à l'heure vous allez voir l'huile se réunir à la surface et l'eau reprendre sa transparence.

Eh bien, mes amis, dans le sang, les choses se passent à peu près de la même manière. Le sang est un liquide presque incolore, dans lequel nagent des myriades de petits globules rouges aplatis, ce sont ces globules qui troublent sa transparence et le font paraître rouge.

De même que nous voyons l'huile se séparer de l'eau albumineuse, nous verrions les globules se séparer si nous avions ici un flacon plein de sang, mais les globules tomberaient au fond.

Je vais vous donner une idée de la manière dont s'opère cette séparation, afin de vous faire bien comprendre ce qu'est le sang.

L'eau de ce flacon contient un peu d'albumine. Si j'y ajoutais, après les avoir fait dissoudre, quelques *fibres* de bœuf bouilli, du sel de cuisine, un peu de fer et quelques autres substances en très petite quantité, j'aurais un liquide jaunâtre semblable au sang, moins les globules. Ce liquide, vous pourrez, je pense, retenir son nom, c'est le *sérum* du sang.

Je viens de vous dire que le sérum contient un peu de la matière qui forme les *fibres* de la viande. On appelle cette matière *fibrine*. Elle possède une propriété curieuse. Au contact de l'air, elle se contracte, se réunit en fils extrêmement fins, et ces fils, en se réunissant, emprisonnent les globules comme dans un filet. Il en résulte un mélange inextricable de *fibrine* et de *globules* qui se *prend* comme du lait *caillé* et forme ce que l'on appelle, en effet, un *caillot*. Le caillot étant plus lourd que le sérum tombe au fond du vase et le sérum surnage.

Lorsque vous vous coupez, vous voyez au bout de quelque temps le sang cesser de couler, se cailler ou, pour dire mieux, se *coaguler* sur la petite plaie. C'est ce caillot qui arrête l'écoulement en bouchant les petits tubes que vous aviez ouverts. Si le sang ne contenait pas de fibrine il ne se coagulerait pas, et la moindre blessure pourrait devenir très dangereuse par suite de la perte de sang qu'elle occasionnerait.

Maintenant que vous avez fait connaissance avec le sang et que vous comprenez le rôle important qu'il joue dans notre corps, vous serez certainement bien aises d'apprendre comment il s'y comporte. Causons donc de la *circulation* du sang.

Le mot circulation vous indique déjà que le sang n'est pas immobile dans les tubes ou canaux qui le contiennent, mais qu'il s'y trouve en mouvement. Il change toujours de place, pour remplir ses diverses fonctions.

Charles, dites-nous l'une des fonctions du sang.

— Le sang porte de l'oxygène dans toutes les parties du corps.

A quoi sert cet oxygène?

— A maintenir la chaleur du corps en brûlant lentement certaines parties usées et une portion des aliments.

Très bien. — Ernest, dites-nous ce que le sang reçoit en échange de l'oxygène qu'il porte partout sur son passage.

— Il reçoit du gaz carbonique.

Henri, indiquez une autre fonction du sang.

— Il fournit à toutes les parties du corps les matériaux dont elles ont besoin.

A vous, Jules, continuez.

— Le sang emporte tous les résidus à la place des matériaux neufs qu'il fournit.

Oui, mes amis, le sang accomplit toutes ces besognes. Et pour cela, il lui faut se mouvoir, circuler sans cesse.

Le sang circule dans deux sortes de canaux ou tubes que l'on appelle les *veines* et les *artères*. Ces tubes se ramifient dans tout le corps, produisant des ramifications de plus en plus fines, à mesure qu'elles s'éloignent de leur point de départ. Il y a un grand nombre de ces tubes fins comme des cheveux, d'autres fins comme des fils d'araignée et un nombre beaucoup plus grand encore, tellement déliés qu'on ne peut les apercevoir sans le secours du microscope. Ces tubes forment par leur entrelacement une sorte de réseau inextricable auquel on a donné le nom de *réseau capillaire*, c'est-à-dire réseau chevelu. Au moyen du microscope on peut y voir passer un à un les globules du sang. On désigne souvent par le terme : *vaisseaux sanguins* l'ensemble des veines et des artères.

Les artères sont des tubes à parois solides, résistantes. Si l'on coupe une artère, la blessure reste béante et l'on en voit sortir, par saccades, un jet de sang d'un rouge vif.

Les veines consistent en tubes à parois molles, assez faibles. Une veine coupée se replie, se ferme assez facilement. Le sang qui s'en échappe est de couleur brun foncé; il coule d'une manière uniforme.

Les blessures des veines sont beaucoup moins dangereuses que celles des artères parce qu'elles se ferment naturellement et que le sang s'y coagule assez facilement.

Je vous ai dit que les veines et les artères sillonnent toutes les parties de notre corps. Chaque artère se joint par son extrémité à une veine. Il en résulte que le sang passe des artères dans les veines.

Il ne nous manque plus que deux points à expliquer : D'où le sang se trouve-t-il poussé dans les artères? Comment revient-il à son point de départ?

C'est le cœur qui se charge de produire et d'entretenir ce mouvement, cette circulation du sang.

Vous avez sans doute vu fonctionner des pompes qui *aspirent* de l'eau d'un puits et la *refoulent* pour l'élever à une certaine hauteur au-dessus du sol. Si l'on ramenait au puits par un tuyau l'eau refoulée par la pompe, on établirait une circulation analogue à celle du sang. Le cœur aspire le sang des veines, le refoule dans les poumons pour le mettre en contact avec l'air; puis le reprend pour le refouler dans les artères.

En passant par les poumons, le sang veineux, c'est-à-dire noirâtre, laisse son gaz carbonique, prend de l'oxygène, redevient rouge et rentre dans le cœur qui l'envoie dans les artères. Ce sang rouge perd en route son oxygène et se charge de gaz carbonique, passe des artères dans les veines et revient noirâtre au cœur, après avoir parcouru son grand circuit.

Le cœur est un organe assez compliqué. Cependant vous pouvez vous le représenter assez facilement au moyen de la figure que je vous esquisse au tableau.

Remarquez qu'il est divisé, de haut en bas, en deux moitiés que nous appelons cœur droit et cœur gauche. Chaque moitié est formée par deux compartiments ou chambres distinctes fermées par des soupapes.

Le sang veineux arrive à droite aspiré par la chambre supérieure qui se contracte et le pousse dans la chambre inférieure. Celle-ci se contracte à son tour et chasse le sang noir dans les poumons d'où il revient rouge à gauche, dans la chambre supérieure. Celle-ci se contracte, et le pousse dans la chambre inférieure. Aussitôt cette dernière chambre se contracte aussi et lance avec force le sang dans les artères. Ces contractions des chambres du cœur produisent un *bruit* particulier et en même temps un léger *choc* du cœur contre la poitrine.

Si vous appuyez légèrement les doigts un peu au-dessus du poignet, entre les deux os du bras, vous pouvez sentir *battre* l'artère qui s'y trouve au-dessous des veines bleuâtres. Ce battement est le *pouls* que les médecins *tâtent* pour reconnaître si les battements du cœur sont réguliers. Quand vous êtes en bonne santé votre pouls bat environ 80 fois par minute. Plus tard il battra moins rapidement. La fièvre, les exercices violents, les émotions fortes accélèrent les battements du cœur.

QUESTIONNAIRE.

Lorsque l'on se pique la main, qu'est-ce qui sort de la blessure ? — Sortirait-il du sang si l'on se piquait toute autre partie du corps recouverte par la peau ? — Qu'est-ce qui remplace le sang dans les végétaux ? — Quels matériaux doit contenir le sang ? — D'où lui viennent ces matériaux ? — Expliquez, au moyen d'une comparaison, comment le corps reste toujours le même en changeant continuellement. — Quels résidus contient le sang ? — Dites ce que vous savez sur la couleur du sang. — Donnez une idée de l'apparence du sang vu au microscope. — Faites comprendre de quoi se compose principalement le sang. — Qu'est-ce qu'un caillot de sang ? — Énumérez les fonctions principales du sang. — Comment s'appellent les canaux dans lesquels le sang circule ? — Quelle différence y a-t-il entre les artères et les veines ? — Comment le sang des artères passe-t-il dans les veines ? — A quel instrument familier peut-on comparer le cœur ? — Donnez une idée de la disposition du cœur en quatre chambres ou compartiments. — Expliquez comment agit le côté droit du cœur. — Dites comment agit le côté gauche. — Qu'est-ce que le pouls ? — Quelles sont les causes qui accélèrent les battements du cœur ?

VI. — DIGESTION.

Mes amis, la dernière fois que nous avons causé du corps humain je vous ai expliqué les principales fonctions du sang.

L'une de ces fonctions consiste à fournir à nos organes tous les matériaux dont ils ont besoin pour croître, puis pour se renouveler constamment.

Dites-nous, Léon, ce qui fournit au sang ces matériaux.

— Ce sont les aliments.

Bien. Mais nous savons que le sang circule dans des tubes ; que ces tubes, *artères* et *veines*, sont formés par de minces membranes. Pour que les aliments arrivent au sang il faut donc qu'il passe à travers les parois de ces tubes ? Voilà quelque chose qui vous semble difficile. Je vais cependant vous en donner une idée.

Nous allons être obligés de faire d'abord une supposition qui n'est pas tout à fait exacte, mais qui vous fera mieux comprendre ce que j'ai à vous dire.

Voici du papier sans colle, que l'on appelle *papier brouillard, papier Joseph*. On se sert de ce papier pour filtrer les liquides. Ce papier est très *poreux*, c'est-à-dire qu'il existe une infinité de petits interstices entre les *fibres* dont il est formé : c'est une sorte de feutre très mince. Je plie ce papier pour lui donner la forme d'un entonnoir ; je le place dans un entonnoir en verre ou en fer-blanc et j'y verse de l'eau. Vous voyez, elle traverse le filtre et s'écoule lentement.

Au lieu de cette eau limpide, je verse celle-ci dans laquelle j'ai râpé et délayé de la craie : le filtre ne laisse passer que de l'eau pure, il retient la craie.

Essayons maintenant de l'eau légèrement sucrée ; vous voyez, cette eau passe à travers le filtre. Cependant, au lieu d'eau sucrée si nous versions du sirop épais, il ne pourrait traverser le papier. Du blanc d'œuf serait dans le même cas.

Ces exemples nous montrent que les différentes substances, même dissoutes, se comportent différemment lorsqu'on essaye de leur faire traverser un filtre. La filtration n'est facile que pour les liquides très coulants, comme l'eau, ou qui contiennent une faible quantité de substances solubles en dissolution, comme cette eau légèrement sucrée; nous dirons que ces liquides sont aisément *filtrables*.

Eh bien, *supposons*, admettons, que les tubes qui forment les veines sont poreux comme ce papier, de sorte qu'ils se comportent à peu près comme des filtres, supposons encore que ces *tubes-filtres* peuvent laisser entrer les liquides, mais n'en laissent pas sortir.

Si tous nos aliments étaient liquides, et si ces liquides contenaient en dissolution très peu de matières solides, ils pourraient pénétrer, par filtration, dans les veines pour s'y mêler au sang. Les boissons peuvent passer aisément. Mais comment feront les aliments solides ou demi-liquides ?

Il faut cependant qu'ils passent. Pour cela, ils doivent être rendus liquides, c'est-à-dire, ils doivent être dissous. Par quels procédés nos aliments prennent-ils la forme liquide ? C'est ce que va nous apprendre l'étude de la *digestion*.

La digestion consiste essentiellement à modifier nos aliments de telle sorte qu'ils puissent passer à travers des filtres d'une finesse extrême, pour entrer dans les tubes, dans les canaux, où ils se mêlent au sang.

Voici de l'amidon. Vous connaissez cette substance. Henri va nous dire d'où on la retire.

— On retire l'amidon de la farine de blé.

Bien. Il y en a aussi dans la farine des autres céréales. La fécule que l'on retire de la pomme de terre est une sorte d'amidon.

En mangeant du pain nous mangeons de l'amidon. Louis, voici de l'eau dans laquelle je délaye de l'amidon. Je vais la verser dans le filtre. Pensez-vous que l'amidon passera ?

— L'amidon restera dans le filtre comme la craie.

C'est vrai. Et si je le cuisais dans l'eau, j'obtiendrais une colle qui ne passerait pas non plus ; disons qu'elle ne serait pas *filtrable*.

Mais si je faisais bouillir l'amidon dans de l'eau acide, ou bien si j'ajoutais à l'eau un *ferment* analogue à la *levûre*, l'amidon se changerait en une substance que voici : en *glucose*, c'est-à-dire en sucre, et j'obtiendrais une eau sucrée filtrable. Pour rendre filtrable l'amidon, il suffirait donc que la digestion le changeât en sucre. Nous allons voir qu'elle y réussit.

Voici maintenant du lait. J'y verse quelques gouttes de vinaigre et vous le voyez *tourner*. Il se forme des grumeaux de matière blanche que nous nommerons *fromage* (caséum). Ces grumeaux flottent dans le *petit lait*. Filtrons le tout. Le petit lait passe, mais le fromage reste.

Je recueille ce fromage, j'y ajoute du *bicarbonate de soude* et un peu d'eau. Je remue, et vous voyez le fromage se dissoudre. J'obtiens un liquide filtrable.

Notez bien, mes amis, que ce *fromage* du lait est composé à peu près comme la viande. On pourrait, par d'autres procédés, rendre la viande soluble dans l'eau et filtrable.

Tout cela est bien simple, n'est-ce pas ? Vous comprenez que pour pénétrer dans les canaux où ils doivent se mêler au sang, nos aliments ont besoin d'être modifiés par la *digestion*, de manière à devenir filtrables.

Je viens de vous montrer que diverses substances, et en particulier les ferments, étaient capables de produire ces modifications. Si nos aliments rencontrent dans l'estomac ou dans les intestins des substances de cette nature, ils seront modifiés comme il faut. Voyons donc ce qui arrive aux aliments à partir du moment où ils pénètrent dans notre bouche.

Jean, je suppose que vous voulez manger une bouchée de pain sec. Pensez-vous l'avaler d'un trait?

— Je serai obligé de le mâcher.

Bien. Et en le mâchant vous l'imbiberez d'un liquide qui le ramollira. Comment appelez-vous ce liquide?

— C'est la salive.

La salive est produite par plusieurs *glandes* qui se trouvent dans les parois de la bouche et sous la langue. La plus grosse de ces glandes est logée entre la mâchoire supérieure et l'oreille. Le gonflement des tissus qui entourent cette glande produit ce que l'on appelle les *oreillons*, maladie peu grave, assez commune chez les enfants.

Si vous mâchez pendant longtemps une bouchée de pain, vous vous apercevrez qu'il prend un goût légèrement sucré. Si un chimiste l'analysait alors, il y trouverait, en effet, du sucre. Louis, devinez-vous d'où vient ce sucre?

— Il provient peut-être de l'amidon?

C'est juste. La salive contient un *ferment* qui a la propriété de changer l'amidon en sucre. Cette transformation peut commencer dans la bouche. En tout cas, elle se fera petit à petit, en partie sous l'influence de la salive, et en partie sous l'influence d'un autre ferment du même genre que l'amidon rencontrera dans l'intestin. Le résultat final sera une transformation complète de cette substance qui, dès lors, deviendra filtrable.

Vous comprenez, mes amis, que la salive joue un rôle très important dans la digestion. C'est un liquide précieux. Nous devons bien nous garder de le perdre en crachant sans nécessité. Vous avez remarqué sans doute que les fumeurs crachent beaucoup. Cette habitude absolument contraire à la propreté, à la po''tesse, est en outre très préjudiciable à la santé. Elle fait perdre un des éléments nécessaires à la digestion. Quand même le tabac n'offrirait que cet inconvénient, ce serait une raison suffisante pour le bannir de notre vie ; mais il en a bien d'autres plus graves dont nous causerons un peu plus tard. Revenons à la digestion.

Les aliments mâchés et imprégnés de salive sont avalés, engloutis, d'où le mot *déglutition* qui veut dire engloutissement. Ils traversent un assez long tube, situé derrière la *trachée* ou tuyau à air des poumons, et tombent dans l'estomac.

Rendons-nous compte, d'abord, de la position de cet organe. J'ai eu occasion de vous dire, à propos de la respiration, que le *tronc* est divisé en deux grandes cavités par une forte cloison nommée *diaphragme*. Dans la cavité supérieure sont logés les poumons et le cœur. Dans l'autre se trouvent : à droite le foie, à gauche et en avant l'estomac, derrière eux le *pancréas*, la *rate*, et les *reins ;* au-dessous les intestins.

Depuis l'*œsophage*, qui commence dans l'arrière-gorge jusqu'à l'extrémité des intestins, les aliments ont à parcourir un canal long de 9 à 10 mètres. L'estomac est comme un renflement de ce canal gonflé en forme de cornemuse.

Les aliments solides et liquides tombent pêle-mêle dans l'estomac. Si les liquides sont trop abondants, il se débarrasse de ce qui gênerait son travail : les petites veines qui tapissent ses parois absorbent une partie des liquides.

L'estomac n'est pas un sac inerte chargé seulement de loger les aliments. Ce sac est formé de plusieurs membranes dont l'une est musculeuse et a la propriété de se contracter lentement dans tous les sens. Par ses contractions, l'estomac mélange et brasse les aliments.

De plus, la paroi interne de l'estomac laisse suinter un liquide nommé *suc gastrique* qui agit principalement sur la viande de manière à la ramollir, à la changer en une pâte coulante imprégnée d'un *ferment* qui la rendra tout à fait liquide.

Voilà le travail de la digestion en bon chemin. Tout est bien ramolli, mélangé, imbibé de liquides riches en ferments. Le rôle de l'estomac est terminé, il a fabriqué ce que les médecins appellent le *chyme*, sorte de bouillie qui passe dans l'intestin.

En arrivant dans l'intestin la bouillie alimentaire ou *chyme* rencontre d'autres liquides très importants : la bile fabriquée par le foie, une sorte de salive produite par le *pancréas* et enfin un suc sécrété par l'intestin lui-même.

Grâce à la présence de ces nouveaux liquides, la bouillie fermente rapidement, se décompose, se liquéfie ; elle devient un *liquide filtrable*, c'est-à-dire capable de passer à travers les parois de tubes très délicats.

Il reste cependant quelques parties des aliments qui ont résisté à la digestion, qui ne sont pas devenues liquides et filtrables. Ces parties grossières non digérées forment un résidu dont l'intestin se débarrasse chaque jour.

Voyons maintenant ce que devient le liquide filtrable, que l'on appelle *chyle*. Le chyle est l'aliment devenu liquide. De l'intestin il faut qu'il passe dans le sang. Voici comment il y arrive.

Dans les parois de l'intestin se trouvent un réseau de veines et une foule de petits tubes semblables à des veines, mais qui contiennent un liquide presque incolore : la *lymphe*. De ce mot lymphe on a fait le mot *lymphatique*, pour désigner une personne chez laquelle le sang est peu abondant, tandis que la lymphe semble avoir pris en partie sa place. Ces tubes ou canaux remplis de lymphe s'appellent *vaisseaux lymphatiques*. Il y en a dans tout le corps, mais ceux des intestins sont plus nombreux et plus gros que les autres, parce qu'ils ont une fonction spéciale à remplir. On les appelle *vaisseaux chylifères* ou porteurs du *chyle*.

Tâchez, mes amis, de vous rappeler ces termes : *chyme, lymphe, chyle;* ce n'est pas bien difficile et cela vous permettra d'exprimer en peu de mots vos idées sur la digestion.

Une partie du chyle, celle qui est le plus aisément filtrable, pénètre dans les veines de l'intestin ; l'autre entre, à travers leurs parois, dans les vaisseaux chylifères qui vont se vider dans une grosse veine ; de sorte qu'en définitive, nous pouvons dire que le chyle passe de l'intestin dans les veines pour se mêler au sang.

La digestion se termine donc par le passage du chyle dans les veines. Ce passage s'opère par une sorte de filtration. Mais comme les vaisseaux dans lesquels doit passer le chyle l'attirent, l'appellent, pour ainsi dire, pour s'en emparer, pour l'*absorber*, on dit que la digestion se termine par l'absorption du chyle.

De la bouche aux veines, vous voyez, mes amis, qu'un déjeuner subit bien des opérations. Résumons-les : *mastication, insalivation, déglutition, chimification, chylification, absorption*. N'êtes-vous pas contents de comprendre cela ?

Il y a beaucoup de grandes personnes qui n'en savent pas là-dessus aussi long que vous. C'est qu'autrefois on n'enseignait pas à l'école les choses qu'il importe le plus de savoir. L'année prochaine nous causerons encore de la digestion, mais ce sera surtout au point de vue pratique. Il ne suffit pas de savoir comment on digère : il importe d'apprendre quelles sortes d'aliments et de boissons sont les plus saines, les plus fortifiantes.

Manger à sa faim, boire à sa soif ne suffisent pas pour se bien porter, surtout quand on se livre à un travail pénible. Il faut savoir se nourrir, c'est-à-dire choisir les aliments et les prendre en quantité suffisante pour réparer exactement l'usure journalière du corps, pour assurer une *nutrition* régulière.

QUESTIONNAIRE.

Qu'est-ce qui fournit au sang des matériaux pour réparer l'usure du corps? — Expliquez de quelle manière agit un filtre en papier. — Citez des liquides qui ne traversent pas un filtre en papier. — Quels sont les liquides les plus filtrables? — Comment comprenez-vous qu'un liquide puisse pénétrer dans les veines? — En quoi consiste la digestion? — Dites par quel moyen on peut rendre l'amidon soluble dans l'eau. — Expliquez par un exemple comment on peut rendre solubles des matières analogues à la viande. — D'où vient la salive? — Comment la salive agit-elle sur l'amidon? — Quelle sorte de substance active contient la salive? — Pour quelles raisons faut-il s'abstenir de cracher sans nécessité? — Indiquez la position des organes contenus dans la poitrine. — Indiquez la position des principaux organes contenus dans la cavité abdominale. — Expliquez le chemin que parcourent les aliments. — Dites ce que vous savez sur l'estomac. — Comment appelle-t-on le liquide sécrété par l'estomac? — Quel nom donne-t-on aux aliments ramollis par la digestion dans l'estomac? — Quels liquides trouve le chyme en arrivant dans l'intestin. — Comment agissent ces liquides? — Quel nom donne-t-on au *chyme* devenu complètement liquide? — Que deviennent les parties grossières des aliments non liquéfiées? — Que savez-vous sur la *lymphe?* — Qu'est-ce que les vaisseaux *chylifères?* — Expliquez la manière dont le chyle passe dans le sang. — Résumez les phases principales de la digestion.

VII. — LES NERFS.

Mes amis, lorsque nous avons causé des muscles et des
mouvements je vous ai dit que les muscles ne pouvaient
agir que par l'intermédiaire des nerfs.

Si vous *voulez* remuer le bras, ce ne sont pas les muscles
du bras qui ont la pensée, la volonté de faire un mouvement. Les muscles sont par eux-mêmes *inertes*, c'est-à-
dire incapables d'agir. Pour qu'ils entrent en action, pour
qu'ils se contractent, il est indispensable qu'une certaine
force les *excite*.

Je vous ai dit d'où vient cette force. Henri va nous le
rappeler.

— Elle vient des nerfs.

C'est cela. Mais d'où vient la pensée, la volonté qui met
en action les nerfs?

— Elle vient du cerveau.

C'est exact.

Je vous dis : fermez la main. Vous pensez aussitôt à
accomplir ce mouvement. Vous *voulez* la fermer. C'est
dans votre cerveau que se passe cette première partie de
l'acte que vous allez accomplir. Entre le cerveau qui pense,
qui veut, et les muscles capables de se contracter pour
produire un mouvement, il faut des intermédiaires : ce
sont les nerfs.

Les nerfs transmettent aux muscles la pensée, la volonté,
l'ordre du cerveau. Ils la transmettent de telle sorte que
les muscles comprennent, pour ainsi dire, non seulement

qu'ils doivent se contracter, mais qu'ils doivent le faire avec une certaine rapidité, une certaine énergie, afin d'obtenir un mouvement lent ou rapide, faible ou énergique.

De même qu'au moyen du télégraphe électrique vous pouvez communiquer des ordres à distance, le cerveau envoie ses ordres aux muscles par le moyen des nerfs.

Vous connaissez déjà quelques-unes des nombreuses substances qui entrent dans la composition du corps humain. Louis, citez-en quelques-unes.

— Les os, le sang, les muscles.

Bien. Vous savez que les muscles ont une structure très compliquée, la substance nerveuse est encore plus délicate, parce que ses fonctions sont plus variées et s'accomplissent avec une rapidité extraordinaire.

La substance nerveuse forme dans notre corps deux grandes masses ou deux centres principaux d'où partent, comme des fils de télégraphe, les nerfs proprement dits.

Les deux grands centres nerveux sont le *cerveau* et la *moelle épinière*. Occupons-nous d'abord du cerveau. Nous noterons, en passant, que l'on appelle *cervelle* le cerveau des animaux qui nous servent de nourriture.

Les mots cerveau et cervelle s'emploient d'ailleurs, dans un sens figuré, pour désigner l'esprit, la raison, l'intelligence. C'est ainsi que l'expression « c'est un cerveau fêlé » signifie : c'est une personne peu intelligente ; et que l'on appelle tête sans cervelle une personne peu raisonnable.

Jean, pouvez-vous nous expliquer pourquoi l'on emploie ainsi les mots cerveau ou cervelle pour désigner l'esprit, l'intelligence ?

— C'est parce que les pensées viennent du cerveau.

Oui, ce que l'on appelle facultés intellectuelles : pensée, mémoire, jugement, etc., se forme dans le cerveau. Il suffit d'une blessure légère, d'une maladie peu grave, en apparence, pour déranger ou pour détruire les facultés dont le cerveau est le siège.

Charles, comment appelle-t-on les personnes qui ont perdu la raison ?

On les appelle des fous.

Bien. Et ceux qui n'ont jamais eu de raison, ou qui en ont beaucoup moins que les autres hommes?

— On les appelle des imbéciles ou des idiots.

C'est vrai. Les personnes dont le cerveau est le plus développé, le mieux conformé, peuvent perdre la raison. Les grands chagrins, une frayeur extrême, l'abus des boissons alcooliques, une vie désordonnée, sont des causes communes de folie.

Quant aux imbéciles, aux idiots, ce sont ordinairement des malheureux qui sont nés avec un cerveau mal conformé. Le plus souvent le cerveau de ces déshérités est peu développé, de sorte qu'ils ont la tête petite, le front fuyant.

Une tête un peu forte, et surtout un front bien développé indiquent d'ordinaire une personne intelligente. Il semble, en effet, qu'il y ait une certaine relation entre le volume du cerveau, principalement dans la région du front, et ses aptitudes intellectuelles. Cependant il serait imprudent de fonder un jugement sur ces apparences. Pour le cerveau comme pour bien d'autres choses, il ne faut pas seulement calculer le volume et le poids. On peut avoir un cerveau moyen comme taille et comme poids, mais de qualité excellente; ou un cerveau gros et lourd, mais de qualité médiocre.

Chez l'homme, le poids du cerveau est un peu plus que le trentième du poids total du corps. La portion est beaucoup moindre chez les animaux : un quarante-huitième pour les singes les plus intelligents; un quatre-vingt-deuxième pour le rat; un cinq centième pour l'éléphant. Le cerveau d'une tortue ne pèse pas la deux millième partie du poids de l'animal.

Vous avez sans doute entendu dire d'un enfant étourdi : « c'est une tête de linotte », cela équivalait à dire : c'est une tête sans cervelle. Eh bien, je vous souhaiterais d'avoir, en proportion, des cerveaux de linottes. Certains petits oiseaux, entre autres la linotte et le pinson, possèdent des cerveaux qui représentent un vingtième de leur poids.

Puisque le cerveau joue un rôle si important dans notre vie, il est naturel que tout ait été prévu pour le mettre à l'abri des accidents. Dites-nous, Georges, comment se trouve protégé le cerveau ?

— Par le crâne.

C'est exact. Le cerveau, enveloppé dans une triple membrane, remplit toute la cavité du crâne, qui lui forme une boîte osseuse très résistante. Mais ce n'est pas tout. Continuez, Jean.

Le cerveau est aussi protégé par les cheveux.

Bien. Les cheveux maintiennent la tête à une température à peu près constante. Ils s'opposent également à son refroidissement et à son échauffement, parce qu'ils conduisent mal la chaleur. Ils servent, en outre, à amortir les chocs auxquels la tête est exposée. Plus les cheveux sont frisés, plus ils sont feutrés en quelque sorte, et mieux ils protègent le crâne. C'est sans doute pour les garantir contre les rayons ardents du soleil que la nature a doué de cheveux crépus les nègres africains.

Lucien, comment appelle-t-on la peau du crâne ?... Qui peut le dire ?

Louis a répondu : le cuir chevelu. C'est juste. La peau du crâne étant particulièrement épaisse et forte, on lui a donné ce nom caractéristique de cuir chevelu.

Occupons-nous maintenant du deuxième centre de matière nerveuse. Léon, rappelez-nous comment est disposée l'épine dorsale.

— Elle est composée d'os plats superposés. Ces os

nommés vertèbres sont percés d'un trou au centre, de sorte que l'épine dorsale forme une colonne creuse.

Voilà comme j'aime les réponses.

La colonne vertébrale ou épine dorsale est creuse. Cette longue cavité est remplie de substance nerveuse nommée moelle épinière, parce qu'elle se trouve là comme la moelle d'un os.

Le cerveau et la moelle épinière sont les deux principaux centres d'où partent les nerfs. Mais, tandis que le cerveau centralise l'intelligence et les sensations de la vue, de l'ouïe, du goût, de l'odorat, la moelle épinière préside surtout aux mouvements et aux sensations qui ont pour siège la peau.

En réalité, les grands centres sont en communication intime par l'intermédiaire d'une foule de nerfs; de sorte qu'ils participent plus ou moins à tout ce qui se passe en nous.

Des centres nerveux partent les *nerfs*, sous forme de fils déliés qui se réunissent en faisceaux, puis se séparent, se subdivisent en ramifications d'une finesse extraordinaire. Ces fils pénètrent dans les muscles, dans la peau, s'insinuent dans les parois de l'estomac et des intestins, se glissent dans les minces membranes qui forment les vaisseaux sanguins. Toutes les parties vivantes du corps sont sillonnées de nerfs. On les trouve partout excepté dans les cheveux, les ongles et la couronne des dents.

Par eux, le cerveau est mis au courant de toutes les impressions. Par leur entremise, il ordonne tous les mouvements.

Mais la machine humaine est si compliquée que le cerveau aurait trop à faire s'il lui fallait *sentir* tout ce qui s'y passe et s'il était obligé de donner des ordres pour l'accomplissement de chaque fonction.

Aussi le cœur bat, la poitrine se gonfle et se contracte, l'estomac et les intestins digèrent sans que le cerveau s'en aperçoive. Il n'est averti que s'il y a quelque chose de dérangé. Une gêne, une douleur appellent alors son attention.

Il pourrait arriver aussi que le cerveau fatigué, trop occupé par des pensées sérieuses, ou sous l'empire d'une très forte émotion, négligeât de donner aux organes certains ordres nécessaires. Il en pourrait résulter de graves inconvénients. Vous allez facilement le comprendre.

Charles, je suppose qu'étant très las d'une promenade vous vous êtes endormi auprès du feu. Vous avez glissé, puis fait quelques mouvements sans vous réveiller. Voilà que votre main se pose juste sur un charbon ardent. Avant que vous soyez réveillé par la douleur, que vous ayez le temps de vous rendre compte comment vous êtes auprès du feu, et de vouloir retirer votre main, vous pourrez avoir les doigts à demi rôtis. Mais qu'est-ce qui arriverait en pareil cas? votre main attendrait-elle tranquillement que vous lui disiez de se retirer?

— Elle s'éloignerait du feu dès qu'elle sentirait la brûlure.

Voici réellement ce qui se passe en pareil cas. Les nerfs de la main éprouvent, au contact du feu, un certain tressaillement qui cause une *douleur*. Le cerveau perçoit cette douleur, et avant que l'on ait le temps de penser à faire un mouvement, le mouvement s'exécute juste comme il le faut pour que la main s'éloigne du feu. Le mouvement a lieu d'une façon instinctive.

Dans une foule de circonstances, les mouvements instinctifs nous préservent d'un danger. Au moment du péril, bien peu de personnes conservent leur sang-froid : le plus grand nombre perdent la tête, comme l'on dit; mais alors s'accomplissent des mouvements instinctifs capables de les sauver. On se jette en arrière en arrivant au bord d'un précipice ; on ferme les paupières pour se préserver d'une lumière éblouissante; on s'accroche à tout ce qui se présente si l'on court risque de se noyer. Tout cela se fait d'abord sans que l'on ait eu le temps de réfléchir et de vouloir le faire.

Vous concevez, mes amis, que les nerfs étant ainsi distribués dans tout notre corps et possédant une sensibilité exquise, se trouvent fréquemment exposés à des impressions désagréables, de froid, de chaud, de fatigue, etc. Comme tous les nerfs communiquent entre eux, directement ou indirectement, on peut dire que tout ce qui se passe dans l'un d'eux impressionne plus ou moins tous les autres. Je vais vous en donner quelques exemples.

Léon, vous souvenez-vous de votre dernier rhume? Vous aviez eu les pieds mouillés; vous négligeâtes de changer de chaussures et vous vous plaignîtes du froid. Le lendemain vous toussiez. Le rhume dura huit jours. Est-ce que vous aviez eu froid à la poitrine, à la gorge, au cou, à la tête?

— Je ne m'en suis pas aperçu.

En effet, vous n'eûtes froid qu'aux pieds. Mais cette impression pénible du froid fut transmise par les nerfs des pieds à ceux de la gorge et à ceux qui se trouvent dans l'épaisseur des bronches. Il en est résulté, dans ces parties si éloignées, une irritation, une congestion qui s'est manifestée sous forme de rhume.

Lucien, vous savez que la colère fait rougir la face. Pour que le sang afflue ainsi à la peau du visage, il faut qu'il y soit envoyé par le cœur avec plus de force, et que les petits vaisseaux sanguins se dilatent, s'élargissent. Comment comprenez-vous que cela se fait?

— C'est l'émotion qui fait battre le cœur plus vite.

Voilà une partie de l'explication. Je vais vous la compléter. L'émotion, la colère ont leur siège dans le cerveau. Ce changement dans sa manière d'être se transmet au cœur par les nerfs et le cœur bat plus vite. Il peut aussi se contracter avec plus d'énergie et lancer le sang dans les artères avec une force inaccoutumée. Mais cela ne suffit pas. Dans toutes les petites veines qui circulent sous l'épiderme il y a des nerfs. Ces nerfs d'une finesse extrême ressentent aussi une certaine impression qui fait gonfler ces vaisseaux, de sorte que le sang y afflue en abondance.

La pâleur qui accompagne souvent la peur agit en sens inverse, mais d'une manière analogue. Dans ce cas, les battements du cœur peuvent se ralentir, et les petits vaisseaux sanguins de l'épiderme se rétrécissent.

Tout ceci, mes enfants, est un peu compliqué pour vous. Cependant j'espère que vous avez déjà sur les nerfs des idées assez claires pour que nous puissions nous occuper des sens; ce sera le sujet de notre prochaine causerie.

QUESTIONNAIRE.

Qu'est-ce qui sert d'intermédiaire entre la volonté et les muscles?— A quoi peut-on comparer cette transmission de la volonté par les muscles? — Nommez les deux grands centres de substance nerveuse. — Indiquez le sens figuré que l'on donne aux mots cerveau, cervelle. — Pourquoi emploie-t-on souvent ces mots pour désigner l'esprit, l'intelligence? — Qu'est-ce qu'un fou? — Qu'est-ce qu'un imbécile, un idiot? — Quelle est l'apparence ordinaire de la tête des imbéciles, des idiots? — Y a-t-il toujours une relation exacte entre le volume et la qualité intellectuelle du cerveau? — Comment se trouve protégé le cerveau? — Expliquez l'utilité de la chevelure. — Expliquez la disposition de l'épine dorsale. — Dites le nom de la masse nerveuse renfermée dans l'épine dorsale. — Donnez une idée de la manière dont sont réparties les fonctions du cerveau et de la moelle épinière. — En quoi consistent les nerfs? — Comment sont-ils distribués dans le corps? — Avons-nous conscience de tous les actes auxquels président les nerfs? — Faites comprendre, au moyen d'un exemple, que certains mouvements s'exécutent sans notre volonté. — En quoi sont avantageux les mouvements instinctifs? — Expliquez par un exemple comment toutes les parties du corps sont mises en action par les nerfs. — Comment comprenez-vous qu'une émotion fasse rougir la face? — Faites comprendre comment se produit la rougeur ou la pâleur subite du visage.

VIII. — LES SENS.

Louis, approchez. Étendez la main et fermez les yeux. Je vais déposer dans votre main un objet, tâchez de nous dire ce que c'est, sans le regarder. Vous pouvez seulement le toucher avec vos deux mains.

Eh bien? vous avez touché, palpé, retourné cet objet, dites ce que c'est.

— C'est une balle en cuir.

Bien. Vous pouvez maintenant ouvrir les yeux. Expliquez-nous comment vous avez reconnu que vous teniez dans la main une balle?

— J'ai senti qu'elle était ronde.

C'est juste. Vos doigts sont exercés à toucher des balles, des billes, de sorte que vous appréciez facilement leur rondeur, sans les regarder. Mais la sphère que j'ai mise dans votre main aurait pu être en bois, en pierre, en caoutchouc. Comment avez-vous reconnu qu'elle était en cuir?

— Une balle en pierre eût été lourde et dure; une en bois eût été légère, mais dure aussi. Une balle en caoutchouc se serait déformée quand je la pressais. J'ai reconnu la balle de cuir, au poids, au poli de la surface, à sa résistance sous les doigts, et aussi à ses coutures.

Tout cela est exact. Vous avez touché, palpé la balle, et cet examen fait avec les doigts vous a très bien renseigné sur son compte. A mesure que vous la palpiez, vous *sentiez* sa forme, son degré de dureté, l'état de sa surface. Vous éprouviez une série *d'impressions*, qui devenaient des *sensations.* L'impression avait lieu dans la paume de la main et dans les doigts, mais cette impression était transmise, par les nerfs, à votre cerveau où elle se transformait en une sensation. Les doigts touchaient : au même instant vous en étiez informé par les nerfs et la sensation éveillait dans votre esprit certaines pensées.

Henri, voici un compas un peu entr'ouvert. Touchez avec les deux pointes le bout d'un de vos doigts. Que sentez-vous ?

— Je sens les deux pointes.

Bien. Placez-les maintenant dans la paume de votre main, puis sur le dos de votre main, et enfin sur la peau de votre front..... Dites-nous si vous avez senti partout les deux pointes.

— Je les ai bien senties dans la paume de la main, mais presque pas sur le dos, et je n'en ai senti qu'une sur le front.

C'est vrai. Devinez-vous pourquoi vos sensations ont été si différentes ?

— Je pense que la peau est moins sensible en certains endroits.

Vous avez raison. Dans quelque partie du corps que l'on nous touche, nous éprouvons une certaine sensation, mais elle est beaucoup plus vive et plus délicate en certains points. C'est la peau du bout des doigts qui est le plus sensible aux impressions que cause le contact des objets.

Cette possibilité, cette *faculté* de ressentir le contact des corps qui touchent notre peau, d'en éprouver une sensation a donc pour siège général la peau, et pour siège spécial le bout des doigts.

Dans l'épaisseur de la peau se trouvent groupés des nerfs d'une délicatesse extrême qui transmettent au cerveau les impressions produites par le contact. Ces nerfs sont particulièrement nombreux dans la peau qui recouvre le bout des doigts.

Cette série des nerfs est placée dans la peau pour remplir une fonction spéciale : pour transmettre au cerveau l'impression du contact. Puisque ces nerfs remplissent une fonction spéciale, nous pouvons regarder leur ensemble et la peau qui les renferme, comme l'un des organes de notre corps, et l'appeler *organe du tact*, c'est-à-dire organe par lequel nous avons connaissance du contact des corps, et aussi de leur température, de la dureté, de l'état de leur surface, etc.

Lorsque nous exerçons cet organe, nous mettons à profit la possibilité de reconnaître tout ce que nous indique l'organe du tact; nous exerçons cette faculté que l'on appelle le *toucher*.

En général la possibilité ou, comme l'on dit, la *faculté* d'éprouver une impression, une sensation, par l'intermédiaire d'organes spéciaux s'appelle *sens*. Ainsi quand je dis : j'ai le sens du tact très développé, j'entends que par l'intermédiaire de l'organe du tact, c'est-à-dire par l'intermédiaire des nerfs de la peau, je puis me rendre compte des impressions les plus légères causées par le contact des objets, et que j'en apprécie une foule de qualités.

Tout à l'heure, Henri a *exercé* le *sens* du *tact* par le *toucher* minutieux de la balle. Vous avez vu le résultat.

Voyez, mes amis, combien de choses nous apprend ce fait si simple. Vous savez maintenant ce que c'est qu'une *impression*, produite par un objet situé en dehors de nous. Vous comprenez que cette impression causée au bout du doigt est transmise au cerveau par les nerfs, de sorte que nous éprouvons une *sensation*. La possibilité ou *faculté* de sentir, d'éprouver cette sensation constitue un *sens*. Les parties du corps spécialement chargées de recevoir et de transmettre les impressions s'appellent *organes des sens*, c'est-à-dire organes au moyen desquels nous sommes mis en rapport avec ce qui nous entoure. Notre peau, et principalement celle du bout des doigts, constitue l'organe d'un sens nommé *tact*. Nous exerçons ce sens par le *toucher* qui consiste à palper les objets de manière à nous renseigner sur leur compte.

Avant d'aller plus loin, je tiens à m'assurer que vous avez tous bien compris.

Jules, posez sur votre table ces trois objets : une feuille de papier glacé, un livre dont la couverture est gaufrée, un morceau de planche non rabotée. Passez successivement la main sur ces objets. La peau de votre main est impressionnée par eux d'une façon différente. Comment le savez-vous?

— Les nerfs transmettent à mon cerveau l'impression que ces objets font sur les petits nerfs de la peau et je sens que je touche divers objets.

— Bien, vous *sentez*, vous éprouvez une *sensation* et votre esprit la juge, l'apprécie. L'*impression* est devenue une *idée*.

Ernest, comment s'appelle la possibilité, la faculté de sentir, d'apprécier les impressions?

— Cela s'appelle un sens.

Et les parties du corps spécialement destinées à l'exercice des sens?

— On les appelle organes des sens.

Charles, quand notre esprit ressent, comprend l'impression produite par le contact d'un objet, quel sens est entré en fonctions?

— Le sens du tact.

De même que nous pouvons *voir* sans *regarder*, *entendre* sans *écouter*, nous pouvons éprouver une sensation par l'organe du tact sans exercer volontairement le *toucher* qui implique l'attention, le soin de palper pour se rendre compte des sensations les plus délicates.

Mes amis, ce sont les sens qui nous mettent en rapport avec le monde qui nous entoure. Leurs indications n'ont de valeur que si nous apprenons par l'exercice, par la réflexion, à nous rendre compte des sensations qu'ils nous procurent. Ce n'est qu'à force de toucher des objets, en les regardant, que vous vous êtes habitués à reconnaître, par le simple toucher, leur forme, l'état de leur surface. Tous nos actes exigent de l'habitude et de la réflexion. Vous n'écrirez régulièrement qu'après bien des efforts pour accomplir convenablement un certain nombre de mouvements des doigts et de la main. Vous n'avez reconnu la relation qu'il y a entre un objet rond et l'impression qu'il cause à votre main qu'après en avoir touché un grand nombre. Quand vous étiez plus petits, vous n'auriez pas pu distinguer, les yeux fermés, un œuf d'une boule. Ce n'est que par une suite d'exercices que vous êtes arrivés au point où vous êtes, et cependant cette *éducation* du sens du tact n'est pas terminée, tant s'en faut.

Je vais vous prouver, par un exemple, combien nous avons besoin d'attention pour ne pas nous laisser tromper par nos sensations, c'est-à-dire pour bien nous servir de nos sens.

Frédéric, voici une petite bille. Placez-la dans le creux de votre main gauche. Serrez-la légèrement entre l'extrémité du doigt du milieu et de son voisin l'annulaire. Bien. Maintenant faites rouler doucement la bille en la touchant toujours du bout des doigts. C'est cela. Combien sentez-vous de billes ?

— Je n'en sens qu'une.

Changez la position de vos doigts. Croisez le doigt du milieu ou *médium*, sur l'annulaire. Faites rouler de nouveau la bille entre vos deux doigts. Combien en sentez-vous ?

— On dirait qu'il y en a deux.

C'est vrai, la sensation que vous éprouvez vous ferait certainement croire que vous touchez deux billes, si vos yeux ne vous détrompaient.

Mes amis, je ne vous expliquerai pas comment se produit cette erreur, cette *illusion* du tact. J'ai voulu seulement vous prouver par une expérience enfantine que nos sens sont sujets à nous tromper.

Mais vous voyez, ils s'entr'aident, ils se contrôlent réciproquement. La vue, l'ouïe, l'odorat, le goût, le tact, forment une sorte d'association. Chaque organe fait de son mieux, et lorsqu'il se trompe ou plutôt lorsque nous ne comprenons pas exactement les impressions qu'il a éprouvées, les autres membres de l'association tâchent de nous avertir. Tout à l'heure vos doigts semblaient dire : il y a deux billes ; mais vos yeux répondaient : il n'y en a qu'une.

Léon, nommez-nous les divers sens par lesquels nous sommes en rapport avec ce qui nous entoure.

— La vue, l'ouïe, l'odorat, le goût, le tact.

En voilà cinq, ce sont les cinq sens. Chacun d'eux a son organe spécial. Jean, quels sont les organes de la vue, de l'ouïe?

— L'œil est l'organe de la vue ; l'oreille est l'organe de l'ouïe.

Bien. Ferdinand va nommer les organes de l'odorat et du goût.

— Ce sont le nez et la langue.

C'est cela. Quant au tact, vous venez de voir qu'il est réparti sur toute la surface de la peau, mais spécialement au bout des doigts.

Jean, vous allez faire une petite expérience très intéressante. Pliez en quatre le bout de votre mouchoir, placez-le sur votre langue, fermez la bouche et pressez la langue contre le palais. Maintenant, au moment où vous allez retirer le mouchoir, fermez les yeux et placez sur votre langue ce très petit fragment d'une substance que vous connaissez. Vous appuierez un instant la langue contre le palais et rejetterez rapidement la substance.

C'est bien exécuté. Dites-nous quel goût avait la substance que vous avez posée sur votre langue?

— Elle n avait aucun goût.

En effet, vous n'avez dû en sentir aucun. Cependant c'était du sucre. Eh bien, vous savez ce que je voulais vous faire comprendre au sujet du goût. Le sucre, posé sur votre langue *sèche*, ne l'a pas impressionnée autrement que ne l'eût fait un fragment de marbre : vous avez senti le contact, mais non le goût.

Pour que l'impression du goût se produise, s'il s'agit d'une matière solide, il faut que la langue soit humide, afin qu'une petite quantité de la substance se dissolve. Tout à l'heure, si vous aviez conservé le sucre quelques instants dans votre bouche, la salive en aurait dissous un peu et vous auriez éprouvé la sensation du goût.

La surface supérieure de la langue est couverte d'une foule de petites éminences qui lui donnent un aspect velouté. Dans ces éminences ou *papilles* se trouvent les nerfs spécialement destinés à recevoir les impressions du goût.

L'odorat a beaucoup de rapports avec le goût. Ainsi, lorsque vous buvez, en vous pinçant les narines, une tisane d'une *saveur* désagréable, vous ne reconnaissez pas cette saveur.

Le nez est recouvert, intérieurement, par une fine membrane dans laquelle se trouvent logés les nerfs destinés à recevoir les impressions des odeurs.

Pour les saveurs, comme pour les odeurs, l'habitude nous rend plus ou moins susceptibles et délicats.

Il nous reste à parler de l'ouïe et de la vue. Comme ces sens s'exercent au moyen d'organes fort compliqués, je ne vous en dirai aujourd'hui que quelques mots. L'année prochaine nous en causerons en détail.

Ce que vous voyez de l'oreille n'est qu'une partie accessoire. L'organe de l'ouïe se trouve logé dans les os du crâne, à l'abri des accidents.

Voici une grande fourchette. Je l'appuie sur cette table, et je pince ses dents de manière à produire un *son*. Henri, comprenez-vous ce qui produit le son?

Voilà donc notre tâche remplie. Nous avons divisé en *embranchements* et en *classes* bien distincts tous les êtres qui appartiennent au règne animal.

QUESTIONNAIRE.

En quoi consiste une classification des animaux? — Peut-on établir une catégorie des animaux qui vivent dans l'eau? — Nommez quelques animaux dits *amphibies*. — Dites de quelle manière ils respirent. — Quels inconvénients y aurait-il à établir une catégorie des animaux qui volent? — Qu'est-ce qui caractérise les oiseaux? A quoi reconnait-on d'ordinaire les poissons? — Dites ce que vous savez sur la peau des serpents, des lézards. — Comment s'appelle la classe des animaux à fausses écailles? — De quelle manière les animaux à poils élèvent-ils leurs petits? — Citez les mammifères les plus communs. — Y a-t-il un point de ressemblance important entre les mammifères, les oiseaux, les reptiles et les poissons? — Comment s'appellent les os plats qui composent la colonne vertébrale? — Dites le nom de la grande catégorie formée d'animaux qui ont une colonne vertébrale. — Qu'appelle-t-on un animal rayonné? — Nommez quelques animaux rayonnés. — Décrivez une limace. — Quelle différence y a-t-il entre une limace et un escargot? — Nommez quelques animaux à coquille. — Faites comprendre que la coquille n'est qu'un accessoire. — Dites à quelle catégorie appartient l'escargot. — Décrivez un ver de terre. — Qu'appelle-t-on animaux articulés. — Citez quelques animaux qui offrent cette structure. — Comment sont couverts la plupart des articulés? — Quelles sont les trois sections du corps d'une fourmi, d'une guêpe? — D'où vient le mot insecte? — Combien de pattes ont les insectes? — Nommez les catégories ou embranchements d'animaux que vous connaissez. — Comment divisez-vous la catégorie des vertébrés?

DEUXIÈME PARTIE

LES ANIMAUX

IX. — LES TROIS RÈGNES.

Supposez que l'on nous dise : vous allez *classer* tout ce que vous connaissez sur la terre, de telle sorte que si l'on vous désigne une pierre, une plante, un animal, vous sachiez immédiatement dans quelle classe il se trouve.

Ce serait une rude tâche, n'est-ce-pas? comment se débrouiller au milieu de cette variété d'êtres?

Voyons un peu comment nous pourrions procéder.

Henri, voici une pierre, un morceau de silex. Si nous la plaçons dans une armoire pensez-vous que, dans un an, elle aura changé?

— Je ne pense pas.

En effet. Cette pierre a été retirée d'une carrière de sable où elle gisait depuis des milliers d'années. Dans mille ans, elle sera encore telle que vous la voyez.

Si nous placions à côté de l'armoire un oiseau dans sa

cage et un pot de fleurs, les retrouverions-nous dans le même état au bout d'une année ?

— Oh ! non. L'oiseau serait mort et la fleur aussi.

C'est vrai. La plante et l'oiseau seraient morts, desséchés, inertes comme la pierre.

Louis, pourquoi l'oiseau serait-il mort ?

— Parce qu'il n'aurait pas mangé.

Et la plante ?

— Parce qu'on ne l'aurait pas arrosée.

Voilà donc deux sortes d'êtres très différents : ceux qui n'ont besoin ni de boire ni de manger ; ceux qui ont besoin d'aliments. Les uns vivent : les autres ne vivent pas. Prenant cela pour base de notre classification, nous mettrons à part tous les êtres qui ne vivent pas pour en faire une catégorie : celle des *minéraux*.

Occupons-nous maintenant des êtres qui vivent. Ernest, racontez-nous la vie d'une plante, celle d'un chou par exemple.

— Le chou naît d'une petite graine qui germe. Il n'a d'abord que deux feuilles ; puis il grandit, fleurit, et produit des graines. Après cela il se dessèche et meurt.

Voilà, en effet, en quoi se résume la vie d'une plante : naître, grandir, produire des graines et mourir.

Lucien, où les plantes prennent-elles des matériaux pour grandir et former des graines ?

— Dans l'air et dans la terre.

Bien. Il leur faut de la nourriture, des *aliments* qu'elles *transforment* en racines, en tige, en rameaux, en feuilles, en fleurs, en graines. Pour transformer ainsi les aliments, les plantes doivent avoir des *organes*, c'est-à-dire des parties distinctes, chargées de fonctions spéciales. Les racines pompent de l'eau dans le sol. Cette eau circule dans des canaux d'une structure très délicate, et monte lentement jusqu'aux feuilles.

— Jules, comment appelle-t-on l'eau qui remplit les *tissus* des plantes ?

— On l'appelle sève.

Est-ce de l'eau pure ?

— Non, c'est une sorte d'eau minérale. Elle contient diverses substances en dissolution.

Bien. La plante reçoit une partie de ses aliments par la sève. Mais d'où lui vient la plus grosse part, celle qui forme les fibres, le bois, celle qui a pour base le charbon ?

— Elle vient de l'air. Les feuilles absorbent l'un des gaz de l'air, le gaz carbonique, et c'est surtout comme cela que se nourrit la plante.

Nous venons de dire que la plante avait besoin d'*organes* pour accomplir la transformation des aliments, pour les changer en sa propre substance, en feuilles, en tige, en fleur, en graines. Vous savez que dans notre corps chaque *fonction* est accomplie par un organe. De même dans les plantes il faut des organes pour accomplir leurs diverses fonctions : pour *absorber* l'eau du sol, pour *respirer* par les feuilles, pour *transformer* le gaz carbonique de l'air en amidon, puis en sucre, puis en bois.

Lorsque l'on examine au microscope une portion de plante, on voit que ses organes sont formés de parties très délicates arrangées avec symétrie, et comparables aux organes de notre corps.

Dans les minéraux nous ne trouvons rien de semblable. Cassez un morceau de silex, regardez-le à la loupe et même au microscope ; vous n'y verrez rien qui rappelle la structure, l'*organisation* d'une plante. Toutes les parties se ressemblent. Elles n'ont pas été arrangées, en vue de fonctions à remplir. C'est une masse *brute*.

Ainsi la matière se trouve, dans la nature, à l'état brut et à l'état organisé. Tous les minéraux sont constitués par de la matière brute. L'organisation des parties, telles que vous la connaissez dans votre corps, dans les plantes, n'existe que pour les besoins de la vie. Puisque les minéraux ne vivent pas, ils n'ont pas besoin de cette organisation. L'état de matière brute leur suffit.

— Frédéric, dites-nous quels rapports il y a entre les végétaux et les animaux.

— Les animaux naissent, grandissent et meurent comme les plantes.

Très bien. Continuez, Lucien.

— Les animaux ont besoin d'aliments pour vivre, pour grandir.

C'est vrai, mais les animaux consomment beaucoup plus d'aliments que les plantes. Quand la plante cesse de grandir, de former des feuilles, des fleurs, des fruits, des graines, sa vie est terminée. Elle ne consomme que pour produire. Dès qu'elle ne produit plus, elle meurt.

Voyez, au contraire, un petit chat. Il mange beaucoup, mais aussi il grandit à vue d'œil : cependant, si l'on pesait ce qu'il a mangé en six mois, on trouverait qu'il a consommé vingt fois plus d'aliments qu'il n'en fallait pour sa croissance. A quoi bon ce gaspillage ? Et puis, sa mère, qui ne grandit plus, n'en mange pas moins de bon appétit. Ernest va nous expliquer cette différence entre les plantes et les animaux.

— Les animaux ont besoin d'aliments pour ne pas se refroidir.

Bien. La plante dépense très peu de matériaux pour produire le peu de chaleur qui lui est propre. Un tronc d'arbre est à peine plus chaud que l'air qui l'entoure. L'animal, au contraire, ne vit qu'à la condition de se maintenir à une température assez élevée. Cette chaleur naturelle s'entretient aux dépens des aliments. Voilà une raison pour laquelle l'animal mange encore lorsqu'il ne grandit plus.

Jean va nous donner une autre raison.

— Les animaux mangent pour réparer l'usure de leur corps.

C'est vrai. La vie des animaux consiste en une usure et

une réparation continuelles. De ce qui formait leur corps il y a quelques années, il ne reste rien aujourd'hui. Tout s'est renouvelé, miette à miette. Chez certains animaux cette usure est d'ailleurs manifeste : ils perdent chaque année leurs poils, leurs plumes, une partie de leur peau. Naturellement il faut des matériaux neufs pour remplacer tout cela.

Mais nous sommes encore loin de compte. Minet a dépensé vingt fois plus d'aliments qu'il n'est lourd et il n'en fallait pas tant pour fournir les matériaux de sa croissance et le combustible nécessaire à son petit corps. A quoi donc a servi le reste ? Georges va nous le dire.

Vous hésitez. Réfléchissez un peu. Quand un cheval se repose à l'écurie, on peut le nourrir avec de la paille et du foin. S'il laboure ou fait des charrois, ce régime ne suffit plus : on lui donne de l'avoine. Pourquoi ce surcroît d'aliments ? Est-ce que Minet en avait besoin ?

— On donne de l'avoine à un cheval pour qu'il ait des forces.

Oui, cette avoine se transforme tout simplement en *force*, en travail. Eh bien, Minet n'a pas travaillé, mais il n'en a pas moins dépensé beaucoup de force. Une bonne partie de ses aliments lui a servi à courir, sauter, gambader.

Voilà, mes amis, une différence considérable dans la manière de vivre des plantes et des animaux.

La plante vit, grandit, se reproduit. Pour tout cela il lui faut des aliments. Comme elle s'échauffe à peine, elle ne consomme presque pas de matériaux pour produire de la chaleur. Comme elle ne bouge pas, elle ne dépense rien en force, en mouvements.

De cette façon tout ce qu'elle emprunte à la terre et à l'air, elle le transforme en matière organisée. Elle ne s'use pas comme les animaux. Le bois formé il y a deux cents ans dans le tronc d'un chêne n'a pas été remplacé par d'autre bois. Tandis que les os d'un animal ne sont pas ceux qu'il possédait il y a une dizaine d'années.

Ainsi les plantes n'ont besoin que d'une très faible quantité de nourriture pour entretenir leur vie, tandis qu'il en faut aux animaux des quantités proportionnelles à leur température, à leur énergie, aux forces qu'ils dépensent.

Lucien, résumez-nous ce qui distingue les minéraux.

— Les minéraux sont de la matière brute. On ne les voit ni naître, ni grandir, ni mourir. Ils n'ont pas besoin d'aliments, ils ne bougent pas.

Jean va nous résumer ce qui distingue les végétaux.

— Les végétaux ne bougent pas, mais sont organisés afin de pouvoir vivre. Ils naissent, grandissent et meurent. Ils ont besoin de très peu d'aliments pour vivre ; ils changent le reste en bois, en feuilles, en fleurs.

Léon, dites-nous ce qui caractérise les animaux.

— Les animaux sont organisés, ils vivent. Ils naissent, grandissent et meurent. Ils ont besoin de beaucoup d'aliments même quand ils ne grandissent plus. Ces aliments leur servent à se maintenir chauds, à réparer l'usure de leur corps, à produire de la force pour se mouvoir.

C'est bien. Vous voyez, mes amis, qu'en mettant un peu d'ordre dans ces idées on arrive facilement à comprendre ce qui semblait d'abord très embarrassant. Nous pourrions presque nous arrêter ici et commencer le classement que nous devons faire. Cependant il reste un point important à examiner.

Henri, si vous coupez une branche d'arbre, pensez-vous que l'arbre ressent quelque chose ? sait-il que vous lui avez coupé une branche ou au moins éprouve-t-il une sensation quelconque ?

— Les plantes ne sentent rien.

En effet. Elles n'ont pas de systèmes nerveux. Par conséquent elles ne peuvent avoir ni sensations, ni pensées, ni volonté. Elles sont inertes. Une plante meurt de soif auprès d'un ruisseau ; elle ne peut y diriger ses racines pour s'y désaltérer. Le soleil la brûle ; elle est incapable d'aller se mettre à l'ombre. En revanche, rien ne la fait souffrir. Elle est malade, sans en avoir conscience ; on la mutile sans qu'elle s'en aperçoive.

Les animaux, au contraire, ont un système nerveux. Chez un assez grand nombre le système nerveux est assez perfectionné pour que l'animal pense, pour qu'il exerce sa volonté. Cependant il y a des animaux d'un ordre inférieur qui ne semblent avoir ni pensée ni volonté. Mais au moins ils sentent. L'éponge attachée sur son rocher se contracte lorsqu'on la touche : elle est douée de *sensibilité*.

C'est principalement l'existence d'un système nerveux ou au moins d'une certaine sensibilité qui distingue spécialement les animaux des plantes. Si l'éponge n'était pas *sensible*, il serait bien difficile de reconnaître en quoi elle diffère d'un végétal. Il en est de même pour un assez grand nombre d'animaux inférieurs.

A mesure que le système nerveux se perfectionne chez les animaux, ils acquièrent une sensibilité plus délicate, leur intelligence est plus développée, ils se rapprochent davantage de l'homme.

Lucien, je vous charge de diviser tout ce que vous connaissez sur la terre en trois grandes catégories. Comment vous y prendrez-vous ?

— Je ferai d'abord la catégorie des minéraux qui comprendra toute la matière brute. Le reste se composera d'êtres organisés, vivants. Je le séparerai en deux classes : les végétaux, qui vivent, mais ne bougent pas, ne sentent pas ; les animaux, qui vivent, remuent et sentent.

Vous voyez, cela n'était pas bien difficile. Vous avez trouvé moyen de vous débrouiller. Entre un pied de violette, un rossignol et un caillou, vous voyez de suite les ressemblances et les différences. Si l'on vous présentait des êtres moins faciles à classer, comme un fragment de corail, une algue marine, appelée *fucus*, de l'amiante, vous n'auriez qu'à vous souvenir de ce que nous avons dit aujourd'hui pour éviter toute erreur. Vous placerez parmi les minéraux l'amiante, fibreux comme du bois ; l'algue marine, appelée fucus, qui ressemble assez à de la gélatine, ira rejoindre les plantes ; le corail qui a l'apparence d'un petit arbuste en pierre sera classé parmi les animaux

Eh bien, mes amis, les naturalistes ont agi comme nous venons de l'indiquer. Ils ont d'abord divisé ce qui se trouve sur la terre en trois catégories qu'ils ont appelées *règnes*, prenant ce mot pour équivalent de royaume, de domaine. Au lieu de dire le monde des plantes, le domaine, la patrie des plantes, des animaux, des minéraux ; on dit : le *règne minéral*, le *règne végétal*, et le *règne animal*.

QUESTIONNAIRE.

Que deviendraient, renfermés dans une armoire, un caillou, un oiseau et une plante ? — Pourquoi l'oiseau et la plante mourraient-ils ? — Quelle est la différence principale qui sépare les êtres qui vivent de ceux qui ne vivent pas ? — Dites l'histoire d'une plante. — Où la plante puise-t-elle ses aliments ? — En quoi les transforme-t-elle ? — Que faut-il à la plante pour remplir ses fonctions ? — De quoi est composée la sève des plantes ? — Quel aliment les plantes puisent-elles dans l'air ? — Quelles sont les principales fonctions des plantes ? — Donnez une idée de ce que l'on appelle *organisation*. — Expliquez la structure des matières brutes. — Pourquoi les minéraux ne sont-ils pas organisés ? — A quoi les animaux emploient-ils leurs aliments ? — Comment les plantes emploient-elles leurs aliments ? — Les *tissus* des végétaux se renouvellent-ils comme ceux des animaux ? — Qu'est-ce qui distingue les minéraux ? — Dites à quoi l'on reconnaît un végétal. — Expliquez ce qui caractérise les animaux. — Les plantes sont-elles sensibles ? — Que manque-t-il aux végétaux pour sentir, penser, vouloir ? — Qu'est-ce qui distingue spécialement les animaux des végétaux ? — Dites comment vous classeriez tout ce qui existe sur la terre. — Quels noms les naturalistes ont-ils donnés aux trois grandes catégories d'êtres ?

X. — CLASSIFICATION DES ANIMAUX.

Vous savez, mes enfants, que les naturalistes ont divisé les êtres en trois grandes catégories ou *règnes :* le *règne minéral*, le *règne végétal* et le *règne animal*. Vous vous rappelez que nous avons fait ensemble cette classification. Ce n'était pas, au fond, très difficile. Aujourd'hui nous avons à faire une besogne bien autrement compliquée. Nous n'allons, il est vrai, nous occuper que d'un seul règne, mais il nous faut classer les animaux par catégories.

Vous comprenez bien ce dont il s'agit. Nous devons mettre ensemble ceux qui se ressemblent le plus.

Essayons. Nous pourrions faire une catégorie des animaux qui vivent dans l'eau; une autre de ceux qui vivent sur la terre; une troisième de ceux qui volent. C'est très simple. Mais voyons si nous pourrons ainsi placer en compagnie les animaux qui se ressemblent le plus.

Dans l'eau nous trouvons les poissons tels que la *sardine*, la *carpe*, la *morue*. L'*anguille* ne leur ressemble guère, il est vrai, pas plus que la *lamproie*, mais enfin ce sont des poissons. Il faut caser aussi le *homard*, l'*écrevisse*, le *crabe*, animaux à longues pattes, revêtus d'une carapace pierreuse. Ils n'ont guère la mine de poissons. Puis nous trouvons l'*huître*, la *moule*, renfermées dans leurs deux coquilles; le *corail* qui ressemble à un arbuste en pierre; l'*étoile de mer* que l'on dirait découpée à l'emporte-pièce. Comme il faudra trier tout cela pour s'y reconnaître !

Mais voici qui est plus embarrassant. Dans l'eau nous voyons nager la *grenouille ;* la *salamandre* qui ressemble à un *lézard ;* le *crocodile,* lézard long de 4 mètres; le *phoque* couvert de poils, la *baleine* qui allaite son petit ! Toutes ces bêtes-là ne sont pas du même monde.

Remarquez bien que la grenouille, la salamandre, le crocodile, le phoque, la baleine passent leur vie ou la plus grande partie de leur vie dans l'eau, mais qu'ils n'y vivent pas à la manière des poissons. Les poissons respirent dans l'eau. Ils y puisent l'air dissous. Tous les animaux que je viens de nommer appelés souvent *amphibies* respirent uniquement dans l'air. Plongés et maintenus longtemps sous l'eau ils seraient asphyxiés.

Vous voyez que la classe des animaux vivant dans l'eau comprendrait des êtres d'une organisation tout à fait différente, de formes et d'habitudes très diverses ; c'est-à-dire des animaux qui ne se ressemblent pas. Nous avons fait fausse route.

Voyons si nous serons plus heureux avec les animaux qui vivent sur la terre.

Quelle ressemblance trouvez-vous entre l'*éléphant* et la *fourmi ?* Entre le *serpent* et le *chien ?* L'*araignée* et l'*oiseau ?*

Et parmi les animaux qui volent, ne nous faudrait-il pas classer à côté des *oiseaux* couverts de plumes la *chauve-souris* couverte de poils qui ne pond point d'œufs, mais allaite son petit ; puis les *papillons,* les *hannetons,* les *mouches ?* Vous ne pouvez pas, évidemment, faire de tout cela une seule famille. De plus, il vous faudrait en exclure un certain nombre d'oiseaux, couverts de plumes, mais incapables de voler : le *manchot* des mers polaires, l'*autruche* des déserts africains et le *nandou,* petite autruche de l'Amérique du sud.

Admettrions-nous dans la classe des animaux qui volent : le *poisson volant,* l'*écureuil volant,* le *lézard* indien nommé *dragon volant?* Tous ces animaux se soutiennent pendant quelques instants en l'air au moyen de membranes étalées en parachutes, mais ils ne volent pas comme la mouche, comme l'oiseau.

Puisque cet essai de classification ne nous a conduits qu'à une confusion inextricable, essayons un autre système.

Nous pouvons comparer le règne animal à un arbre dont chaque catégorie d'animaux fournirait une grosse branche, un *embranchement* si vous voulez. Chaque grosse branche ou embranchement se divise en rameaux qui seront pour nous des *classes*, et de même que les rameaux se subdivisent jusqu'à l'extrémité des branches, nous pouvons établir dans chaque classe des subdivisions pour faciliter encore notre travail.

Louis, dites-nous ce qui caractérise les oiseaux.

— Les oiseaux ont des plumes.

En effet, seuls dans la création, les oiseaux ont le corps couvert de plumes. Voilà un point de ressemblance sans exception, par conséquent nous avons une catégorie d'animaux bien séparée des autres : la classe des oiseaux.

Henri, connaissez-vous des animaux couverts d'écailles?

— Les poissons.

Encore une grande classe facile à établir. Il est vrai que certains poissons, comme l'anguille, n'ont pas d'écailles, mais tout animal à écailles est un poisson.

Je crois que Lucien réclame. Écoutons-le.

— Les couleuvres et les lézards ont des écailles.

Vous avez presque raison. On appelle écailles les éminences symétriques de l'épiderme des *serpents*, des *lézards*, des *crocodiles*, des *tortues.* Mais ce ne sont pas des écailles comme celles des poissons ; on ne peut les détacher sans écorcher un peu l'animal. Elles représentent, si vous voulez, des sortes de durillons formés par l'épiderme. Nous pouvons donc sans scrupules établir la classe des animaux à vraies écailles.

Quant aux animaux à fausses écailles : *serpents. lézards, crocodiles, tortues*, etc., nous en ferons la classe des *reptiles*, c'est-à-dire des animaux qui rampent plus ou moins sur la terre.

Puisque ce système nous réussit, nous n'avons qu'à continuer.

Alexandre, citez quelques animaux couverts de poils.

— La vache, le mouton, le chien, le chat, le lapin, le lièvre, la souris.

Bien. Et comment ces animaux élèvent-ils leurs petits?

— Avec le lait de leurs mamelles.

Voilà encore une règle sans exception. Tous les animaux à poils élèvent leurs petits avec le lait de leurs mamelles, c'est pour cela qu'on les appelle *mammifères*, c'est-à-dire porteurs de mamelles. Nous en ferons une classe à part.

Entre les animaux couverts de plumes, d'écailles, de fausses écailles et de poils, nous ne voyons d'abord aucune ressemblance. Comparez l'*hirondelle* à une *sardine ;* le *lézard* à un *chien ;* ou bien la *carpe* et le *crocodile*, le *bœuf* et l'*autruche*, vous ne leur trouverez rien de commun. Mais enlevons la peau de ces animaux, enlevons leur chair, et nous trouvons qu'ils possèdent tous une charpente intérieure, un *squelette*. Certes, voilà un point important. Nous pourrons nous servir de cette constatation pour établir une grande division, un *embranchement* que nous appellerons celui des *animaux à squelette*. Elle comprendra les *mammifères*, les *oiseaux*, les *reptiles*, les *poissons*.

Dans le squelette on distingue diverses parties que Jules va nous indiquer.

— Les os de la tête, des membres et ceux du corps.

Bien. Et parmi les os du corps, les *vertèbres*, os plats percés d'un trou au milieu, qui forment une sorte de chaîne ou plutôt de colonne creuse que l'on appelle la *colonne vertébrale*. Au lieu de dire : animaux à squelette, nous pourrions dire : animaux à colonne vertébrale ou plus simplement :

vertébrés. Tous ceux dont nous venons de nous occuper sont des vertébrés.

Voilà déjà que nous avons fait la plus grosse besogne. Les grands animaux sont classés. Cependant nous ne sommes pas au bout. Il faut nous occuper de tout ce monde grouillant, fourmillant, rampant, bourdonnant, sans compter ceux que nous ne distinguons qu'avec le secours d'une loupe et ceux que nous révèle le microscope !

Parmi eux nous trouvons une plus grande diversité de formes, de couleurs, d'habitudes que chez les animaux dits *supérieurs*, à cause de leur organisation plus parfaite.

Nous réserverons pour plus tard les petites bêtes invisibles à l'œil nu. Occupons-nous des animaux que nous voyons, en commençant par ceux dont l'organisation est le plus simple, et nous nous rapprocherons peu à peu des animaux supérieurs.

Je vous ai mentionné tout à l'heure des animaux bien singuliers : l'*éponge*, l'*astérie* ou *étoile de mer*, le *corail*.

L'éponge vit à peine. Elle ne possède ni membres ni estomac, il faut l'examiner de près pour reconnaître un animal dans cette masse gélatineuse dont le squelette de matière cornée, élastique, nous est d'un usage familier sous le nom d'*éponge*.

Un peu au-dessus d'elle nous trouvons des animaux qui présentent dans leur ensemble une étoile, ou dont certaines parties sont disposées comme des rayons autour d'un centre. L'étoile de mer offre le type parfait de cette conformation ; le *polype* du corail s'épanouit comme une petite fleur à huit pétales étroits formant couronne ; l'*actinie*, nommée aussi *œillet de mer*, offre une disposition analogue. Nous retrouvons encore cette disposition rayonnée chez les *oursins* et chez les *méduses*. Eh bien, prenons ce caractère comme terme de comparaison et formons une classe des animaux *rayonnés*. Vous les connaissez peu, car tous sont aquatiques, et la plupart vivent dans la mer. Quand nous nous en occuperons, vous verrez que leur histoire est très intéressante.

Henri, vous avez vu des *limaces*. Faites-nous le portrait d'une limace.

— La limace est grosse et longue comme le doigt. On dirait un gros ver aplati. Elle rampe comme un ver parce qu'elle n'a pas de pieds. Son corps est mou et gluant. La tête porte quatre cornes qui rentrent et sortent à son gré. A l'extrémité des cornes se voient des points noirs qui semblent être ses yeux.

C'est bien répondu. Ce que vous appelez des cornes sont des renflements de la peau de la tête qui s'allongent ou se raccourcissent comme des doigts de gant que l'on retourne. On appelle ces renflements des *tentacules*. Quant aux points noirs qui terminent les deux tentacules supérieurs, quelques naturalistes ne sont pas bien convaincus que ce soient des yeux, et nous ne chicanerons pas là-dessus.

Jules, pensez-vous que le *limaçon* ou *escargot* puisse se ranger avec les limaces ?

— C'est une sorte de limace à coquille.

Bien. De même les espèces de *limaçons* qui vivent dans l'eau douce.

Arthur, puisque nous classons ensemble les escargots et les limaces, ne connaissez-vous pas une nombreuse série d'animaux du même genre que nous pourrions placer avec eux ?

— Les huîtres, les moules, tous les coquillages.

C'est cela. Les animaux à coquilles, que vous appelez coquillages, s'en rapprochent assez pour que nous les admettions en leur compagnie. Nous y joindrons les grandes bêtes molles à longs tentacules qui vivent dans la mer : les *poulpes* ou *pieuvres*, les *seiches*, etc.

Notez, mes amis, que le caractère principal de ces animaux est d'avoir un corps mollasse muni de tentacules qui leur servent à explorer le terrain ou à saisir leur proie. La présence ou l'absence de la coquille, sa forme, sa couleur no sont que des détails. Ainsi la seiche n'a qu'une coquille intérieure, nommée *os de seiche*, que vous connaissez bien parce qu'on la suspend dans la cage des serins. Les poulpes n'ont pas de coquille. La *testacelle* est une limace qui porte, à l'extrémité de son corps une toute petite coquille. Chez la *limace grise*, la coquille excessivement petite est cachée sous la peau. Enfin elle manque tout à fait dans la *limace rouge*.

La coquille n'étant qu'un accessoire pour ces animaux, nous n'avons pas lieu d'hésiter, nous les classerons tous en-emble, et comme ils sont tous plus ou moins mollasses, nous les appellerons *mollusques*. Cela nous fait encore une catégorie, un embranchement.

Henri va nous aider à son tour, en faisant la description d'un *ver de terre*.

— Le ver de terre a le corps allongé, arrondi, et pointu aux deux extrémités. Il semble formé d'anneaux qui s'emboîtent les uns dans les autres.

Le ver *semble* formé d'anneaux, mais ce n'est qu'une apparence. François va nous dire s'il connaît d'autres petites bêtes dont le corps est véritablement formé d'*anneaux* plus ou moins réguliers.

— Les mille-pieds.

Il y en a bien d'autres. Considérez la queue d'une *écrevisse*, celle d'un *scorpion*, le ventre d'un *hanneton*, d'une *mouche*, vous verrez que l'on y distingue des anneaux. Ces anneaux sont *joints* ensemble de manière à se *mouvoir*, ils sont donc *articulés*.

En y regardant bien, nous allons constater que cette disposition se retrouve plus ou moins évidente dans le corps et la tête des insectes, comme l'*abeille*, le *papillon*, la *libellule*, l'*araignée*. Tous sont formés d'un certain nombre de parties très distinctes, composées d'anneaux articulés ou soudés ensemble.

Voilà donc un caractère général facile à reconnaître. Nous formerons une catégorie des animaux divisés en anneaux, en sections plus ou moins articulées. Nous les appellerons des *animaux articulés.*

Notez que la plupart de ces animaux sont recouverts d'une sorte de peau cornée, dure, qui se rapproche quelquefois de la coquille des mollusques. Ainsi le *homard*, le *crabe*, l'*écrevisse*, portent une carapace formée de chaux et d'une sorte de gélatine desséchée, comme la coquille des limaçons, des huîtres, etc.

Alexandre, dites-nous combien de parties vous distinguez dans le corps d'une mouche.

— Trois parties : la tête, la poitrine et le ventre.

C'est cela. Et dans la fourmi?

— On distingue les mêmes parties.

Comment ces parties sont-elles réunies ?

— Par des filets très minces, surtout chez la fourmi.

Bien. Chez la *mouche*, la *guêpe*, la *fourmi*, le *papillon ;* chez le *hanneton*, le *carabe doré*, vous voyez très distinctement cette division du corps en trois parties ou trois *sections.* Dans la grande catégorie des animaux articulés, nous pourrions donc séparer une classe qui comprendrait tous ceux dont le corps est divisé, sectionné d'une manière bien distincte et nous l'appellerions classe des *insectes.* Nous aurions soin d'ailleurs de n'y admettre que des bêtes à six pattes, de sorte que l'araignée qui en a huit n'y serait pas admise.

Voyez, mes amis, comme notre tâche se simplifie en classant ainsi les animaux. Nous ne sommes pas encore bien avancés en *zoologie* ou science des animaux, et cependant, si l'on vous en présente un que vous n'avez jamais vu, vous saurez déjà le placer dans l'une des catégories ou embranchements que nous venons de former : animaux *rayonnés, mollusques, articulés, vertébrés.* Vous pourrez même, dans la catégorie des articulés, reconnaître la classe des *insectes.* Quant aux vertébrés, vous n'aurez pas de peine à distinguer les mammifères, les oiseaux, les reptiles, les poissons.

— En pinçant les dents, vous les avez fait remuer très vite.

Oui, je les ai fait *vibrer* comme ce ressort d'acier que je serre contre la table, tandis que j'en écarte l'extrémité libre. Vous *voyez* et vous *entendez* les vibrations. Eh bien, ces vibrations se transmettent à l'air. Si vous jetez une pierre dans de l'eau tranquille, vous voyez se former des ondes tout autour du point où la pierre est tombée. De même l'air, agité par un corps qui vibre, forme des *ondes*. Elles arrivent à notre oreille, rencontrent une membrane tendue comme la peau d'un tambour, le *tympan* de l'oreille, et le font vibrer à son tour. Ce sont ces vibrations dont nous avons conscience qui forment les bruits, les sons.

Mes amis, ce que j'ai à vous dire aujourd'hui de l'œil et de la vue est bien simple, mais assez amusant. Je vous engage à faire, si vous le pouvez, cette petite expérience. Fermez complétement les volets d'une chambre, et n'y laissez pénétrer la lumière que par un petit trou. Devant ce trou, à une certaine distance, placez une feuille de papier blanc. Vous verrez se dessiner dessus dans une position renversée les maisons, le paysage, qui seront en face de la fenêtre.

Si vous fixiez devant le trou une *lentille* de verre, c'est-à-dire un disque de verre bombé des deux côtés comme une graine de lentille, il faudrait approcher davantage votre feuille de papier, et vous y verriez une très petite, mais très fine image.

Notre œil est disposé comme cette chambre obscure. La *pupille* qui occupe le centre de la prunelle est le petit trou par où entre la lumière. En arrière de la prunelle est ajustée une *lentille* transparente. La feuille de papier est remplacée par un nerf étalé sur une grande surface.

La lumière réflétée par les objets impressionne ce nerf, et cette impression est transmise de telle sorte à notre cerveau que nous *voyons* les objets à peu près comme vous les verrez dans la chambre obscure, seulement nous ne les voyons pas renversés.

Mes amis, je termine à regret cette causerie qui semble beaucoup vous intéresser; nous la compléterons l'année prochaine.

QUESTIONNAIRE.

Donnez une idée de ce que le toucher peut nous apprendre au sujet d'un objet placé dans la main. — Comment avons-nous connaissance de l'impression causée par le contact d'un objet? — Montrez, par un exemple, que la sensibilité de la peau varie aux divers points du corps. — Quelle est la partie de la peau la plus sensible au contact des corps? — Qu'appelez-vous organe du tact? — Expliquez ce que c'est qu'un sens. — A quoi servent les organes des sens? — Qu'entendez-vous par le *toucher?* — Expliquez ce qui se passe en vous quand vous touchez successivement divers objets. — Que faut-il pour bien apprécier une sensation? — Qu'entendez-vous par : faire l'éducation des sens? — Faites comprendre, par un exemple familier, ce qu'on appelle une illusion des sens. — Nommez les sens et leurs organes. — Expliquez, par un exemple, de quelle manière s'exerce le sens du goût. — Dans quelles conditions doivent se trouver les substances pour que nous percevions leur saveur? — Dites ce que vous savez sur l'organe du goût. — Démontrez les rapports qui existent entre l'odorat et le goût. — Comment feriez-vous vibrer une lame d'acier, une fourchette? — Qu'est-ce qui produit les sons? — De quelle manière les vibrations se transmettent-elles dans l'air? — Qu'est-ce que les ondes de l'air font vibrer dans notre oreille? — Expliquez l'expérience de la chambre obscure. — Indiquez l'effet d'une lentille dans cette expérience. — Expliquez ce qui se passe dans l'œil comparé à une chambre obscure.

XI. — LES PREMIERS DEGRÉS DE LA VIE ANIMALE.

Mes enfants, voici une *loupe*, c'est-à-dire une *lentille* de verre enchâssée de telle sorte que l'on puisse la tenir commodément à la main.

Louis, regardez et touchez avec attention la lentille et faites-nous comprendre sa forme.

— La lentille ressemble à un verre de lunettes rond. En la touchant on sent que le milieu est plus épais que les bords.

Bien. Vous connaissez les graines qui portent le même nom : les lentilles. Elles sont rondes et bombées au centre. Vous voyez d'où vient le nom de ces verres bombés

Léon, à quoi servent les loupes ?

— A grossir les objets.

Quand nous causerons en détail de l'œil et de la lumière je vous donnerai à ce sujet des explications très intéressantes. Contentons-nous, pour aujourd'hui, de savoir qu'un objet vu au travers d'une lentille, d'une loupe, paraît quatre, six, et même dix fois plus long et plus large qu'il n'est réellement. Vous allez facilement vous en convaincre en regardant la peau de votre main, des lettres imprimées, etc.

Georges, avez-vous quelque idée du microscope ?

— C'est, je pense, une loupe qui grossit beaucoup.

C'est un instrument qui grossit, en effet, beaucoup plus que la loupe, mais aussi beaucoup plus compliqué. Il se compose de plusieurs loupes enchâssées dans des tubes de cuivre qui s'emboîtent de manière à pouvoir s'allonger ou se raccourcir.

Les objets que l'on regarde à travers les lentilles du microscope paraissent 200, 500 et même 1000 fois plus longs et plus larges qu'ils ne sont en réalité.

Lucien, si vous regardiez un cheveu au moyen d'un microscope grossissant 500 fois, comment vous paraîtrait-il gros ?

— Comme mon doigt peut-être.

Oui, à peu près. Vous comprenez que vous pourriez l'étudier à l'aise dans tous ses détails.

Au moyen du microscope nous pouvons voir dans l'organisation des animaux, des plantes, une foule de détails dont nos yeux ne nous donnent aucune idée exacte. Bien plus, nous découvrons une foule de choses dont nous ne soupçonnions pas l'existence. Une goutte de lait nous apparaît composée de petits globules ronds nageant dans un liquide incolore ; une gouttelette de sang se montre remplie de globules rouges, aplatis, nageant aussi dans un liquide jaunâtre.

Si l'on regarde au microscope une gouttelette de vinaigre pris dans un tonneau où l'on prépare ce liquide, on est tout surpris d'y découvrir une foule de petites anguilles qui frétillent comme de vraies anguilles dans un baquet plein d'eau.

L'eau dans laquelle on a fait *infuser* du foin, des herbes, paraît également habitée par une foule de petits êtres bien justement appelés *microscopiques* puisqu'on n'avait jamais soupçonné leur existence avant l'invention du microscope. Toutes ces petites bêtes très curieuses qui grouillent dans une goutte d'infusion d'herbes s'appellent des animaux *infusoires*. Elles sont invisibles à l'œil nu.

Voici quelque chose de plus curieux encore. Je vous dessine le portrait d'un petit animal appelé *rotifère*, c'est-à-dire *porte-roue*. Il habite la mousse des toits. Il suffit d'en secouer un peu pour faire tomber, avec la poussière, quelques-unes de ces bestioles.

Quand on les met dans une goutte d'eau, elles font mouvoir des sortes de poils disposés en deux cercles, de sorte que l'on dirait deux roues qui tournent. Ces mouvements produisent dans l'eau de petits tourbillons où viennent s'engloutir des *animalcules* ou petites bêtes d'une petitesse extraordinaire, dont se nourrissent les porte-roues

Ces petits êtres ne vivent que dans l'eau. Il leur en faut si peu que la mousse humide en conserve longtemps assez pour leur usage. Mais quand la pluie est rare, la mousse finit par se dessécher entièrement. Les porte-roues se dessèchent aussi et restent confondus avec la poussière jusqu'à ce qu'un peu d'eau les réveille et les ranime. Ils recommencent alors à frétiller, à faire mouvoir leurs roues et à manger comme si rien ne leur était arrivé. Cette singulière faculté a fait donner à ces petites bêtes le nom d'animaux ressuscitants.

Je crois que Jean demande la parole.

— Je voudrais savoir à quoi cela sert de s'occuper de ces petites bêtes que l'on ne voit pas.

Je suis bien aise que vous m'ayez fait cette question. Écoutez bien. Vous venez de voir qu'au moyen de la loupe et du microscope on arrive à comprendre beaucoup mieux qu'à l'œil nu la *structure*, l'*organisation* détaillée des animaux et des plantes, la *composition* des liquides, tels que la sève. le sang, le lait. Cela est au moins fort intéressant, n'est-ce pas ? mais j'admets que s'il s'agissait seulement de satisfaire sa curiosité on pourrait mieux employer son temps. Voyons donc si nous y trouverons une utilité évidente.

Prenons deux exemples : le lait et le sang. Une goutte de lait examinée au microscope laisse voir immédiatement si la vache qui a fourni ce lait est bien portante ou malade, et si le marchand l'a falsifié. Que pensez-vous de cet œil du microscope ? Le médecin, en regardant une goutte de sang, reconnaît la nature et la cause de plusieurs maladies. Est-ce utile cela ?

Jean n'a pas l'air convaincu, pour ce qui concerne les petites bêtes. Cependant nous arrivons à prouver leur utilité.

Dans une goutte de sang d'un mouton mort d'une maladie nommée *charbon* on a découvert une petite bête. Quand elle est énormément grossie elle ressemble à un bâtonnet de cristal long de deux millimètres. Elle se multiplie au moyen de petits œufs que l'on aperçoit dans son corps comme des points brillants. C'est, pour ainsi dire, la plus invisible des petites bêtes, et en apparence la plus insignifiante. Dans une goutte de sang il peut y en avoir des milliers. L'animal chez qui elles pullulent meurt bientôt. Il suffit qu'un œuf se trouve sur un brin d'herbe pour qu'un autre mouton qui mange cette herbe meure aussi infesté par ces petits êtres nommés *bactéries*.

Comprenez-vous qu'il est utile de les connaître ? Quand un mouton meurt du charbon, si son corps était mal enterré tout un troupeau serait attaqué de la maladie, parce que les œufs seraient entraînés par les vers de terre, puis seraient disséminés sur l'herbe par le vent et la pluie. Il faut donc détruire le cadavre ou l'enterrer très profondément. Un de nos grands savants, M. Pasteur, a beaucoup étudié les petits êtres microscopiques. C'est à lui surtout que l'on doit de bien connaître la cause du charbon et les moyens d'en préserver les troupeaux de la contagion. Il a fait plus. Il a inventé un moyen de *vacciner* les moutons contre le charbon comme on vaccine les enfants pour les préserver de la petite vérole. Cette invention sauve tous les ans des millions à nos agriculteurs.

Mes amis, je ne vous cite qu'un exemple. Mais M. Pasteur, en étudiant les êtres microscopiques, a rendu bien d'autres services. Grâce à lui on connaît et l'on prévient la maladie des vers à soie qui ruinait cette industrie ; les bêtes à cornes ne mourront plus d'une maladie contagieuse de la poitrine nommée *péripneumonie*, si l'on prend la peine de les vacciner. Et pour plusieurs de nos maladies, on est en train d'arriver à des résultats non moins utiles.

Vous comprenez maintenant à quoi sert l'étude des petites bêtes microscopiques. On y fut entraîné d'abord par la curiosité, le désir d'apprendre, et peu à peu cette étude a conduit à des résultats pratiques d'une valeur immense. Voilà où conduisent la curiosité intelligente et l'étude attentive de la nature.

Après cette petite excursion dans le monde invisible, revenons aux bêtes que nous pouvons étudier sans recourir à des yeux supplémentaires.

Alexandre, voici une éponge. Pouvez-vous nous dire ce que c'est?

— C'est un animal.

Avouez que cela ne ressemble à aucune des bêtes que nous voyons autour de nous. Et d'ailleurs, quand vous dites « c'est un animal », vous entendez, n'est-ce pas, que c'est la dépouille ou la carcasse d'un animal.

Dans ce sens, vous avez raison. Où vivait cet animal?

— Dans la mer.

Bien. Il y a dans les eaux douces des sortes d'éponges, mais elles ne ressemblent pas du tout à celle-ci. On trouve de vraies éponges dans presque toutes les mers, cependant on ne recueille pour le commerce que celles des pays un peu chauds.

Vous voyez ici la partie solide de l'éponge. Elle consiste en filaments élastiques un peu semblables à la corne. Dans la mer, les filaments étaient couverts d'une matière gélatineuse hérissée de petits poils toujours en mouvement. Ces petits poils faisaient circuler l'eau dans les canaux, les interstices dont vous voyez le squelette. La substance gélatineuse examinée à la loupe laissait voir une organisation très curieuse. Elle consistait en une foule de petits animaux réunis et comme soudés ensemble, vivant de la même vie, mangeant et digérant les uns pour les autres. Ils formaient une *colonie* de petites bêtes. L'éponge se développe d'ordinaire sur les rochers recouverts de quelques mètres d'eau. Pour la recueillir, des hommes plongent et la détachent avec un couteau, ou bien on râcle les rochers au moyen d'un filet armé d'une lame de fer.

Pour lui donner l'apparence que vous voyez, on les pétrit dans de l'eau froide, puis dans de l'eau chaude, pour les débarrasser de la matière gélatineuse.

On pêche beaucoup d'éponges de bonne qualité dans la Méditerranée.

On trouve dans la mer d'autres exemples de ces *colonies* d'animaux vivant en commun et se soudant, se greffant les uns sur les autres, de manière à former des masses qui vont s'accroissant à mesure que la population augmente.

Voici un morceau de corail. Je le fais passer. Regardez-le avec soin. Examinez surtout la cassure d'une des branches.

Henri, dites-nous le résultat de votre examen.

— Le corail ressemble à une petite branche d'arbre rouge, sans écorce.

C'est vrai. Il se ramifie comme une branche. La surface est un peu rayée comme celle d'une branche privée de son écorce. De plus, la cassure rappelle aussi celle d'une branche. On y distingue une foule de petits trous ou *pores*. Remarquez, toutefois, que ces trous ne sont pas disposés comme dans le bois.

Tout à l'heure nous avons vu l'éponge fabriquer une sorte de squelette en matière cornée, élastique.

Le corail est le squelette d'un autre genre de colonie. Ce squelette est composé de chaux et d'une espèce de gélatine; c'est donc une sorte d'os moins le phosphore. Ces petits animaux qui produisent le corail s'appellent *polypes*. ils sont fort jolis. Je vais vous en dessiner un au tableau. Vous voyez, on dirait une fleur dont la corolle consisterait en huit pétales étroits disposés comme des *rayons* autour du centre. Ces rayons sont les *tentacules* du polype.

Ces fleurs vivantes sont attachées par leur base à la branche de corail qu'elles ont fabriquée comme la plante se fabrique une tige. Les petits animaux serrés les uns contre les autres forment au corail une sorte d'écorce vivante. Supposez une plante grasse, sans feuilles apparentes, couverte de petits bourgeons, et vous aurez une idée assez exacte d'une de ces colonies. Les polypes dont nous nous occupons produisent le corail comme l'huître produit sa coquille. A mesure qu'il naît de nouveaux membres, la colonie s'agrandit et le support commun s'accroît en proportion.

Les polypes à corail de la Méditerranée se font un support rouge d'un grain très fin, très égal, dont on fabrique des ornements, des bijoux. C'est cette matière que l'on désigne d'ordinaire sous le nom de *corail*. On se procure le corail en traînant contre les rochers des filets tendus par des barres de fer.

Dans les mers des pays chauds il y a des polypes de ce genre qui se font un support blanc plus grossier. Ces colonies prennent un développement extraordinaire. Les polypes bâtissent peu à peu des îles et changent la configuration des côtes qu'ils rendent dangereuses pour les navires.

Je vous ai fait remarquer que le polype du corail avait une forme *rayonnée*. Voici un autre animal qui présente la même disposition : c'est l'*astérie*, ou *étoile de mer*, très commune sur nos plages.

L'astérie n'offre rien, pour nous, de bien intéressant ; je vous le signale seulement à cause de sa forme spéciale.

En voici un autre beaucoup plus curieux : c'est le polype d'eau douce ou *hydre*. Mon dessin vous le montre énormément grossi. Car il est long à peine d'un centimètre. Son corps consiste en une sorte de sac gélatineux garni à la partie supérieure de *tentacules* disposés en rayons. Si l'on coupe ses tentacules qui lui servent de bras, ils repoussent ; si l'on retourne l'animal comme un doigt de gant, il continue de vivre comme auparavant. Seulement l'estomac est devenu la peau et la peau lui sert d'estomac. Mais cela n'est rien encore. Vous pouvez le hacher en morceaux, et chaque morceau grandit, pousse, produit des tentacules; de sorte que chaque fragment est devenu un polype complet!

Son corps est rempli de petits bourgeons. De temps en temps il en sort quelques-uns qui forment des polypes soudés au premier. Quand ils sont assez grands ils se détachent pour aller s'installer à leur guise. Quand on hache un polype, il suffit que chaque morceau contienne un bourgeon pour qu'il devienne un polype complet. De même une pomme de terre coupée en huit ou dix morceaux produira autant de plantes pourvu que chaque morceau contienne un bourgeon, un *œil*.

Il y a dans la mer des polypes qui vivent en colonies comme ceux du corail. Ils produisent aussi des sortes de bourgeons, mais ces bourgeons, en se développant, ne deviennent pas des polypes semblables à leurs parents. Ils deviennent des *méduses*.

Les méduses sont en quelque sorte de la gelée organisée. Leur corps mou, flasque, à demi transparent, prend la forme d'un champignon, d'une ombrelle, d'un bonnet grec, garnis d'une frange. En dessous et au centre on voit une sorte de sac entouré de *tentacules*.

Ces êtres extraordinaires produisent des œufs d'où sortent de vrais polypes semblables à ceux d'où sont sorties les méduses.

Il y a des méduses de toute taille jusqu'à un mètre de diamètre. Quelques-unes sont phosphorescentes. Dans les mers polaires, elles couvrent parfois des espaces immenses. Les baleines n'ont qu'à se promener la bouche ouverte pour engloutir des milliers de ces animaux qui semblent créés exprès pour leur servir de pâture.

Vous voyez, mes amis, que, même aux plus bas degrés

de la vie animale, nous trouvons des êtres dignes d'intérêt. J'ai voulu commencer par eux notre étude des animaux pour vous habituer à faire attention aux petites choses et aux détails; car vous trouverez plus tard que les grandes choses ne sont d'ordinaire qu'une accumulation de choses très petites et de détails presque imperceptibles.

QUESTIONNAIRE.

Qu'est-ce qu'une loupe? — Décrivez une lentille de verre. — Donnez une idée du grossissement apparent produit par une lentille. — Dites ce que vous savez du microscope. — Expliquez par des exemples ce que nous révèle le microscope. — Qu'appelle-t-on infusoires? — Parlez-nous des *rotifères* ou animaux ressuscitants. — Quel intérêt avons-nous à étudier des êtres invisibles à l'œil nu? — Que peut révéler l'examen microscopique d'une goutte de lait, d'une goutte de sang? — Qu'est-ce qui cause la maladie du *charbon?* — Comment peut-on garantir les moutons du charbon? — Quel est l'inventeur de la vaccination contre le charbon? — D'où provient l'éponge dont nous nous servons pour les usages domestiques? — Donnez une idée de l'éponge telle qu'elle vit dans la mer. — Comment prépare-t-on les éponges?— Comment s'appelle l'animal qui produit le corail? — Décrivez cet animal. — Faites comprendre comment se forme le corail. — Où trouve-t-on principalement le corail rouge? — Comment le recueille-t-on?— A quoi sert le corail? — Donnez une idée du développement des coraux dans certaines mers. — Qu'est-ce que l'étoile de mer? —Dites ce que vous savez sur le polype d'eau douce. — D'où viennent les méduses? — Racontez ce que vous savez sur ces animaux.

XII. — LES MOLLUSQUES. — LES VERS.

Lucien, dites-nous le nom du petit animal que l'on peut couper en morceaux et dont chaque fragment reproduit un animal entier.

— C'est un polype qui vit dans les eaux douces.

Bien. Rappelez-nous la forme de ce *polype*.

— Son corps est formé par une espèce de sac. Autour de l'ouverture du sac il y a de larges bras dont je ne sais plus le nom.

On appelle ces bras des *tentacules*. Il est bon que vous reteniez ce nom. Vous verrez que, dans bien des cas, on ne peut appeler bras ces prolongements du corps de l'animal.

Les polypes se servent principalement de leurs tentacules pour ramper et pour saisir leur proie.

Il y a dans la mer des animaux qui ressemblent assez à d'énormes polypes. Leur nom rappelle d'ailleurs cette ressemblance : ce sont les *poulpes*. Cependant les poulpes sont des êtres beaucoup plus compliqués, mieux *organisés* que les polypes. Ils occupent un rang plus élevé si vous voulez. En effet, chez ces animaux on trouve des nerfs bien distincts, une sorte de cerveau protégé par un commencement de crâne en cartilage, des yeux très développés, une vraie bouche garnie d'une forte mâchoire.

Le corps des poulpes est une sorte de sac qui contient des organes nécessaires à la respiration et à la digestion. Autour de la tête sont rangés huit larges tentacules très souples et très forts. C'est au moyen de ces tentacules que le poulpe, ou la *pieuvre* comme on l'appelle en Bretagne, saisit sa proie.

C'est un animal extrêmement vorace. Tout lui est bon : poissons, jeunes homards, crabes, et même les animaux protégés par une coquille. Son robuste estomac digère tout ce qui se peut digérer et rejette le reste.

Mais il n'est pas facile d'attraper et de retenir un poisson avec un tentacule. La nature a pourvu à tout. Le long des tentacules se trouve une double rangée de *ventouses* ou *suçoirs*. Au gré de l'animal un piston qui bouche chaque ventouse se retire et fait le *vide* derrière lui. Aussitôt l'objet sur lequel était appliquée la ventouse s'y trouve fixé. S'il faut une force additionnelle, d'autres ventouses s'y appliquent, d'autres tentacules prennent part au travail. La proie est ainsi enlacée, fixée et amenée jusqu'à la bouche pour être broyée par les mâchoires.

Quelquefois les poulpes s'attaquent à des baigneurs, à des pêcheurs de crabes ou de crevettes, et il est difficile de leur faire lâcher prise. Le mieux serait de leur verser sur le dos un peu de vinaigre. Mais on n'en a pas toujours sous la main.

Lorsque le poulpe est inquiété il change de couleur, devient d'un brun plus ou moins foncé et sa peau se soulève en une multitude de verrues.

Autrefois on croyait qu'il existait des poulpes assez grands pour saisir des matelots sur un navire, et même pour faire chavirer un petit trois-mâts. On appelait ces monstres marins des *kraken*. Ce nom ne vous fait-il pas penser au fameux baron de Crac, à ses chasses merveilleuses, et à ses aventures étourdissantes ?

On sait aujourd'hui qu'il faut en rabattre sur ces récits de marins peu instruits et fort crédules. Cependant on a vu des poulpes de très grande taille, dont les tentacules mesuraient de 4 à 5 mètres. Ceux-là auraient pu faire chavirer une petite embarcation.

Le poulpe est comestible. Les Chinois, qui ne laissent rien perdre, en consomment de grandes quantités. Toutefois les habitants de nos côtes ne le mangent que faute de mieux. Il faut croire que son aspect lui fait du tort au point de vue de la cuisine.

Jean, comment appelle-t-on les plaques blanches, légères, que l'on surprend dans la cage des serins ?

— On les appelle os de seiche.

C'est cela. On ferait mieux de les nommer *coquilles* de seiche. Vous allez vous-même trouver la raison. Une coquille est composée de chaux agglutinée par une sorte de gélatine. Quant aux os, de quoi sont-ils composés ?

— Ils contiennent de la chaux, de la gélatine et du phosphore.

Très bien. Vous voyez la différence. Quelle est-elle ?

— Les coquilles ne contiennent pas de phosphore.

Voici une coquille de *seiche*. Je la fais passer, examinez-la avec soin.

Louis, dites le résultat de votre examen.

— La coquille est très légère. La partie la plus large est dure. Sa surface est un peu rude. En dedans il y a une partie molle, qui semble formée de petits feuillets très minces.

C'est cela. Si vous comparez cette coquille à celles-ci, coquilles de *moule*, d'*huître*, de *donace*, vous voyez tout de suite qu'elles sont de nature bien différente. Les coquilles ordinaires sont dures à l'extérieur. Leur partie interne est dure, lisse, nacrée. Elles servent de protection à l'animal. Celle de la seiche, si molle d'un côté et peu solide de l'autre, ne la protégerait guère, elle s'userait, se briserait, au moindre choc. Aussi remplit-elle la fonction d'un os et non d'une coquille : elle se trouve dans l'intérieur du corps.

Lucien, vous avez vu sur certaines tablettes de couleurs ce nom : *sépia*. En avez-vous jamais délayé ?

— Oui, elle donne une couleur brune.

Eh bien, mes amis, c'est la *seiche*, une sorte de poulpe, qui fournit cette matière. Dans son abdomen se trouve ce que l'on appelle la *bourse à encre*. Elle contient un liquide brun-noirâtre. Lorsque l'animal est poursuivi, il lance ce liquide dans l'eau qui perd sa transparence. L'ennemi surpris de ce changement hésite et pendant ce temps la seiche peut s'éloigner.

La seiche est plus grosse, plus arrondie que le poulpe. Le sac aplati qui forme son corps est bordé de chaque côté par une étroite nageoire. Elle a dix tentacules dont huit très courts et deux aussi longs que ceux des poulpes, mais terminés en forme de massue.

Georges, à quoi sert l'os de seiche?

— On le donne aux serins pour aiguiser leur bec.

Oui, mais les serins et les autres petits oiseaux captifs mangent cette coquille. Ils doivent avoir pour cela quelque bonne raison. Les graines que l'on donne à manger aux oiseaux contiennent peu de chaux. Cependant ils en ont besoin pour fabriquer et pour entretenir leurs os, pour former la coquille de leurs œufs. En liberté ils en avalent sous forme de grains de sable, de petites pierres; en cage, ils becquètent leur os de seiche.

L'os de seiche a d'ailleurs un emploi plus important. Voici une petite boîte de poudre *dentifrice*, c'est-à-dire destinée à nettoyer les dents, au moyen d'une brosse. L'étiquette porte « Poudre de corail ». Le corail, même en poudre très fine, serait trop dur pour nettoyer les dents, il les endommagerait bientôt. On a eu raison de le remplacer par de la poudre d'os de seiche. Encore n'a-t-on employé que la partie molle, spongieuse. Vous voyez, mes amis, il ne faut pas se fier aux étiquettes. Un titre pompeux ne sert le plus souvent qu'à parer une marchandise vulgaire et à la faire payer plus qu'elle ne vaut sous son véritable nom.

Vous connaissez tous le petit animal que voici. Les enfants commencent d'ordinaire l'étude de la zoologie avec un hanneton et un *escargot.* Ils ont pour chacun une petite chanson. Ils invitent le hanneton à voler, et l'escargot à montrer ses cornes.

Quand l'*escargot* ou *limaçon* ou *colimaçon* rampe, son corps reste dans la coquille. Ce que vous voyez est la tête et le pied.

La tête est ornée de quatre appendices analogues à ceux des polypes et des poulpes : ce sont des tentacules que l'on appelle vulgairement cornes. Les deux plus petits servent principalement à tâter le terrain, à palper les objets : les deux autres sont terminés par des points noirs que l'on croit être des yeux. Si ce sont des yeux, le fait est que l'escargot ne s'en sert pas comme les autres animaux. Il ne semble pas distinguer la lumière de l'obscurité. Il ne se détourne devant aucun obstacle. Vous seriez bien embarrassés pour lui faire peur sans le toucher : il semble aveugle. On le croit sourd par dessus le marché.

Le pied de l'escargot est organisé à peu près comme une langue. C'est-à-dire qu'il peut s'allonger et se raccourcir, se mouvoir dans tous les sens. Grâce à cette disposition, l'escargot en fait un usage multiple. D'abord il s'en sert pour marcher, c'est bien naturel. Sa marche consiste à ramper, à glisser lentement. Certes il n'est pas alerte, mais avec du temps, de la patience, ils fait encore pas mal de chemin : beaucoup trop au gré des jardiniers.

Henri, de quoi se nourrissent les escargots ?

— Ils se nourrissent de chou, de laitue.

Bien. Ils aiment les feuilles tendres des plantes cultivées. Mais cela ne leur suffit pas, les fruits bien mûrs sont fort de leur goût. Si l'escargot est aveugle, il doit avoir un flair très délicat. Il s'arrête sur la pêche juste à point, sur la poire désignée pour la cueillette du lendemain, sur la grappe la plus dorée. Pendant toute la nuit il ronge, il dévore. Le jour venu, si le temps est sec, il se retire dans une retraite obscure. Si rien ne dérange ses projets, la nuit suivante le voit revenir aux reliefs de son festin. Il ne s'y trompe pas. Il a donc la mémoire des lieux, et celle des faits. Il se rappelle qu'il a laissé quelque part un friand morceau, et retrouve son chemin pour satisfaire sa gourmandise.

Si un insecte attaque un escargot, celui-ci ne peut guère se défendre qu'en rentrant dans sa maison. Mais la porte est ouverte et l'ennemi l'y poursuit. Alors l'escargot *sécrète* une bave mousseuse dans laquelle l'agresseur englué, noyé, perd tous ses avantages.

Cette sorte de bave sécrétée par l'escargot lui sert d'ailleurs à d'autres usages.

A l'automne, comprenant que les vivres vont lui manquer, il se résigne et se prépare à passer l'hiver d'une façon confortable. Il cherche un trou dans un mur, un arbre, un recoin situé au midi. Au moyen de son humeur visqueuse, il s'attache à l'endroit choisi, et pour se mettre à l'abri des intrus, ferme l'entrée de sa coquille. Le liquide gluant se dessèche et forme à la coquille un couvercle, une porte solide comme de la corne. Cela fait, l'animal s'endort jusqu'au printemps.

Jean, à quoi servent les escargots ?

— Ils ne servent à rien, ils ne font que des dégâts.

Est-ce votre avis, Arthur ?

— On mange les escargots, de sorte qu'ils sont bons à quelque chose.

C'est vrai. L'escargot est comestible, et dans certaines régions il constitue une ressource appréciable. On le recherche surtout au printemps, avant qu'il ait recommencé à prendre de la nourriture. Pendant la belle saison, on le fait jeûner plusieurs jours avant de le manger.

Léon, nommez-nous des animaux qui appartiennent à la famille de l'escargot.

— Les limaces.

Bien. Ce sont des escargots avec ou sans coquille. Quelques-unes, comme la *testacelle*, portent une toute petite coquille à l'extrémité du corps. La *limace grise* n'a qu'une coquille rudimentaire sous la peau ; enfin la *limace rouge* n'en a pas du tout. Cela vous prouve que la coquille est un appendice tout à fait accessoire pour ces animaux. Les mœurs des limaces ressemblent à celles de l'escargot. Comme lui elles vivent de feuilles, de fruits, et comme lui s'engourdissent pendant l'hiver.

Léon, voici des coquilles. Savez-vous quel genre d'animal les habitait?

— Ce sont des coquilles d'huître.

Bien. Où vivent les huîtres ?

— Dans la mer.

En effet. L'huître est moins bien organisée que l'escargot. Elle n'a pas de tête ! cela vous indique qu'il lui manque une foule de facultés. Son corps mou, plié en deux, recouvre ses organes, de la même manière que les coquilles recouvrent son corps.

C'est le corps même de l'huître qui produit peu à peu la coquille. L'épiderme s'incruste de chaux qui s'unit à la substance gélatineuse : quand une couche de coquille est ainsi formée et durcie, un nouvel épiderme s'est formé au dessous. Ce travail d'incrustation continue pendant tout l'accroissement de l'animal, de sorte que la coquille est toujours à sa mesure, mais bien plus mince aux bords que dans la partie moyenne parce que les bords sont formés par un petit nombre de couches.

La partie extérieure des coquilles est rugueuse, raboteuse, irrégulière. L'intérieur est uni, poli, souvent la lumière y fait paraître des *irisations* éclatantes qui donnent sa valeur à la *nacre*. On donne le nom de nacre aux coquilles qui présentent ces belles couleurs irisées rappelant celles de l'arc-en-ciel. La plus estimée est fournie par un animal assez semblable à l'huître, mais beaucoup plus grand, qui vit dans les mers chaudes de l'Inde et de l'Amérique. On l'appelle *huître perlière*, ou *mère de perles*.

Ce nom vous indique que ce même animal produit les perles fines.

La perle est sécrétée par l'animal comme la nacre de sa coquille, seulement elle est d'ordinaire d'un éclat plus pur, plus égal. Les belles perles se vendent fort cher et la nacre étant très recherchée par une foule d'ornements et de menus objets, on se livre avec ardeur à la pêche des huîtres perlières. Pour les recueillir des hommes plongent dans la mer et les détachent des rochers.

Lucien, quelles ressemblances voyez-vous entre tous les animaux dont nous avons parlé aujourd'hui ?

— Ces animaux ont un corps mou, sans membres distincts.

C'est vrai. Et leur corps est constitué d'une façon tellement rudimentaire que plusieurs n'ont même pas de tête. Ils forment une classe à part. Pour vous rappeler son nom, souvenez-vous de leur corps mollasse : cela vous remettra en mémoire le nom de *mollusques* donné à cette classe d'animaux.

Les mollusques n'ont pas de squelette intérieur. Leur corps n'est pas divisé en segments comme celui des insectes. La peau forme une espèce de sac ou de manteau. Rien ne rappelle chez eux les membres des animaux d'un ordre plus élevé. Quelques-uns se servent de tentacules pour saisir leur proie. Le plus grand nombre sont protégés par une seule coquille, comme l'*escargot;* ou par deux comme la *donace*, l'*huître*. Tous les animaux vulgairement nommés *coquillages* appartiennent à cette classe.

Pour terminer, je vais vous dire quelques mots des *vers*.

Vous connaissez bien le ver de terre. Son corps cylindrique, aminci aux deux extrémités, semble formé d'anneaux, d'*articulations*. Cependant il n'a pas d'articulations véritables. Ce qui simule les anneaux, ce sont des muscles, dont les intervalles laissent voir la peau mince, et plissée.

En outre du ver de terre, il y a d'autres espèces qui vivent dans le sable des plages ; d'autres habitent les rochers baignés par la mer et se font une sorte de coquille cylindrique.

Notre corps donne asile aux *ascarides*, qui ressemblent à nos vers de terre ; aux *trichines*, qui nous viennent du porc ; aux *vers solitaires* longs de plusieurs mètres, qui ressemblent à un ruban formé de petits morceaux cousus bout à bout.

Les vers forment une sorte de transition entre les mollusques et les animaux articulés, dont nous nous occuperons pendant notre prochain entretien. Voilà pourquoi je vous les mentionne aujourd'hui.

QUESTIONNAIRE.

Qu'est-ce qu'un poulpe? — A quel petit animal d'eau douce peut-on le comparer? — Décrivez le poulpe. — Comment l'appelle-t-on en Bretagne? — De quoi se nourrit-il? — Comment le poulpe saisit-il sa proie? — D'où proviennent les *os de seiche?* — En quoi ces productions diffèrent-elles des os? — Pourquoi les os de seiche sont-ils utiles aux oiseaux prisonniers? — Que fait-on avec les os de seiche pulvérisés? — Qu'est-ce que la sépia? — D'où provient-elle? — Décrivez l'escargot. — Quel est le vrai nom de ses *cornes?* — A quoi lui servent ces tentacules? — Quelles sont les parties de l'escargot qui sortent de la coquille? — De quoi se nourrissent les escargots? — Prouvez qu'ils ont de la mémoire? — Comment l'escargot se défend-il contre les insectes? — Que devient l'escargot pendant l'hiver? — L'escargot est-il utile? — Décrivez la limace. — Quelle est la partie importante qui manque à l'huître? — Expliquez comment se forme la coquille de l'huître. — Quelle est l'apparence de la coquille à l'extérieur et à l'intérieur? — Qu'appelle-t-on nacre? — Qu'est-ce qui la caractérise? — Quel est l'animal qui fournit la plus belle nacre? — Qu'est-ce qu'une perle? — Où vivent les huîtres perlières? — Pourquoi a-t-on donné le nom de mollusques à une certaine catégorie d'animaux? — Dites ce qui caractérise principalement les mollusques. — Nommez les mollusques que vous connaissez. — Décrivez le ver de terre. — Qu'est-ce qui le fait paraître composé d'anneaux, de sections? — Désignez les vers que vous connaissez.

XIII. — LES ANIMAUX ARTICULÉS.

Mes amis, je n'aime pas à vous parler de *choses*, d'animaux ou de plantes sans vous les présenter en nature. Les gravures, les dessins au tableau ne vous donnent jamais des idées tout à fait exactes. Vous comprenez cependant que, dans bien des cas, il faut nous en contenter.

Aujourd'hui nous sommes, plus favorisés. Je me suis procuré les sujets dont nous allons causer. J'en ai même plusieurs de chaque espèce, de sorte que vous pourrez les examiner facilement.

Je vous fais passer ces *écrevisses*. N'allez pas présenter le bout du doigt entre leurs pinces, car elles vous le serreraient d'une façon désagréable et vous seriez fort embarrassés pour leur faire lâcher prise.

Pour les étudier sans crainte, prenez-les par le milieu du corps.

Léon, dites-nous d'abord ce que c'est qu'une écrevisse.

— C'est un poisson qui vit dans les rivières et les grands ruisseaux.

Vous appelez donc poissons tous les animaux qui vivent dans l'eau ? Réfléchissez un peu. Vous en connaissez déjà que nous n'avons pas appelés des poissons. Quels sont-ils ?

— Les polypes, les mollusques, la baleine.

Fort bien. Dans l'eau vous trouverez aussi des *vers*, des *araignées*, des *insectes* plus gros que le hanneton et bien d'autres genres d'animaux.

Tâtez la peau de l'écrevisse, et dites ce que vous en pensez.

— Elle est dure et coriace.

C'est juste. On dirait, n'est-ce pas, une *croûte* solide plutôt qu'une peau. Eh bien, les animaux porteurs d'une peau de ce genre, dure, coriace, encroûtée, ont reçu un nom spécial qui rappelle la qualité de leur peau : on les appelle des *crustacés*, ce qui veut dire des encroûtés. Voilà un nom que vous retiendrez facilement. Tout à l'heure nous verrons de quoi se compose cette croûte.

Henri, faites la description de la tête de l'écrevisse.

— La tête est très longue ; elle avance jusque dans le dos. En avant elle finit par deux pointes. De chaque côté de ces pointes se trouvent les yeux et de longues antennes. On voit aussi, en avant, de petites antennes très courtes.

Georges, comptez les pattes de l'écrevisse

— Il y en a douze.

N'y en a-t-il pas deux très petites ?

— Oui, celles qui se trouvent entre les pinces.

Eh bien, ces deux petites pattes ne servent pas à l'écrevisse pour marcher, mais bien pour retenir sa proie et pour seconder les mâchoires : pour cette raison on ne les compte pas comme des pattes, pas plus que les filaments situés sous le ventre, et auxquels les femelles attachent leurs œufs. Nous dirons donc que l'écrevisse a dix pattes.

Louis, décrivez les pattes de l'écrevisse.

— Les deux premières sont très grosses et terminées par des pinces. Toutes les autres sont à peu près de la même grosseur, minces et longues. Les quatre premières sont terminées par de toutes petites pinces.

C'est bien. Alexandre va continuer la description de notre spécimen.

— Le dos et la poitrine sont renfermés dans une sorte de boîte. La queue est composée d'anneaux ; ils sont articulés de telle sorte que toute la queue peut se replier en dessous. Elle est terminée par cinq plaques minces.

Vous n'avez commis qu'une erreur, très excusable, puisque dans la conversation on dit et l'on dira toujours la *queue* de l'écrevisse pour désigner la partie de son corps qui fait suite à la poitrine et qui se replie, grâce à l'articulation mobile de ses anneaux. Mais en réalité cette queue est le ventre de l'animal. Il contient l'intestin. Les bonnes ménagères enlèvent cet intestin avant de cuire les écrevisses. Pour cela, il suffit d'arracher la plaque-nageoire centrale.

Arthur peut-il nous dire comment respire l'écrevisse ?

— Elle respire, comme les poissons, l'air dissous dans l'eau.

C'est cela. Ses poumons ou *branchies* se trouvent logés dans la poitrine.

Jean, comment marchent les écrevisses ?

— Je n'en ai pas vu marcher, mais on dit qu'elles marchent à reculons.

Eh bien, mon ami, monsieur ou madame On se trompait. A mesure que vous étudierez la nature vous verrez que On se trompe très souvent. Cela vient de ce qu'autrefois les enfants n'apprenaient pas à l'école ce que nous vous enseignons aujourd'hui. Quand vous serez grands, les *on dit* auront beaucoup plus de chances d'être corrects.

Mais revenons à nos écrevisses. Nous allons en mettre une en liberté, vous allez voir qu'elle marche en avant, en arrière, de côté, selon sa fantaisie ou ses besoins. Sur la terre, d'ailleurs, sa démarche est toujours gauche et embarrassée.

Je crois que Lucien a vu pêcher des écrevisses, il va nous expliquer comment on s'y prend.

— On attache un morceau de viande sur un petit filet rond que l'on place au fond de l'eau près du bord. Les écrevisses sentent la viande, viennent la manger et l'on retire vivement le filet.

Voilà qui nous apprend plusieurs choses intéressantes. L'écrevisse se tient près du bord de l'eau, enfoncée dans un trou ou derrière une racine d'arbre. Elle a l'odorat très développé, car elle sent de loin un morceau de viande placé dans l'eau. Elle se nourrit de chair, c'est un animal de proie.

Sa proie consiste en poissons, vers, insectes. Blottie dans sa cachette, elle tend en avant ses longues antennes, sentinelles vigilantes qui l'avertissent du moindre frémissement de l'eau. Dès qu'un animal est signalé, elle apprête ses pinces, et gare au malheureux qu'elle happe ! Il n'échappera pas. D'une patte elle le maintient solidement, tandis que de l'autre, la droite d'ordinaire, elle le dépèce et porte les morceaux à sa bouche.

Jacques, remarquez et dites-nous comment cette écrevisse femelle a disposé ses œufs.

— On dirait de petites grappes qui pendent à son ventre.

En effet. Elle a collé un à un ses œufs aux *fausses pattes*. La ponte et l'éclosion ont lieu vers la fin d'avril. Aussi la loi défend-elle la pêche des écrevisses du 15 avril au 1er juin, afin de ne pas en dépeupler les cours d'eau.

Des œufs sortent de toutes petites écrevisses qui montrent leur désir de vivre par un excellent appétit et des instincts féroces. Les premières écloses, les plus fortes, mangent sans scrupules leurs petites sœurs au sortir de l'œuf. Au bout d'une quinzaine de jours la famille se disperse.

Entre écrevisse on se bat souvent pour se disputer un bon morceau. Il en résulte pas mal de pattes et d'antennes cassées. Mais pareil accident ne les émeut guère. Le membre amputé repousse, et au bout de quelque temps il n'y paraît plus. Tenez, en voici une qui a éprouvé ce genre d'accident. L'une de ses pinces est fort petite : elle est en train de grandir.

Mais comment grandit l'écrevisse ?

Est-ce que sa carapace pierreuse, *calcaire*, s'étend à mesure que grossit son corps et s'allongent ses membres ?

Cela n'est pas probable. L'habit est trop dur et trop bien ajusté pour se prêter ainsi aux circonstances. Cependant tout a été prévu. Si l'habit devient trop étroit, l'écrevisse le jette au rebut, elle fait peau neuve. Le changement de peau s'appelle *mue*. Les écrevisses mâles muent deux fois par an; les femelles une fois.

La mue est un rude travail. L'écrevisse cesse d'abord de manger, sans doute pour maigrir un peu. Au bout de deux ou trois jours, elle fend sa carapace à l'endroit où la poitrine s'articule avec le ventre, et à force de s'étendre, de se gonfler, de s'étirer, elle réussit à sortir chaque membre de son étui. Pour cela, vous comprenez, il faut que la nouvelle peau soit molle et flexible; autrement la pauvre bête ne s'en tirerait jamais.

Voilà donc l'écrevisse à l'aise. Mais elle regrette un peu sa vieille défroque, qui la protégeait si bien. Sa peau neuve molle et tendre ne la protège pas. Il lui faut se cacher dans un trou. Là se passe quelque chose de fort curieux.

Si l'on ouvre une écrevisse en train de muer, on trouve dans son estomac de petites boules de *carbonate de chaux*, de *craie*. Cette craie est destinée à passer dans la peau neuve pour lui donner la force de l'ancienne carapace. Au bout de quelques jours l'opération est terminée et l'écrevisse reprend sa vie ordinaire.

L'écrevisse grandit très lentement. A dix ans elle pèse environ 50 grammes. On n'en vend guère de plus petites. Une grande écrevisse pesant 200 grammes n'a pas moins de 50 ans! Bien peu arrivent à cet âge. Les pêcheurs ne le leur permettent point. Nos cours d'eau se dépeuplent et si l'on n'y prend garde, l'écrevisse deviendra un animal rare, un objet de curiosité.

Ernest, vous avez vu des écrevisses cuites. Quelle couleur prennent-elles en cuisant ?

— Elles deviennent rouges, comme les homards et les crabes.

Très bien. L'eau bouillante change en rouge leur couleur brun verdâtre.

Vous venez de nommer tout naturellement les *crabes* les *homards*, à propos de l'écrevisse. Eh bien, dites-nous quels rapports vous trouvez entre ces animaux.

— Ils ont une carapace dure et des pinces comme l'écrevisse.

C'est juste. La *langouste*, sorte de homard sans pince, les *crevettes*, ou plutôt le *palémon* et le *crangon ;* le *pinnotère*, petit crabe inoffensif qui se loge dans les coquilles de l'huître, de la moule, sont encore des animaux à carapace pierreuse, c'est-à-dire des encroûtés, des crustacés.

Remarquez bien que, chez tous ces animaux, la carapace est divisée en *segments*, en *sections*, c'est-à-dire en parties bien distinctes *articulées* les unes avec les autres au moyen d'une peau flexible, comme l'armure des anciens chevaliers.

Je vous ai apporté une petite bête que vous avez vue sans doute dans les jardins.

Louis va nous dire s'il la connaît.

— C'est un mille-pattes.

Bien. Un *mille-pattes* ou *mille-pieds*, comme vous voudrez. On l'appelle ainsi à cause de ses nombreuses pattes. Si vous les comptiez vous n'en trouveriez cependant que deux douzaines, ce qui est déjà un joli nombre. D'ailleurs, il y a des bestioles de ce genre qui en ont beaucoup plus. Les naturalistes appellent ce mille-pattes *scolopendre.*

Charles, regardez l'un à côté de l'autre le scolopendre et la queue (le ventre) d'une écrevisse. Voyez-vous quelque rapport ?

— Le mille-pattes est divisé en sections qui sont articulées comme la queue de l'écrevisse.

Très bien. Retenez bien cela. Le scolopendre est aussi un animal articulé.

C'est une petite bête qu'il faut respecter. Elle rend des

services en détruisant toutes sortes d'insectes. D'ailleurs, si vous la saisissez sans précautions, elle vous mord et verse dans la petite plaie un liquide irritant qui cause un peu de douleur. C'est le moyen qu'elle emploie pour tuer les insectes dont elle fait sa proie.

Jean, dites le nom de la petite bête piquée sur ce bouchon.

— C'est une araignée.

Et si je vous disais de classer l'araignée, dans quelle catégorie la placeriez-vous ?

— Parmi les insectes.

Pourquoi ?

— Parce que son corps est divisé en sections qui sont articulées ensemble.

Il est vrai que son corps est sectionné et articulé. Mais voyez : elle n'a pas de petites cornes, d'*antennes* sur la tête. Comptez ses pattes : elle en a huit, c'est-à-dire deux de trop pour être un insecte.

Le mille-pattes, l'araignée ne sont donc pas des insectes, mais ce sont des *articulés*, qui servent de types pour former, parmi ces animaux, des classes distinctes : celle des *mille-pieds*, celle des *araignées*.

Je viens de vous dire : l'araignée est un articulé, mais ce n'est pas un insecte. Cela ne veut pas dire que les insectes ne sont pas articulés. Vous savez le contraire. Leur corps est divisé en parties bien distinctes, en *sections*, d'où leur nom d'*insectes*. De plus ces sections sont *articulées*.

Ainsi, vous voyez, nous pouvons former une grande catégorie ou *embranchement* d'animaux qui comprendra tous ceux dont le corps, couvert d'une peau coriace, est *articulé* comme chez l'*écrevisse*, le *mille-pieds*, l'*araignée*, les *insectes* de toute sorte.

Voilà, n'est-ce pas, une classe facile à reconnaître. Vous ne pouvez vous y tromper.

Mais cette catégorie comprend un nombre immense de

petits *articulés* qui offrent certaines particularités : leur tête
porte des appendices allongés en forme de cornes, d'ai
grettes ; ce sont des *antennes*. A leur poitrine sont attachées
six pattes, jamais plus. Voilà deux caractères faciles à re·
connaître.

Quand vous rencontrerez une petite bête à antennes munie de six pattes, vous pouvez sans hésiter dire : c'est un
insecte.

Eh bien, mes amis, comme les insectes forment une
classe très nombreuse et très intéressante, j'ai pensé qu'ils
méritaient une causerie à part : nous nous en occuperons
demain.

QUESTIONNAIRE.

Nommez des animaux aquatiques qui ne sont pas des poissons. —
De quelle nature est la peau de l'écrevisse ? — Expliquez d'où vient e
mot *crustacé*. — Décrivez la tête de l'écrevisse. — Dites le nombre et
la forme des pattes de l'écrevisse. — Qu'est-ce que l'on appelle communément la *queue* de l'écrevisse ? — Comment respire-t-elle ? —
Dites de quelle manière marche l'écrevisse. — De quoi se nourrit-elle?
— Où l'écrevisse femelle place-t-elle ses œufs ? — A quelle époque
est-il défendu de pêcher les écrevisses ? — Pourquoi la loi le défend-
elle ? — Qu'arrive-t-il à l'écrevisse qui a perdu un membre ? — Qu'est-
ce qu'on appelle mue ? — Qu'est-ce qui rend nécessaire la mue des
écrevisses ? — Comment s'y préparent-elles ? — Dans quel état se trouve
l'écrevisse qui vient de muer ? — Comment se refait-elle une carapace pierreuse, calcaire ? — Combien pèse une écrevisse âgée de
10 ans? — Quel âge et quel poids peut atteindre l'écrevisse? — De
quelle couleur est l'écrevisse vivante et cuite? — Nommez divers animaux crustacés. — Qu'est-ce qui distingue le corps des crustacés ? —
En quoi un mille-pieds ressemble-t-il à l'écrevisse? — Comment clas-
seriez-vous l'araignée? — De quels animaux se compose la catégorie des
articulés? — Pourquoi les insectes sont-ils des articulés? — Qu'est-ce
qui distingue les insectes des autres articulés ? — L'araignée ,
le mille-pieds, sont-ils des insectes ? — Citez quelques insectes.

XIV. — LES INSECTES.

Voici une *guêpe*, un *carabe doré*, un *papillon*, deux *mouches*. Chacune de ces petites bêtes est soigneusement piquée sur un bouchon. Vous pouvez les faire circuler et les examiner avec soin.

Ernest, comment appelez-vous ces bestioles ?

— Ce sont des insectes.

Pourquoi ?

— Parce que leur corps est divisé en sections articulées ; qu'ils ont des antennes et six pattes.

Très bien. Nommez d'autres petits animaux articulés que l'on prend d'ordinaire pour de vrais insectes.

— Le mille-pieds, l'araignée.

Louis va nommer des animaux articulés très différents des insectes.

— L'écrevisse, le crabe, le homard, la crevette.

Fort bien. Comment nommez-vous la catégorie ou l'*embranchement* que composent tous les animaux dont le corps est divisé en sections articulées ?

— Les animaux *articulés*.

Par conséquent les insectes sont des *articulés*. On en a fait un groupe à part. Cela était utile parce que ce groupe très nombreux mérite une étude spéciale. D'ailleurs ils présentent deux caractères remarquables : leur tête porte des antennes ; ils ont tous six pattes.

Vous voyez, mes amis, combien l'*Histoire naturelle* est chose facile à apprendre. Il suffit de savoir mettre de l'ordre dans son travail et d'apprendre quelques noms nouveaux. Les savants donnent aux bêtes et aux plantes des noms qui vous semblent assez baroques parce que vous ne savez ni le latin ni le grec. Nous n'emploierons ces termes-là que le moins possible. Nous continuerons de dire un *mille-pieds* au lieu d'un *myriapode*, mot qui veut dire, en grec, dix mille pieds ; et ainsi des autres.

Les insectes sont presque tous très petits. Les plus gros sont d'ordinaire peu nombreux. Mais les plus petits compensent la taille par le nombre. De sorte que les insectes occupent sur la terre une place considérable. Nous les trouvons partout : sur les plantes, sur le corps des animaux, dans l'air, dans l'eau, dans le sol.

Destinés à vivre dans des conditions si diverses, ils devaient être organisés en conséquence. Aussi rencontrerons-nous chez eux une variété extraordinaire de formes, d'aptitudes, de mœurs.

Commençons par étudier en détail un insecte vulgaire, la *mouche*. Elle est petite, mais nous l'avons toujours sous la main, et au moyen d'une loupe il nous est facile de l'examiner en détail.

Nous avons ici la mouche commune nommée *mouche domestique* parce qu'elle habite volontiers les maisons, où l'on se passerait bien de sa présence, et la *mouche à viande* qui est beaucoup plus grosse.

Louis, décrivez la tête de la mouche.

— Elle est courte, large et couverte de duvet. Les antennes assez courtes paraissent lisses. De chaque côté de la tête on voit des yeux qui occupent autant de place que le reste de la tête.

Voilà qui est bien vu et bien décrit.

Ces yeux si gros en proportion de la tête attirent tout naturellement l'attention. Si vous pouviez les regarder au microscope vous verriez que ce ne sont pas des yeux simples, mais une multitude de petits yeux serrés les uns contre les autres. Il y en a 4000 ! Et cependant la mouche n'est pas l'insecte le mieux partagé sous ce rapport. Le hanneton en a 8000, la libellule 12,000 et certains insectes plus de 25,000.

Ces yeux multiples ne sont pas, d'ordinaire, destinés à voir de loin. Ce sont, pour ainsi dire, autant de petites loupes dont l'insecte ne se sert que pour examiner de très près les objets délicats qu'il lui importe de connaître. Beaucoup d'insectes possèdent, en outre, trois petits yeux noirs disposés en triangle en arrière des antennes. Ce sont des yeux ordinaires qui leur servent à regarder de loin.

Les antennes de la mouche sont petites. Quelques insectes en ont qui dépassent de beaucoup la longueur de leur corps. Il y en a qui sont arrondies et pointues, d'autres sont aplaties ou terminées en massue. Quelques-unes sont frangées comme des plumes délicates. Toutes sont articulées, flexibles.

Arthur, avez-vous regardé une fourmi en quête de son dîner ? Comment marche-t-elle ?

— Elle va et vient, tâtant devant elle avec ses antennes.

C'est exact. Les antennes lui servent à tâter le terrain, à reconnaître la forme et la nature des objets. Elle ne s'aventure que si les antennes lui disent qu'il n'y a point de danger. Les antennes sont donc des *organes du tact.* Elles remplissent d'ailleurs, comme organes du tact, diverses fonctions. Ainsi, lorsque deux fourmis se rencontrent, vous les voyez se toucher avec les antennes, se donner de petits coups, se frotter de diverses manières. Ce manège leur sert à se faire comprendre. Comment ? Nous n'en savons rien. Mais ce qui est certain, c'est que la fourmi sait faire entendre à sa camarade qu'il faut rebrousser chemin à cause d'un danger, ou se presser parce qu'on a besoin d'elle quelque part, ou laisser son fétu de paille pour aller au rendez-vous général dans un sucrier.

Il est probable que les antennes contiennent aussi l'organo de l'ouïe, mais on ignore de quelles parties se compose cet organe. On sait seulement que les insectes entendent très bien. Quelques-uns, comme la *cigale*, le *criquet*, le *grillon*, s'appellent en produisant des bruits divers. L'*araignée*, qui semble aimer la musique, reconnaît certains airs.

C'est encore dans les antennes que se trouve l'organe de l'odorat, qui est très développé chez certains insectes, et particulièrement chez la mouche.

Louis a omis dans sa description une partie importante. Henri va nous dire comment la mouche mange.

— Elle mange au moyen d'une petite trompe.

Bien. Cette trompe est un tube terminé par une sorte de petite bouche ovale divisée en deux lèvres très larges.

Il est évident que la mouche ne peut s'en servir que pour sucer ; par conséquent il lui faut des aliments liquides. Cependant la mouche mange du sucre qui est solide. Avec une loupe et un peu de patience vous pourrez facilement vous en rendre compte.

La mouche sait bien que le sucre ne peut passer dans sa trompe sous sa forme solide, mais elle a deviné qu'avec de l'eau elle peut dissoudre le sucre et faire du sirop très facile à humer en faisant le vide dans sa trompe. De ses lèvres entr'ouvertes on voit sortir une gouttelette d'eau, de salive si vous voulez, une parcelle de sucre s'y dissout, et l'eau sucrée est immédiatement absorbée.

Vous savez combien les mouches recherchent les fruits sucrés. Ces fruits sont couverts d'un épiderme assez dur, au travers duquel la mouche ne pourrait aspirer les sucs qu'elle convoite. La nature lui a donné, pour ce cas, un petit aiguillon enveloppé dans un étui et enchâssé dans la partie supérieure de la trompe. Au moyen de l'aiguillon elle perce la peau du fruit, colle ses lèvres sur la blessure et aspire le liquide sucré.

Le papillon possède aussi une trompe, très longue, enroulée lorsqu'il n'en fait pas usage. Mais comme il n'a pas d'aiguillon il ne peut se nourrir que des liquides sucrés sécrétés par certaines parties des fleurs.

Le carabe qui est grand chasseur possède une formidable mâchoire accompagnée de plusieurs pièces accessoires qui lui aident à retenir et à déchiqueter sa proie.

Alexis, décrivez la poitrine de la mouche.

— Elle est longue, et couverte de duvet. Aux deux côtés sont attachées les deux ailes. En dessous se trouvent les six pattes.

C'est cela. Au lieu de dire la poitrine d'un insecte nous dirons désormais le *thorax*, voilà un mot grec à retenir.

Jean, regardez à la loupe les ailes de la mouche à viande. Que voyez-vous ?

— Les ailes ressemblent à une feuille qui serait très mince et transparente. On y voit de grosses nervures et une foule de petites.

La comparaison est très bonne. La feuille est formée de deux membranes soutenues par des nervures, les unes fortes et peu nombreuses ; les autres fines, qui forment un réseau très délicat. Dans les nervures de la feuille circule la sève ; dans celles d'une aile de mouche circule du sang.

La plupart des insectes ont des ailes, mais toutes les ailes ne ressemblent pas à celles de la mouche. Georges va nous indiquer des ailes d'insectes très différentes.

— Les ailes du papillon, celles du hanneton, celles de la demoiselle.

Bien. Les ailes de la *demoiselle*, ou mieux *libellule*, sont au nombre de quatre, très grandes, très fortes, consolidées par des nervures très apparentes. Elles brillent au soleil comme de la nacre. Les ailes des papillons sont couvertes de très fines écailles qui se détachent au moindre frottement et laissent voir en dessous une membrane analogue à l'aile de la mouche.

Quant au *hanneton* et aux autres insectes du même

genre, comme le *carabe*, on ne voit pas ses vraies ailes quand il est au repos : elles sont repliées sous deux ailes coriaces qui ne servent pas au vol, mais qui sont destinées à protéger les ailes et la partie supérieure de l'abdomen couverte d'une peau molle. Ces étuis des ailes, qui recouvrent la partie postérieure des *coléoptères*, s'appellent des *élytres*.

Arthur, comment voyez-vous, à la loupe, les pattes de la mouche ?

— Elles sont velues et terminées par des crochets.

Vous avez vu sans doute les mouches posées sur une table, passer et repasser sur leurs ailes leurs pattes de derrière. Savez-vous ce qu'elles font ainsi ? Elles les brossent pour enlever la poussière. Les poils de leurs pattes leur sont pour cela très utiles.

Vous savez, mes enfants, que tous les animaux respirent. Mais tous ne respirent pas de la même manière. Les *mammifères* ont des poumons où l'air se trouve aspiré par la poitrine. Les poissons, les crustacés respirent par des sortes de franges (branchies) qui absorbent l'air dissous dans l'eau. Certains insectes aquatiques respirent à peu près de cette manière.

Les insectes qui ne vivent pas dans l'eau respirent au moyen de poumons d'une structure toute particulière. Chez eux le sang circule à peine. Pour lui fournir l'*oxygène* dont il a besoin, il faut en quelque sorte que l'air aille trouver le sang dans tout le corps.

Au lieu de pénétrer par une seule ouverture l'air entre par une série de petits trous pratiqués sur les côtés du corps, et pénètre dans des tubes très fins diversement enroulés qui se développent dans toutes les parties du corps. En quelques endroits, ces tubes s'élargissent ou communiquent avec des *chambres à air* où l'insecte peut accumuler une réserve, pour se rendre léger et pour faciliter son vol. Le hanneton se prépare s'envoler par quelques inspirations profondes qui remplissent ses chambres à air. Voilà pourquoi vous le voyez exécuter des mouvements dont vous ne compreniez pas l'utilité.

Jean, examinez l'abdomen de la *mouche* et celui de la *guêpe*. Voyez-vous une différence autre que celles de forme et de couleur ?

— L'abdomen de la guêpe porte un aiguillon.

Bien. Quelques insectes ailés possèdent ce moyen d'attaque et de défense. L'aiguillon est creux. Il communique avec une petite glande qui sécrète un venin très énergique. Même pour l'homme, la piqûre d'une guêpe est très douloureuse. Jugez de l'effet qu'elle doit produire sur un insecte !

Voyez, mes amis, combien de choses intéressantes on peut apprendre, rien qu'en étudiant une mouche et en la comparant à quelques insectes familiers. Nous pourrions passer des journées à causer des diverses espèces de mouches, de leurs mœurs, de leurs relations avec l'homme et les animaux.

Vous savez combien la mouche domestique est nombreuse pendant l'été. Dans les régions chaudes surtout les maisons en sont infestées. Comme elles se posent de préférence sur les objets en saillie on dispose quelquefois, pour leur usage, des guirlandes de papier, des branches d'arbre. De cette manière on en voit un peu moins aux fenêtres et sur la table. Ce n'est toutefois qu'un palliatif très insuffisant.

Les mouches n'entrent pas dans une chambre obscure. On peut donc s'en préserver en fermant les volets. Mais alors on n'y voit plus.

Voici un moyen très simple et fort peu coûteux de préserver les maisons des mouches, sans se priver d'air et de lumière.

Les mouches ne voient pas comme nous. Leurs 4000 yeux doivent produire parfois chez elles ce que nous appelons des illusions de la vue. Placez devant une fenêtre un filet à larges mailles de fil aussi fin que vous voudrez et les mouches respecteront cette barrière si facile à franchir. La seule condition à remplir, c'est qu'une autre fenêtre ne se trouve pas en face du filet. Dans ce cas, les mouches passeraient au travers.

Il y a de grosses mouches comme les *taons*, les *œstres*, qui tourmentent particulièrement les chevaux, les bœufs, les moutons.

Les mouches ont plusieurs raisons pour fréquenter ces animaux. D'abord, elles se nourrissent de leur sueur. En outre elles cherchent un endroit favorable pour loger leurs œufs.

L'œstre femelle porte à l'abdomen une *tarière* au moyen de laquelle elle perce la peau des bœufs pour pondre dans la petite blessure. Au bout de quelque temps, l'œuf éclot. Qu'en sort-il? Lucien va peut-être nous le dire.

— Il en sort un ver.

C'est vrai. La mouche ne sort pas de l'œuf avec sa forme définitive. Elle n'est d'abord qu'un petit ver. L'*asticot* des pêcheurs est un ver, ou mieux, une *larve* de mouche. Cette larve est carnassière. Voilà pourquoi les mouches cherchent à pondre dans des cadavres, ou même dans la peau d'animaux vivants.

Ernest, citez-nous d'autres petits animaux qui ne naissent pas avec leur forme définitive.

— Le hanneton, le papillon.

C'est cela. Ils naissent à l'état de *larve*, puis s'endorment sous forme de *chrysalide* ou *nymphe* et sortent de leur maillot à l'état d'insectes parfaits. Ces changements de forme, ces *transformations* s'appellent des *métamorphoses*. Ce ne sont pas seulement les insectes qui sont soumis aux métamorphoses : dans ce groupe des articulés tous les individus se transforment plus ou moins

QUESTIONNAIRE.

Nommez des animaux articulés très différents des insectes. — Citez de petits animaux articulés que l'on prend d'ordinaire pour des insectes. — Dans quelle grande catégorie se trouve le groupe des insectes? — Qu'est-ce qui caractérise le groupe des insectes? —Donnez une idée de l'intérêt qu'il peut y avoir à étudier les insectes. — Décrivez la tête d'une mouche. — Dites ce que vous savez sur les yeux de la mouche. — Pourquoi certains insectes ont-ils plusieurs sortes d'yeux ? — Donnez une idée des antennes des insectes. — A quoi servent les antennes ? — Comment les fourmis se font-elles comprendre? — De quelle façon mange la mouche? — Comment peut-elle manger du sucre ? — De quelle manière arrive-t-elle à sucer le suc d'un fruit intact? — Citez des insectes qui mangent autrement que la mouche. — Décrivez l'aile d'une mouche. — Comment la mouche brosse-t-elle ses ailes ? — Qu'est-ce qui recouvre les ailes membraneuses des hannetons, du carabe? — Indiquez diverses manières de respirer. — Comment respire la mouche? — Pourquoi le hanneton respire-t-il bien fort avant de s'envoler? — Qu'est-ce qui termine l'abdomen d'une guêpe ? — Indiquez un moyen d'empêcher les mouches d'entrer par une fenêtre ouverte. — Pourquoi certaines mouches recherchent-elles les chevaux, les bœufs? — Comment naît la mouche? — Qu'est-ce qu'un asticot — Qu'appelle-t-on métamorphose ?

XV. — LES MÉTAMORPHOSES.

Mes amis, lorsque l'on sait que le brillant *papillon* pro-vient de l'humble *chenille* rampante ; que le *hanneton* a d'abord vécu dans la terre sous le nom de *ver blanc* où *turc ;* qu'une sorte de *ver* devient une *mouche ;* il semble que l'on doit être préparé à tout. Cependant nous ne pouvons nous empêcher d'être étonnés chaque fois que nous découvrons chez les animaux quelqu'une de ces *métamorphoses.*

Nous aurons l'occasion d'en étudier plusieurs fort intéressantes. Vous verrez que le *crapaud,* la *grenouille* commencent la vie sous forme de *têtard* qui ressemble à un poisson, respire par des *branchies,* progresse dans l'eau au moyen d'une longue queue étalée en nageoire.

Parmi les animaux dont la peau encroûtée forme une carapace pierreuse et que nous nommons *crustacés,* il y en a beaucoup qui subissent aussi de curieuses transformations. Le *crabe* si commun aux bords de la mer sort de l'œuf sous une forme qui ne peut faire supposer ce qu'il deviendra au bout de quelques années. Peu à peu, mue après mue, il se rapproche de sa forme définitive.

Vous voyez par ces exemples familiers que les changements d'aspects, les *métamorphoses* ne sont pas un caractère distinctif des insectes. Mais parmi les insectes il y en a fort peu qui naissent avec la forme et l'organisation qu'ils auront une fois devenus adultes. Voilà pourquoi c'est chez eux principalement que l'on étudie les métamorphoses.

Tout animal qui n'a pas encore pris sa forme définitive d'adulte est à l'état de *larve* ou de *nymphe*. La nymphe est une larve déjà transformée et engourdie.

Il y a des insectes chez qui les changements de forme sont peu importants, qui ne subissent pas une métamorphose complète comme la chenille en devenant papillon, l'*asticot* en devenant *mouche*, le *ver blanc* en devenant *hanneton*. Quelques-uns ne passent pas par l'état de nymphe.

En voici un exemple. Nous avons ici un insecte très commun dans les jardins, la *forficule* nommée vulgairement *perce-oreilles*. Auprès d'elle est son petit. Louis va nous dire quelles différences il note entre la mère et la jeune forficule.

— La mère est bien plus grande. Elle a deux petites ailes qui ne lui couvrent que la moitié de l'abdomen. Ses pinces, très fortes sont courbées comme des faucilles. Le petit n'a pas d'ailes et ses pinces très étroites sont à peine courbées.

Très bien. Ce que vous appelez des ailes sont des *élytres*. Notez que les élytres des perce-oreilles, qui ressemblent à une jaquette trop courte, recouvrent de vraies ailes plissées et repliées, mais assez grandes quand on les étend.

Peu à peu les ailes et les élytres poussent au petit ; ses pinces s'élargissent, se courbent et il ressemble de plus en plus à sa mère. Tout cela se fait graduellement, de sorte qu'il n'y a pas métamorphose complète.

Jean, que savez-vous au sujet du perce-oreilles ?

— C'est un insecte très dangereux. On dit qu'il entre dans les oreilles, et perce pour pénétrer jusqu'au cerveau.

Vous savez qu'il faut vous méfier de monsieur et de madame On. En voici encore un exemple.

Le nom de perce-oreilles lui vient de ce que les pinces qui terminent son abdomen ressemblent à un instrument dont les bijoutiers se servent pour percer les oreilles des petites filles afin d'y passer des boucles d'oreilles. Ce petit insecte ne fait aucun mal à l'homme. En revanche, il cause dans les jardins beaucoup de dégâts. Les plus beaux œillets, les roses à peine entr'ouvertes, sont ses mets de prédilection en attendant la saison des dahlias et des fruits. En ouvrant un abricot parfumé, une pêche vermeille et fondante, il n'est pas rare d'y trouver installé un perce-oreilles qui fait bombance en tapinois.

Le *grillon*, la *sauterelle*, le *criquet*, se comportent à peu près comme le perce-oreilles. Leurs larves acquièrent peu à peu des ailes, après un certain nombre de mues.

Puisque j'ai cité les sauterelles, nous pouvons en dire quelques mots. Henri, d'où vient le nom que l'on a donné à ces insectes?

— Je pense qu'il vient de sauter. Ce sont des insectes qui sautent.

Fort bien. En effet, leurs longues pattes postérieures sont faites pour lancer le corps en l'air et en avant, bien mieux que pour marcher ; aussi les insectes ainsi conformés avancent principalement par sauts, par bonds. En même temps qu'ils bondissent, ils déploient leurs longues ailes de sorte qu'ils peuvent aller assez loin. Les sauterelles se distinguent surtout des criquets par de très longues antennes et par l'espèce de sabre qui termine l'abdomen des femelles, et dont elles se servent pour enterrer leurs œufs.

Dans le nord de la France on appelle *cigale* la grande sauterelle verte, dont le mâle fait entendre, pendant les nuits d'été, un bruit strident, cadencé : *zic, zic, zic.*

Ernest, savez-vous comment les sauterelles produisent ce son ?

— En frottant leurs pattes contre leurs ailes.

Ce sont les *criquets* qui jouent ainsi du violon sur leurs élitres. Les sauterelles jouent simplement des cymbales ; elles frappent ou plutôt frottent les élitres l'une contre l'autre, et c'est ce qui produit leur bruit monotone. Quant aux violonistes, les criquets, ils tirent meilleur parti de leur instrument. Selon la portion de l'élitre qu'ils frottent, et la rapidité des mouvements ; selon qu'ils jouent d'un côté ou de deux à la fois, ils produisent des sons assez variés que l'on appelle leur *chant*.

Dans certaines régions du midi de la France et surtout en Algérie, les criquets dits *voyageurs* se multiplient parfois d'une façon extraordinaire. Ils s'envolent en bandes qui obscurcissent le ciel, et là où ils s'abattent, ils mangent l'herbe, les récoltes, les feuilles et les bourgeons des arbres, et ruinent, en quelques jours, tout un canton.

Vous connaissez les *libellules*, auxquelles leurs formes élégantes et leurs belles couleurs ont valu le nom de *demoiselles*.

Leurs mœurs ne répondent guère à ce nom. Elles sont carnassières, très voraces, et chassent continuellement les insectes qu'elles déchirent avec leurs robustes mâchoires.

Les femelles laissent tomber leurs œufs dans l'eau. Il en sort une larve qui respire à peu près à la manière des poissons et chasse sous l'eau les vers, les insectes, les larves. Son corps ressemble à celui de la libellule, mais il est plus massif et les ailes ne poussent que peu à peu, après plusieurs mues.

Occupons-nous maintenant d'insectes à métamorphoses complètes.

J'ai ici un insecte que vous connaissez. Jean peut-il le nommer ?

— C'est un taupin.

J'entends Lucien dire : c'est un *maréchal*. Vous avez raison tous deux. Voici pourquoi on a donné au *taupin* le nom de maréchal.

Lorsque l'insecte est tombé sur le dos, il arc-boute son corps, puis le détendant subitement, saute et retombe sur ses pieds.

Avant d'être un taupin assez inoffensif, ce petit animal

vivait dans la terre. Il ressemblait assez à un mille-pieds au corps cylindrique mais sans antennes. Les jardiniers ne le connaissent que trop pour les dégâts qu'il cause en rongeant les racines des plantes.

Ernest, rappelez-nous les métamorphoses du hanneton.

— La femelle pond des œufs dans la terre. Il en sort des vers blancs que l'on appelle mans, ou turcs. Au bout de quelque temps le man se change en nymphe qui ressemble à une chrysalide de papillon. De la nymphe sort un hanneton.

C'est cela. Pendant la première année, les larves mangent peu ; elles vivent par petites familles. L'hiver venu, elles s'enfoncent assez profondément pour ne pas craindre la gelée et s'endorment jusqu'au printemps. Alors elles se dispersent, et se mettent à creuser des galeries pour arriver aux racines qu'elles préfèrent dans les jardins : celles des salades, des rosiers, des fraisiers. Dans les champs, elles ravagent le blé, l'avoine, la luzerne, le colza. Tout leur est bon d'ailleurs, quand elles ont faim.

Pendant la troisième année elles attaquent même les racines dures, ligneuses des arbres. Vers la fin de la troisième année, les larves se font une coque au moyen de quelques fils de soie et de leur bave desséchée. Dans cette coque, elles passent à l'état de *nymphes*. La coque, sorte de maillot semblable à celui des chrysalides de papillons, laisse deviner à peu près la forme des antennes et des pattes. Dès la fin de l'hiver, le hanneton sort de son enveloppe. Il s'approche lentement de la surface du sol, et quand le mois d'avril a ouvert les feuilles, il vient saluer le printemps qui lui a mis le couvert. Vous savez comment il en profite. Il dépouille les arbres de leurs feuilles et par là retarde leur croissance, car ce sont les feuilles qui préparent les matériaux du bois. Souvent aussi le jeune arbre ne peut réparer à l'automne, par une nouvelle génération de feuilles, les dommages qu'il a subis au printemps et il meurt épuisé.

Vous comprenez pourquoi, s'il y a beaucoup de hannetons cette année, il y en aura encore beaucoup dans trois ans, puisque ce sont les œufs pondus cette année qui fourniront dans trois ans les hannetons parfaits.

Avez-vous jamais vu ouvrir une fourmilière? Au milieu du désarroi général, tandis que les *soldats* chargés de veiller à la sûreté commune courent deci delà à la recher_ che de l'ennemi, les fourmis *ouvrières* s'empressent de sauver l'espoir de la colonie : les œufs, les larves et les nymphes.

Les petites larves blanches, nées des œufs de fourmis, n'ont point de pattes. Elles ne peuvent même pas ramper comme les vers. Elles mourraient de faim si les ouvrières ne leur apportaient la becquée. Au bout de quelque temps les larves grandes et dodues se filent une légère coque de soie et s'y changent en nymphe. On peut alors voir, à travers une peau très fine, les formes de la fourmi adulte. Quand l'heure de l'éclosion est arrivée, les ouvrières ouvrent la coque, en retirent la fourmi encore molle, la brossent, lui donnent à manger et la promènent dans la fourmilière pour lui en faire connaître les galeries, les couloirs et les portes.

Voici, mes amis, un papillon que vous connaissez sans doute. Jean va le prendre et nous en faire la description.

— Ce papillon a les antennes longues, minces, lisses, terminées par de petits boutons. Le thorax est couvert de duvet assez long. Les ailes supérieures sont blanches, excepté le bord qui est noir à la partie supérieure. Elles portent en outre trois petites taches noires, deux à peu près rondes et une ovale. Les ailes inférieures sont entièrement blanches, sauf une petite tache allongée tout près de l'aile supérieure.

Avec ce portrait-là n'importe qui reconnaîtrait ce papillon que l'on appelle communément *papillon blanc* ou *papillon du chou* (piéride). Celui-ci est le mâle. La femelle est un peu différente.

Son nom lui vient de ce que sa chenille vit principalement sur les choux, les navets, les raves.

Quand nous causerons des plantes, vous apprendrez que toutes celles sur lesquelles se plaît la chenille du papillon blanc appartiennent à la même famille.

Le papillon du chou est le plus commun de nos contrées. C'est peut-être le premier avec lequel vous avez fait connaissance. Sa vue vous rappelle sans doute plus d'une course à travers les champs, des chasses animées dans les jardins, à la lisière des bois.

Pendant toute la belle saison on le voit voltiger partout. Il pénètre même dans les grandes villes, visite les balcons garnis de fleurs, et l'humble pot de giroflée qui orne la fenêtre d'une mansarde. Grâce à lui, jusque sur les toits de Paris on a un souvenir des champs.

J'ai conservé dans de l'alcool affaibli la chenille de ce papillon. Malheureusement elle a perdu ses couleurs. Vous ne voyez plus que sa taille et sa forme. Lorsqu'elle est vivante, cette chenille est d'un vert jaunâtre, avec trois raies de couleur plus claire, séparées par des lignes de points noirs, d'où partent de petits poils blanchâtres.

Cette chenille est un hôte très vorace qui en fort peu de temps saccage un chou de moyenne taille.

Quand elle a pris toute sa croissance, elle s'attache au moyen de quelques-fils de soie à une grosse nervure de feuille, change de peau et apparaît sous forme de chrysalide d'un gris cendré tachetée de noir et de jaune. Au bout de peu de temps le papillon rompt son maillot et prend possession de l'air. Il vit peu de jours pendant lesquels le suc des fleurs suffit à sa nourriture.

Avant de mourir la femelle a pondu un grand nombre

d'œufs, de sorte que les générations se succèdent avec rapidité, au grand désespoir des jardiniers qui ne partagent point votre amitié pour le papillon blanc.

Jean nous a dit tout à l'heure que les antennes du papillon blanc sont longues, minces, lisses et terminées par de petits boutons. Regardez cet autre papillon. Les antennes ressemblent à de petites plumes. Son corps velu et très gros paraît formé d'un seule pièce ; ses ailes, à l'état de repos, ne se relèvent pas comme celles du papillon blanc ; de plus les ailes inférieures se trouvent alors cachées par les deux premières. Remarquez encore que ses couleurs brunes, grises, noires sont peu éclatantes. Qui peut me dire comment on appelle ce genre de papillons ?

Louis a raison. C'est un papillon de nuit. Il ne vole que le matin et le soir pendant le crépuscule. D'autres papillons du même genre volent même pendant la nuit, de sorte que nous pouvons leur conserver le nom populaire.

Georges. avons-nous eu occasion de parler d'un papillon de nuit bien connu ?

— Vous nous avez parlé du ver à soie.

Bien, vous savez donc que la chenille nommée improprement *ver à soie* ne se change pas en chrysalide à l'air libre comme celle du papillon blanc. Quelle précaution prend-elle ?

— Elle se file un cocon.

Eh bien, la plupart des chenilles de papillons nocturnes ou crépusculaires prennent la même précaution ou du moins se façonnent, faute d'un cocon, une retraite commode et sûre dans un trou, une fente d'écorce ou même dans la terre. Quelques-unes restent pendant très longtemps à l'état de chrysalides. Celles-là surtout ont besoin de se mettre à l'abri pour se protéger contre les intempéries et se soustraire à leurs ennemis.

Je crois, mes enfants, que notre entretien a éveillé votre

curiosité, de sorte que vous ne manquerez aucune occasion d'apprendre de nouveaux détails sur les métamorphoses des animaux.

QUESTIONNAIRE.

Qu'appelle-t-on métamorphose? — Citez des animaux qui changent de forme pour devenir adultes. — Quel est le groupe d'animaux le plus sujet aux métamorphoses? — Quels noms prennent les animaux qui n'ont pas encore leur forme définitive? — Quelle différence y a-t-il entre la *larve* et la *nymphe?* — Dites ce que vous savez sur les changements de forme du perce-oreilles. — Quel est le préjugé ordinaire concernant cet insecte? — Dites de quoi il se nourrit. — Nommez des insectes dont les transformations incomplètes ressemblent à celles du perce-oreilles? — D'où vient le nom de la sauterelle? — Quel nom donne-t-on parfois à la grande sauterelle verte? — Quelle différence y a-t-il entre la sauterelle et le criquet. — Comment ces insectes produisent-ils leur sorte de chant? — Quels dégâts causent les criquets voyageurs? — Dites ce que vous savez sur la libellule. — Sous quelle forme le taupin commence-t-il son existence? — Combien de temps les larves de hanneton restent-elles dans la terre? — Que deviennent-elles pendant l'hiver? — Quelles racines préfèrent les jeunes mans? — S'il y a beaucoup de hannetons cette année, dans combien d'années seront-ils nombreux? - Quel dommage causent les hannetons? — Dites ce que vous savez sur les métamorphoses des fourmis. — Racontez l'histoire du papillon du chou. — A quoi reconnaissez-vous les papillons de nuit? — Comment les chenilles des papillons nocturnes se préparent-elles à leurs métamorphoses?

XVI. — LES ANIMAUX A SQUELETTE.

Mes amis, nous avons commencé notre revue des animaux par ceux que l'on appelle assez souvent *animaux inférieurs* pour indiquer que leur organisation est moins compliquée, moins parfaite que celle d'autres animaux de types différents auxquels on donne le titre d'*animaux supérieurs*.

Notez bien toutefois que ces êtres qui occupent les premiers degrés de la vie animale sont *parfaits* en leur genre et admirablement *adaptés* aux conditions de leur existence.

Tout est à sa place dans la nature et y remplit son rôle. Un être véritablement inférieur serait celui qui ne pourrait accomplir sa destinée.

Nous nous sommes occupés jusqu'à présent de petits êtres invisibles à l'œil nu, des *infusoires;* puis d'autres fort petits que l'on ne voit bien qu'à la loupe. Ensuite nous avons parlé des animaux dont le corps porte des sortes de rayons comme l'*étoile de mer*, les *polypes*. La famille des mollusques nous a révélé des détails très curieux d'organisation chez le *poulpe*, la *seiche*, l'*huître*, l'*escargot*. Vous êtes assez bien renseignés sur ce qui concerne les animaux divisés en sections articulées, et protégés par une peau incrustée de chaux qui leur a fait donner le nom de *crustacés*. Enfin, dans la grande classe de bêtes articulées, nous avons étudié avec quelques détails ce qui concerne les *insectes*.

Remarquez que tous ces animaux : *infusoires, rayonnés, mollusques, vers, articulés* de toute sorte, n'ont point d'os.

En effet, vous vous rappelez que la coquille intérieure de la seiche n'est pas un os, et que le soutien branchu des polypes du corail n'est pas non plus de la même nature que les vrais os.

Henri va nous rappeler de quoi se composent la coquille de la seiche et le corail.

— Ce n'est que de la chaux collée par une sorte de gélatine.

Bien. Ces substances ont pour base le *carbonate* de *chaux*, la *craie* dont vous vous servez au tableau, c'est-à-dire de la chaux unie au gaz carbonique de l'air. Pour lui donner de la consistance, elle a été imprégnée d'une matière analogue à la gélatine. C'est de la même manière que se forment la carapace de l'écrevisse, la coquille du limaçon, de la moule, de l'huître.

Si l'on chauffe très fort, si l'on *calcine*, comme l'on dit, l'os de seiche, le corail, la carapace de l'écrevisse, la coquille de l'huître, on en retire de la *chaux vive.*

En les faisant bouillir dans de l'eau acide on pourrait aussi en retirer de la gélatine.

Ernest, de quelles substances se composent les os?

— Ils contiennent de la chaux, de la gélatine et du phosphore.

C'est cela. Vous voyez la différence. Dans les vrais os il y a du phosphore uni à la chaux.

Eh bien, les animaux dont nous nous occuperons désormais ont de vrais os, ou du moins des *cartilages* qui sont des os inachevés. De plus, ces os sont tous logés dans l'intérieur du corps et recouverts, au moins, par de la peau.

Chez les animaux articulés, écrevisse, hanneton, etc., les parties dures se trouvent presque toutes à l'intérieur : ce sont elles qui donnent au corps sa forme.

Les os, au contraire, servent de support, de charpente au corps des animaux supérieurs, dont la forme provient du relief des muscles et de la peau.

Jean, comment s'appelle cette charpente du corps des animaux?

— Le squelette

Pensez-vous que ce soit un grand avantage pour le chien, le cheval, d'avoir un squelette ?

— Ils sont plus forts que les animaux sans squelette.

C'est une erreur. Les animaux les plus forts sont les insectes. Cela paraît vous étonner. Eh bien, nous allons voir.

Une puce haute de deux millimètres saute à un mètre de hauteur. Pensez-vous qu'un chien haut de $0^m,60$ puisse sauter à 30 mètres? Non, assurément. Vous vous êtes peut-être amusé à faire traîner par un hanneton une brindille de bois, voire même un petit charriot fait exprès ? Mais vous ne vous êtes pas rendu compte de la force qu'il déployait pour accomplir ce travail. En comparant le poids d'un cheval à celui d'un hanneton, on trouve que l'insecte est 14 fois plus fort. Et remarquez d'ailleurs que le hanneton n'est pas le plus robuste des insectes : il y en a qui sont, en proportion de leur poids, 40 fois plus forts que le cheval !

Le squelette n'est donc pas indispensable à la force. Nous devons lui trouver une autre utilité.

Le squelette offre d'abord cet avantage sur les carapaces extérieures : la partie externe du corps étant formée par la peau qui est très sensible, l'animal se trouve mieux en rapport avec le milieu dans lequel il vit. Toutefois, cet avantage secondaire disparaît, totalement ou en partie, chez quelques animaux à squelette dont le corps est couvert d'une carapace comme la tortue.

Ce qui constitue la valeur principale du squelette, c'est qu'il permet une disposition de la tête, du tronc et des membres, grâce à laquelle les animaux supérieurs peuvent exécuter des mouvements très variés et s'adapter à des genres de vie très divers, sans qu'il y ait cependant une grande différence dans la disposition fondamentale de leur squelette.

Mais voilà qui est bien sérieux pour vous, mes amis, et je vois dans vos yeux que vous avez hâte de faire connaissance avec quelques os que j'ai réunis pour notre entretien.

Voici un morceau d'os frais. Il est recouvert d'une membrane mince que j'ai en partie détachée. C'est cette membrane qui forme l'os de la même manière que la seconde écorce des arbres forme le bois. Cet os est creux. A l'intérieur vous voyez la moelle, substance molle et grasse. L'os est perforé d'une foule de petits trous qui donnent passage à des *vaisseaux sanguins* destinés à le maintenir vivant. A mesure que le sang apporte des matériaux neufs, il remporte les matériaux usés.

Voici maintenant l'os de la jambe d'un dindon. Georges, faites-nous la description de cet os.

— Il est long, à peu près arrondi, et renflé aux deux bouts. Les extrémités sont couvertes de cartilage.

Bien. A quoi sert le cartilage ?

— Il adoucit le frottement des os dans les articulations.

Les os commencent tous par être une sorte de cartilage mou. Peu à peu ce cartilage s'incruste de chaux, et prend la consistance osseuse.

Léon, de quelles parties principales se compose le squelette de l'homme ?

— Le crâne, la colonne vertébrale, les membres.

Comment est formée la colonne vertébrale ?

— Par de petits os plats percés d'un trou au milieu.

Comment s'appellent ces os plats ?

Des vertèbres.

Et comment appelle-t-on les animaux qui ont une colonne vertébrale?

— Des animaux vertébrés.

Arthur, citez des animaux vertébrés.

— Le singe, le cheval, le bœuf, le mouton.

Continuez, Alexandre.

— Les oiseaux, les serpents, les grenouilles, les poissons.

Vous voyez, ce sont tous les animaux dont il nous reste à étudier l'histoire. Ils ont un squelette. La partie la plus importante du squelette est la colonne vertébrale. Voilà pourquoi l'on a donné le nom de vertébrés à tous les animaux qui ont un squelette.

Il peut leur manquer diverses parties, mais la colonne vertébrale, plus ou moins longue, existe toujours.

Je désire maintenant vous donner une idée de la manière dont le squelette se modifie suivant le genre de vie auquel les animaux sont destinés.

Vous savez que les mammifères terrestres ont quatre pattes au moyen desquelles leur corps se trouve soutenu à une certaine distance au-dessus du sol et qui leur servent à changer de place, à se transporter d'un lieu à un autre.

Le singe n'est pas une exception. C'est un quadrupède. Sa vie se passe d'ordinaire sur les arbres, de sorte qu'il a a été construit de manière à y faire de la gymnastique : c'est un animal grimpeur. Voilà pourquoi il a les jambes un peu fléchies sur les cuisses, comme un homme à demi accroupi, de très longs bras et quatre mains imparfaites, destinées à saisir les branches.

Louis, comment le singe marche-t-il lorsqu'il est à terre?

— Il marche à quatre pattes.

Et comment appuie-t-il sur ses pattes antérieures?

— Il courbe les doigts et s'appuie sur leur côté extérieur.

C'est cela. Examinons un peu les membres de divers animaux.

Chez la plupart des mammifères, chez les grenouilles, les lézards, les pattes sont terminées par un pied divisé en quatre ou cinq doigts qui se relient au membre par une série de petits os.

Cette disposition est très utile, car les doigts, ordinairement garnis d'ongles, leur servent à prendre un point d'appui solide, à saisir et maintenir leur proie. Le chien et le chat ont cinq doigts aux pattes de devant, mais les pattes postérieures, servant plus à courir qu'à toucher ou saisir, peuvent se passer d'un doigt : elles n'en ont que quatre. Chez le chat, les ongles sont allongés, effilés ; ce sont de véritables griffes. Ils deviennent larges et robustes chez le renard qui les emploie à creuser un terrier. L'écureuil a besoin de tenir avec son pied antérieur la noisette qu'il ronge, aussi a-t-il des doigts longs, flexibles, garnis en outre d'ongles en crochet, pour grimper dans les arbres.

Si les doigts s'allongent encore un peu, s'ils peuvent surtout s'opposer plus ou moins au pouce pour saisir les objets comme avec une pince, le *pied* devient une *main*. Dans ce cas, la flexibilité des doigts rend inutiles les crampons, les griffes ; les ongles deviennent plats et minces comme chez la plupart des singes.

Alexis, savez-vous comment vit la taupe ?

— Elle vit sous terre. Elle creuse dans les prairies des galeries pour faire la chasse aux vers, aux mans et à d'autres petites bêtes.

Bien. C'est donc un animal *fouisseur*, c'est-à-dire habitué à fouir, à creuser. Sa vie se passe à ce pénible travail. Il lui faut pour cela un outil robuste et de forme convenable. Son pied antérieur est devenu une sorte de pelle. Non seulement il est garni d'ongles très robustes, mais il possède un grand os supplémentaire qui l'élargit et le renforce.

Si vous voulez remuer de la terre avec une pelle, vous

aurez d'autant plus de force que le manche de l'outil sera plus court. Pour la taupe, le manche de la pelle c'est le bras. Eh bien, il se trouve tellement raccourci que l'os du bras d'une taupe est plus large que long.

Georges, comment vole la chauve-souris?

— Au moyen d'une membrane tendue sur ses membres et sur ses doigts.

Les pattes postérieures de la chauve-souris n'offrent rien de particulier, mais les membres antérieurs ont subi une *adaptation* très remarquable. Le bras s'est allongé, et les doigts, sauf le pouce, ont pris un développement extraordinaire pour tendre l'aile comme l'étoffe est tendue sur l'armature d'un parapluie.

Nous voyons donc la patte devenir une pelle, puis une aile. Chez le phoque, les membres antérieurs sont *palmés :* une membrane unit les doigts pour que le pied puisse servir de nageoire. Quant aux pattes postérieures, elles ne serviront guère que de nageoires, aussi se trouvent-elles collées contre le corps aminci comme celui d'un poisson, et terminées par un pied mince et large, mais dans lequel les cinq doigts restent bien visibles et sont garnis d'ongles.

Encore un peu plus et les pieds vont se changer chez la baleine, le dauphin, en véritables nageoires. Cependant, si l'on examine la nageoire du dauphin, on y trouve cinq doigts dont deux se sont considérablement allongés.

Chez les animaux qui ne se servent de leurs pieds que pour courir, le nombre des doigts peut diminuer sans inconvénient. Aussi n'en trouve-t-on que quatre chez le porc, deux chez la chèvre, un chez le cheval.

Voyez, mes amis, que de choses intéressantes on peut apprendre en comparant le squelette des animaux !

Chez les poissons, le squelette est très simple : il se compose du crâne, de la colonne vertébrale avec les côtes et des nageoires. Les serpents n'ont que le crâne et la colonne vertébrale et les côtes. Chez les oiseaux, les mammifères, les côtes se réunissent en avant de la poitrine à un os long et plat, le *sternum;* les membres antérieurs s'articulent à l'épaule, et les membres postérieurs aux grands os du *bassin*. La queue est formée de petits os qui ne sont que la continuation des vertèbres.

Telles sont, mes amis, les notions générales que je désirais vous donner sur les animaux à squelette qui seront le sujet de nos prochaines causeries.

QUESTIONNAIRE.

Qu'est-ce qui distingue particulièrement les animaux inférieurs? — En quoi le corail diffère-t-il de l'os? — De quelles substances se composent les os? — Qu'est-ce que le squelette? — Les animaux à squelette sont-ils plus forts que les autres? — Donnez une idée de l'apparence d'un os frais. — A quoi sert la membrane mince qui recouvre l'os? — De quoi se compose la colonne vertébrale? — Comment appelle-t-on les animaux qui ont une colonne vertébrale? — Expliquez que le singe est un quadrupède. — Dites ce que vous savez sur les pieds du chien et du chat. — Comment sont faits les pieds antérieurs de l'écureuil? — Qu'est-ce qui constitue la différence entre un *pied* et une *main?* — Nommez un animal fouisseur. — Comment est formé le pied antérieur de la taupe? — Quelle particularité présente son bras? — Indiquez comment les membres antérieurs de la chauve-souris se trouvent adaptés pour soutenir ses ailes. — Quelle est la disposition des pieds chez le phoque. — Que deviennent les pieds chez le dauphin, la baleine? — Combien de doigts ont les pieds du porc, de la chèvre, du cheval? — De quelles parties principales se compose le squelette d'un poisson? — A quels os se réunissent les côtes des mammifères, des oiseaux? — Où s'articulent les membres antérieurs des quadrupèdes? — Où s'articulent leurs membres postérieurs?

XVII. — LES POISSONS.

Mes amis, je vous ai ménagé une surprise. J'ai dans ce panier l'animal qui sera le sujet de notre entretien. Il est vivant, vous allez l'examiner bien mieux que s'il s'agissait d'un spécimen desséché ou empaillé. C'est un poisson d'eau douce, une *carpe*.

Ne craignez pas qu'elle souffre dans ce panier. Je lui ai fait un lit de mousse humide, je lui ai donné à manger du pain trempé dans du lait, et vraiment elle a l'air aussi heureuse qu'un poisson peut l'être, même dans l'eau.

Léon, décrivez-nous la forme de la carpe.

— Elle est moins épaisse que large, son corps s'amincit vers la tête et vers la queue.

Ainsi sa forme générale est celle d'un gros fuseau aplati. Telle est la forme du plus grand nombre des poissons. Après bien des essais, des tâtonnements, c'est aussi la forme que l'on est arrivé à donner aux navires lorsqu'on tient surtout à les rendre rapides ; c'est, en effet, la forme qui offre le moins de résistance en glissant dans l'eau.

Les courbes des navires sont, comme celles du corps des poissons, très allongées, et leurs flancs ne présentent pas de saillies qui feraient obstacle.

Henri, par quoi est recouvert le corps de la carpe ?

— Par des écailles.

La plupart des poissons portent ainsi une cuirasse de légères écailles qui se recouvrent d'ordinaire les unes les autres comme les tuiles d'un toit. Les écailles varient d'ailleurs de forme et de taille, ce qui suffit parfois pour distinguer des espèces voisines.

Jean, passez doucement le doigt sur le corps de la carpe. Son corps est-il sec ou gluant ?

— Il est un peu gluant.

C'est vrai. La peau des poissons laisse suinter une matière grasse, gluante, qui lubrifie tout leur corps. C'est la présence de cette matière qui leur permet de glisser facilement entre les mains des pêcheurs novices.

Georges, de quelle couleur est notre carpe ?

— Elle paraît en partie jaune et en partie brune.

Oui, sa teinte générale est d'un brun jaunâtre. Celles qui habitent les eaux stagnantes, comme les étangs qui ne sont pas alimentés par un grand cours d'eau, offrent une couleur plus sombre.

Jules, regardez les lèvres de la carpe. Que voyez-vous pendre de chaque côté ?

— Je vois quatre filaments charnus.

Ces filaments nommés *barbillons* sont pour les poissons des organes importants et des instruments très utiles. Cependant tous ne les possèdent pas. Ce sont des organes du tact, comme les *tentacules* de l'*escargot*. Mais ils ont un autre usage. Quelques poissons se cachent dans la vase ou dans le sable, laissant dépasser à peine leurs yeux et remuent doucement leurs barbillons comme pourraient s'agiter des vers. D'autres poissons, des jeunes sans expérience, croient voir remuer un ver et se précipitent pour l'avaler, mais au même instant le guetteur ouvre sa large bouche et gobe l'imprudent pris au piège.

Chez quelques poissons on voit au-dessus de la tête un long barbillon terminé par une petite masse charnue, absolument comme une ligne terminée par son appât. La *baudroie* est spécialement favorisée sous ce rapport, et sa bouche énorme semble faite pour engloutir sans travail les malheureux poissons alléchés par sa ligne flottante.

Gustave, introduisez doucement votre doigt dans la bouche de la carpe, sans lui faire de mal, et assurez-vous si elle a des dents.

— Je n'en sens pas sur ses mâchoires.

Les mâchoires des poissons présentent des particularités fort curieuses. Quelques-uns n'ont aucune sorte de dents, ils gobent d'un trait leur proie. D'autres ont des dents assez longues et fines comme des crins. Les poissons bien armés comme le brochet ont la mâchoire garnie de dents fortes et pointues ; d'autres les ont recourbées en arrière pour empêcher la proie de s'échapper à reculons.

La bouche du *requin* est la plus formidable. Les individus adultes atteignent 10 mètres de longueur. Leur bouche ouverte présente alors deux mètres de tour : ils peuvent engloutir un homme d'une bouchée. Chaque mâchoire est garnie de six rangées de dents pointues disposées de telle sorte que l'animal peut les incliner à volonté pour en faire des crochets. L'appétit étant en proportion du ratelier, vous pouvez imaginer ce qu'un grand requin mange de gros poissons chaque jour. Il montre d'ailleurs un goût particulier pour la chair humaine. Ce brigand de la mer habite les régions les plus chaudes, là où on est le plus tenté de se baigner. Mais malheur à l'imprudent qui cède à ce désir dans un parage fréquenté par les requins ! Leur nom vient de *requiem :* il faudra chanter l'office des morts pour le baigneur.

Cependant, dans certains parages où le poisson abonde et où les requins n'ont pas eu l'occasion de goûter la chair humaine, ils ne sont guère dangereux, et les habiles nageurs se risquent dans leur voisinage.

Notre carpe est assez gloutonne, néanmoins elle n'a pas été armée pour retenir ou déchirer sa proie. Elle n'en a pas moins des dents. Mais elles tapissent l'arrière-gorge, le pharynx. Là elles servent à briser la coquille des petits mollusques dont la carpe est friande. Plusieurs poissons de mer ont ainsi le palais pavé de dents robustes destinées à broyer les coquilles des *moules*, des *donaces* et d'autres mollusques.

Ces exemples vous montrent par quelle variété de moyens la nature fournit à chaque être ce dont il a besoin our le genre de vie auquel il est destiné.

Léon, regardez attentivement les yeux de la carpe, et dites-nous ce que vous en pensez.

— Ils sont grands, brillants ; on ne voit pas de paupière.

C'est exact, l'œil des poissons, toujours lubrifié par l'eau, n'a pas besoin de paupière, dont la principale fonction consiste à étendre les larmes à la surface de l'œil. Toutes les fois qu'un organe n'est plus indispensable, la nature en fait l'économie.

Chez les poissons l'œil est relativement très gros. La peau le recouvre, mais en cet endroit elle s'amincit et devient transparente.

La vue de ces animaux est excellente et leurs yeux sont placés de telle sorte qu'ils puissent en même temps guetter leur proie et veiller à leur salut.

Je ne vous dirai pas de chercher l'oreille de la carpe, Chez les poissons, l'organe de l'ouïe ne paraît pas du tout à l'extérieur. Il n'en existe pas moins dans l'intérieur du crâne. Ce n'est pas seulement par l'ébranlement, par les vibrations fortes de l'eau, que les poissons perçoivent les bruits. Ils distinguent des sons très doux. Les Chinois appellent en chantant les poissons rouges qui arrivent à ce signal avant d'avoir aperçu leur maître.

Alexandre, que voyez-vous de chaque côté de la tête de la carpe, en arrière et au-dessus des yeux ?

— Je vois deux fentes qui forment à peu près un demi-cercle. Je sais que ce sont les ouïes.

Très bien. Ces ouïes sont deux couvercles mobiles qui recouvrent un organe que je vais vous montrer. Voyez-le

C'est le poumon de la carpe. Tous les poissons ont deux poumons du même genre que l'on appelle *branchies*. Ils consistent en membranes minces, qui ont l'apparence frangée. Dans l'épaisseur de ces membranes circule un riche réseau de vaisseaux sanguins.

Arthur, comment le sang veineux noirâtre devient-il du sang artériel rouge ?

— En absorbant dans les poumons un des gaz de l'air, l'oxygène, le gaz qui fait brûler le charbon.

Très bien. Mais dans l'eau, comment les poissons peuvent-ils respirer de l'oxygène ?..... Lucien demande à le dire.

— Les poissons trouvent de l'oxygène dissous dans l'eau.

C'est cela. Dans de l'eau bouillie, ou autrement privée d'air, les poissons mourraient. C'est pour cela qu'il faut renouveler très souvent l'eau des *aquariums* ou des simples bocaux dans lesquels on élève de petits poissons.

L'oxygène dissous dans l'eau est donc absorbé par les branchies des poissons; c'est ainsi qu'ils respirent. Ils remplissent d'eau leur bouche et la rejettent par les ouïes de sorte qu'il y a toujours dans les branchies un courant d'eau fraiche.

Charles a demandé la parole.

— Mais la carpe qui est dans le panier n'a pas d'eau, comment peut-elle respirer ?

Mes amis, il y a des poissons qui meurent presque aussitôt qu'on les retire de l'eau; d'autres, au contraire, peuvent rester hors de l'eau pendant longtemps sans souffrir, à la condition que leurs branchies soient maintenues très humides, car elles respirent au fur et à mesure l'air dissous dans l'eau qui les mouille. La carpe est un des poissons qui supportent le mieux la vie aérienne. Celle-ci ne souffre point.

Les Hollandais ont mis à profit cette particularité.

Ils placent les poissons dans des sacs remplis de mousse humide et les suspendent dans une cave bien fraîche. Tous les jours ils leur donnent à manger comme si c'étaient des poules et les engraissent de la même façon.

Il y a dans l'Inde un poisson qui se plaît à faire, pendant la nuit, des promenades à terre et s'éloigne parfois beaucoup de sa demeure. Il emporte simplement une petite provision d'eau dans un réservoir fait exprès et couvert par les ouïes.

Sans aller si loin vous pouvez voir des *anguilles* flaner ou plutôt chasser dans les prairies lorsque l'herbe est couverte de rosée.

La carpe est voyageuse, mais elle ne se promène point à terre. A l'époque de la ponte elle remonte les cours d'eau, et lorsqu'un obstacle se présente, elle saute, s'il le faut, à près de deux mètres de hauteur, pour le franchir. Voici comment elle s'y prend pour accomplir ce tour de force. Elle se place sur le côté à la surface de l'eau, rapproche sa tête de sa queue de manière à former un arc, se détend brusquement, frappe l'eau avec tout son corps et se replie en sens inverse dès que l'impulsion est donnée par le choc.

Revenons à notre spécimen. Alfred, qu'y a-t-il de chaque côté du corps de la carpe en arrière de la tête ?

— Il y a deux nageoires.

Ces deux nageoires représentent les bras des poissons. Elles sont formées par un pli de la peau tendu sur des sortes de doigts composés d'os ou de cartilages, selon l'espèce, car il y a des poissons, comme le requin, la raie, dont le squelette tout entier consiste en cartilages. Les os des poissons ne sont d'ailleurs presque jamais aussi durs que ceux des mammifères. On appelle généralement *arêtes* les os ou les cartilages des poissons.

Le nombre de nageoires des poissons est variable, mais tous possèdent les deux nageoires de la poitrine et celle de la queue. D'autres nageoires impaires sont diversement arrangées sur le dos et sur le ventre.

Les nageoires de la poitrine servent de rames dont le poisson se sert principalement quand il semble flâner dans l'eau. En même temps la nageoire de la queue agit comme un gouvernail. Pour les mouvements rapides, le poisson se sert principalement des mouvements de la partie postérieure de son corps qu'il courbe rapidement à droite et à gauche. Les nageoires impaires du dos et du ventre servent au poisson, à la manière de la quille des navires, pour augmenter sa largeur et offrir une plus grande surface lorsqu'il dresse ces nageoires.

La carpe possède, comme beaucoup d'autres poissons, un organe qui sert à faciliter ses mouvements dans l'eau. C'est une poche, un sac membraneux assez semblable à une vessie. Elle peut, à volonté, comprimer ou dilater cette vessie pleine d'air, de telle sorte que, devenant plus ou moins grosse, sans changer de poids, elle s'enfonce ou s'élève dans l'eau grâce à cet appareil de natation.

Une carpe moyenne produit chaque année environ 60,000 œufs. Ce nombre vous paraît sans doute considérable, cependant d'autres poissons en produisent beaucoup plus : chaque femelle de hareng pond au printemps environ 80,000 œufs ; c'est par millions que l'on compte ceux d'une seule morue.

Si tous les œufs pondus cette année par les poissons prospéraient et se reproduisaient pendant cinquante ans, la mer ne pourrait plus les contenir. Mais comme les poissons se mangent entre eux, il faut qu'il en naisse des milliers pour qu'un certain nombre échappe aux ennemis qui les guettent de toutes parts.

A peine écloses, les jeunes carpes savent que le poisson doit faire partie de leur ordinaire. Les plus robustes guettent au sortir de l'œuf les plus faibles et s'exercent sur leurs petites sœurs dans l'art de gober les jeunes poissons. Cependant elles ne dédaignent pas quelques herbes tendres, les graines, les insectes et les crustacés et les insectes aquatiques.

On ne sait pas au juste quel âge peut atteindre la carpe, mais il est certain qu'elle vit plus de cent cinquante ans. Elle atteint alors un poids énorme. On en a pêché en Suisse, qui pesaient 40 kilogrammes. La carpe élevée dans les étangs et bien nourrie pèse, au bout de quatre ans, de 2 à 3 kilogrammes.

Mes amis, nous venons de prendre pour spécimen un poisson très commun et de forme ordinaire. Il y en a qui diffèrent complètement de ce type. Ainsi la raie a les deux nageoires de la poitrine très larges et disposées de telle sorte qu'elles se distinguent à peine du corps plat, terminé par une grosse et longue queue. L'*anguille*, le *congre* ou anguille de mer, ressemblent de loin à des serpents. La *sole*, la *plie* sont ovales et tellement plates que l'on dirait un poisson fendu en deux.

Quant à la taille, vous les trouvez toutes depuis le *véron* et l'*ablette* longs comme le petit doigt jusqu'au grand *esturgeon* et au *requin* long de dix mètres.

QUESTIONNAIRE.

Décrivez la forme de la carpe. — Pourquoi est-il avantageux pour les poissons d'avoir la forme d'un fuseau aplati ? — Qu'est-ce qui recouvre d'ordinaire la peau des poissons ? — Qu'est-ce qui rend leur peau gluante ? — Qu'appelle-t-on *barbillons*. — Quels sont les usages des barbillons ? — Pourquoi la carpe a-t-elle des dents dans l'arrière-gorge ? — Dites ce que vous savez sur les dents des poissons. — Parlez-nous du requin. — Décrivez l'œil d'un poisson. — Dites ce que vous savez sur l'organe de l'ouïe des poissons. — En quoi consistent les ouïes ? — Comment sont disposés les poumons ? — Expliquez de quelle manière les poissons respirent. — Pourquoi faut-il renouveler souvent l'eau d'un *aquarium* ou d'un bocal à poissons ? — Comment une carpe peut-elle vivre dans la mousse humide ? — Indiquez un poisson qui chasse parfois dans les prairies. — De quoi se composent les nageoires des poissons ? — En quoi consiste leur squelette ? — Comment appelle-t-on généralement les parties du squelette d'un poisson ? — Expliquez l'usage de la vessie à air. — Donnez une idée de la fécondité des poissons. — De quoi se nourrissent les carpes ? — Quel âge peuvent-elles atteindre ? — Donnez une idée de la forme variée des poissons. — Citez de très grands et de très petits poissons.

XVIII. — LES BATRACIENS.

Voici, mes amis, un petit animal qui vous est familier. Henri va nous dire son nom.

— C'est un crapaud.

Vous vous trompez. Lucien demande à dire le nom.

— C'est une grenouille.

Bien. C'est une *grenouille rousse*. Si je vous avais présenté d'abord celle-ci qui est *verte*, il est probable qu'Henri ne l'aurait pas prise pour un crapaud.

La grenouille et le crapaud sont de la même famille, mais vous allez pouvoir remarquer en quoi ils diffèrent.

Voici, en effet, un crapaud. Léon, regardez bien la grenouille rousse et le crapaud, puis dites-nous comment on peut les distinguer.

— Le crapaud est plus aplati et moins long.

Comparez la peau du crapaud et celle de la grenouille.

— La peau de la grenouille est lisse, tandis que celle du crapaud est couverte de petits boutons.

En effet, sur le crapaud vous voyez un grand nombre de verrues ou plutôt de *pustules* qui rendent sa peau grenue. Quant à la couleur, elle est assez différente pour que l'on ne s'y trompe pas lorsque l'on regarde avec soin. Le crapaud commun que nous avons ici est d'un brun tirant sur le vert : on distingue sur le dos de petites taches en zig-zag. Au-dessous de la tête, à droite et à gauche, on voit deux glandes saillantes accompagnées d'une bande noire.

Il y a d'ailleurs d'autres espèces plus jolies, ou moins

laides si vous préférez, car en fait de beauté tout est affaire de convention, de goût, de caprices ou de préjugés.

Georges, comment marche le crapaud ?

— Il se traîne tout doucement à quatre pattes.

Bien. Et la grenouille ?

— Elle avance par sauts.

Vous voyez, mes enfants, que leur *allure* est très différente; vous pourrez désormais distinguer facilement un crapaud d'une grenouille. J'aurai plus tard l'occasion de vous parler en détail de ce pauvre déshérité, le crapaud : revenons à la grenouille.

Vous savez que je tiens à vous faire *observer* soigneusement ce que vous regardez, afin que vous puissiez le décrire. Alexandre, faites-nous le portrait de cette belle grenouille verte, comme si vous vous adressiez à un de vos petits amis qui n'en aurait jamais vu.

— La grenouille verte est un petit animal plus long que mon doigt, un peu aplati. Sa tête, grosse et pointue, porte deux gros yeux qui ressortent beaucoup. Sa bouche est fendue jusqu'au cou. Il a quatre pattes, celles de devant sont courtes, mais celles de derrière sont si longues qu'il les plie en trois quand il se repose.

Bien. Jean va maintenant nous décrire ses couleurs.

— Le dos d'un beau vert, tacheté de noirâtre, est traversé par des bandes jaunes; le ventre est d'un blanc un peu jaune.

C'est cela. Nous avons ici une grenouille rousse et une verte. Il y en a plusieurs autres espèces de couleurs différentes. C'est donc surtout par leur forme, leur peau lisse et leur manière d'avancer par sauts que vous reconnaîtrez les grenouilles.

Joseph, où habitent les grenouilles.

— On les trouve dans les mares, les étangs; ou à terre, dans les prairies et les bois.

En effet. La grenouille est constituée de manière à vivre

dans l'eau ou sur la terre. On appelle quelquefois *amphi-bies* les animaux de ce genre. Le phoque qui habite les mers polaires passe la moitié de sa vie dans la mer et l'autre sur les glaces. Mais ces animaux amphibies ne respirent pas à la manière des poissons, de sorte qu'après avoir plongé pendant un certain temps ils sont forcés de revenir à la surface de l'eau pour respirer.

La grenouille verte est plus aquatique que la rousse. Celle-ci s'aventure beaucoup plus loin des endroits humides. Il arrive parfois qu'en été ces grenouilles se réunissent en quantités innombrables dans des prairies, ou à la lisière des bois. Pendant la chaleur du jour elles se tiennent cachées dans les herbes, sous les feuilles, dans des trous. Mais, s'il survient un orage, elles en profitent pour prendre une douche et se mettre à chasser les petites bêtes que la pluie fait sortir de leurs retraites. On voit alors la campagne fourmiller de grenouilles qui semblent être tombées du ciel. Voilà pourquoi on a cru qu'il pleuvait des grenouilles.

Gustave, savez-vous comment les grenouilles avancent dans l'eau ?

— Elles nagent en frappant l'eau avec leurs pattes de derrière qui sont palmées comme celles des canards.

Très bien. En même temps, elles rapprochent de la poitrine les pattes antérieures et s'en servent aussi pour accélérer le mouvement. Quand l'homme nage, il imite à peu près avec ses jambes les mouvements des pattes postérieures de la grenouille.

La grenouille possède une voix facile à reconnaître. Le mâle répète d'ordinaire des sons peu harmonieux que l'on peut représenter par *bré, ké, kex, koax, koax:* de sorte que pour l'imiter un peu par son nom, on l'appelle *coassement.* Au printemps sa voix change : il articule le son *ololo* suivi d'un roulement assez doux. Les femelles ne font entendre qu'une sorte de grognement bien moins fort.

A terre, la grenouille est presque sans défense. Après une vingtaine de sauts rapides elle commence à être lasse. Aussi ne se pique-t-elle point de bravoure : si l'eau est à proximité, à la moindre alerte on la voit s'élancer et piquer une tête en décrivant une courbe élégante.

Quoique la grenouille aime beaucoup l'eau, elle ne boit jamais, ou du moins, elle ne boit pas avec sa bouche, mais bien avec sa peau. Cette peau, toujours lubrifiée comme celle des poissons, par une matière gluante, est assez *poreuse* pour que l'eau filtre lentement au travers. Lorsqu'une grenouille se prélasse au soleil sur une feuille de nénuphar, la chaleur ne l'incommode pas. Si vous la touchiez, vous la sentiriez même plus froide que les autres. Pour se rafraîchir elle se chauffe! Vous allez le comprendre.

On vend des bouteilles en terre cuite poreuse nommées *alcarazas* destinées à maintenir l'eau fraîche. L'eau suinte continuellement à leur surface, si on les place dans un courant d'air ou même au soleil, l'eau de la surface s'évapore rapidement, et cette évaporation refroidit le vase ainsi que son contenu. Si vous agitez rapidement dans l'air votre main mouillée, vous sentirez le froid produit par l'évaporation rapide de l'eau. Je vous expliquerai cela plus en détail, lorsque nous causerons de la *Physique*.

Georges, de quoi se nourrissent les grenouilles ?

— Elles mangent de l'herbe.

Non pas. L'herbe n'entre point dans leur ordinaire. Il leur faut un régime plus substantiel; ce sont des carnivores. Elles se nourrissent de proie vivante : vers, mollusques, larves, insectes.

C'est fort amusant de voir une grenouille guetter une mouche. Quand elle se croit assez près, elle fait un bond, la bouche ouverte, et la gobe presque à coup sûr. Comme elle est assez gloutonne, on la séduit aisément par toutes sortes d'appâts; de sorte que rien n'est plus aisé que de la pêcher à la ligne. On peut même mettre pour appât un petit chiffon rouge : la grenouille le mord avec force et se laisse enlever plutôt que de lâcher prise, si l'on retire vivement la ficelle.

En hiver, les petites bêtes dont se nourrissent les grenouilles sont mortes ou cachées et engourdies. Le jeûne est inévitable. Les pauvrettes s'y résignent d'assez bonne grâce. Elles se réunissent par troupes nombreuses, choisissent un emplacement convenable dans la vase d'un étang, d'une mare, d'un fossé ; creusent la vase ou le sable, s'enfoncent, s'entassent par centaines, par milliers, et peu à peu s'endorment pour ne se réveiller qu'au printemps.

Il arrive parfois que, pendant un rude hiver, l'eau et la vase gèlent avec les grenouilles qui s'y trouvent blotties. Cela ne les empêche pas de se réveiller comme les autres dès le commencement de la belle saison.

Au printemps, les grenouilles quittent peu le bord des eaux. C'est le temps de la ponte. Chaque femelle produit de 600 à 1,200 œufs qu'elle dépose d'ordinaire sur des plantes aquatiques.

Ces œufs se gonflent dans l'eau et s'entourent d'une couche gélatineuse. Au bout de peu de temps se fait l'éclosion.

Louis, savez-vous ce qui sort d'un œuf de grenouille?

— Il doit en sortir une grenouille toute petite.

Vous vous trompez. Vous n'avez jamais vu de grenouilles grosses comme un petit pois, ni de hannetons gros comme une tête d'épingle. Nous sommes encore dans le monde des *métamorphoses*. C'est une *larve* de grenouille qui sort de l'œuf. Qui peut me dire comment on l'appelle? Joseph demande la parole.

— Je crois que ce sont les têtards qui deviennent des grenouilles.

Très bien. De l'œuf sort un petit être informe. On ne voit guère qu'une grosse tête et une longue queue aplatie. C'est pour cela qu'on les appelle têtards. Ils vivent à la manière des poissons : de chaque côté de la tête ils portent deux *branchies* ou poumons aquatiques qui leur servent à respirer l'air dissous dans l'eau. Leur nourriture consiste exclusivement en matières végétales.

Peu à peu les branchies se flétrissent, tombent, et le têtard respire à l'air libre au moyen de poumons. En même temps il lui pousse deux pattes, celles de derrière, et sa tête commence à ressembler un peu à une tête de grenouille. Un peu plus tard paraissent les pattes de devant, et, si l'on n'était pas prévenu, on croirait voir une nouvelle espèce de grenouille, un peu allongée et munie d'une longue queue en forme de rame.

A partir de cette époque le têtard commence à changer de régime : il devient graduellement carnivore. Sa queue maigrit, se raccourcit à chaque *mue*. Enfin, dans une dernière mue, il s'en débarrasse tout à fait : c'est une grenouille. J'ai dans ce bocal quelques têtards d'âges différents; vous allez vous rendre compte de leurs transformations.

Je vous disais tout à l'heure que les grenouilles pondent de 600 à 1,200 œufs. Si tous les têtards prospéraient, vous comprenez qu'il y aurait vraiment trop de ces petites bêtes. C'est alors que l'on dirait qu'il en pleut ! Mais tout est arrangé de telle sorte que chaque animal ne puisse pas se multiplier outre mesure et laisse de la place aux autres. Le moyen est bien simple : ils se mangent entre eux.

La grenouille qui vit de petites bêtes terrestres et aquatiques est chassée à son tour par les poissons, les oiseaux aquatiques, les couleuvres. Quelques quadrupèdes carnassiers comme le putois, le renard, le loup, ne la dédaignent point quand ils manquent de plus gros gibier.

L'homme en détruit aussi un grand nombre. Alexis va nous dire pourquoi.

— Pour les manger.

La grenouille, en effet, entre pour une petite part dans l'alimentation. On ne mange d'ordinaire que le dos et les cuisses.

Voici un autre bocal que je vous fais passer. Jean, qu'y voyez-vous ?

— Une petite grenouille et une échelle.

Ce n'est pas une vraie grenouille, mais une *raine* ou *rainette*. Regardez bien ses pattes. Les doigts sont garnis de petites pelotes gluantes qui forment ventouse. Grâce à cette disposition la rainette grimpe facilement aux arbres et se maintient sur une feuille lisse agitée par le vent.

Cette échelle, à laquelle grimpe la rainette, semble vous intéresser. Cette petite bête peut, faute de mieux, servir de *baromètre*. Quand le temps est au beau, elle monte à l'échelle, par les mauvais temps elle reste plus volontiers au fond de l'eau. Cependant il ne faut pas trop s'y fier.

On trouve la rainette dans les arbres, les buissons, les grandes herbes, où elle fait entendre un chant plus agréable que celui de sa cousine la grenouille.

Mes amis, les Grecs appelaient la grenouille *batrachos* dont on a fait le mot français *batracien*, qu'il vous faut retenir, voici pourquoi.

Tous les animaux qui sont organisés à peu près comme la grenouille forment une classe à part que l'on appelle classe des batraciens.

Ils ne sont pas très nombreux. Les plus communs, dans notre pays, sont la *grenouille*, le *crapaud*, la *rainette*, la *salamandre terrestre*, qui ressemble à un lézard à peau lisse, et le *triton*, appelé communément *lézard d'eau*.

Tous les batraciens subissent des métamorphoses. Une fois adultes, ils respirent au moyen de poumons. Leur peau est lisse, gluante, sans écailles. Leurs doigts arrondis n'ont pas d'ongles. En regardant une gravure qui représente un squelette de grenouille, vous avez vu que ces animaux n'ont pas de côtes. Toute la classe des batraciens est dans le même cas.

Vous voyez, mes amis, que l'on a eu raison de prendre la grenouille pour type d'une classe à part

QUESTIONNAIRE.

Comment distingue-t-on tout d'abord une grenouille d'un crapaud? — En quoi diffèrent l'allure du crapaud et de la grenouille? — Décrivez la grenouille verte. — Où habitent les grenouilles? — Expliquez ce qui a fait croire aux pluies de grenouilles. — Pourquoi la grenouille nage-t-elle avec facilité? — Quel nom a-t-on donné à sa voix? — Que fait la grenouille dès qu'elle entend du bruit? — Expliquez pourquoi la grenouille ne boit jamais. — Faites comprendre pourquoi une grenouille ne s'échauffe pas au soleil. — De quoi se nourrissent ces animaux? — Que deviennent les grenouilles pendant l'hiver? — Qu'arrive-t-il aux grenouilles qui ont gelé pendant l'hiver? — Qu'est-ce qui sort d'un œuf de grenouille? — D'où vient le mot têtard? — — De quelle manière respire le jeune têtard? — De quoi se nourrit-il? — Décrivez les métamorphoses d'un têtard de grenouille. — Combien d'œufs pond une grenouille? — Comment se fait-il que les animaux ne pullulent pas dans la campagne? — Quels sont leurs ennemis? — Pourquoi l'homme détruit-il les grenouilles? — La *rainette* est-elle une vraie grenouille? — Décrivez la rainette. — Comment fait-elle pour grimper et s'accrocher à une surface lisse? — Expliquez pourquoi on se sert quelquefois de la rainette comme d'une sorte de baromètre. — D'où vient le mot *batracien*? — Quels batraciens connaissez-vous? — Dites ce qui caractérise principalement les batraciens.

XIX. — LES REPTILES.

Nous allons causer aujourd'hui des *reptiles*. Ce nom leur vient d'un mot latin, qui veut dire *ramper*, c'est-à-dire se traîner à terre.

Il y a des reptiles, comme les *couleuvres*, qui n'ont point de pattes, et qui ne peuvent avancer qu'à la manière des vers de terre : ce sont les reptiles par excellence. D'autres, comme la *tortue*, le *lézard*, ont des pattes trop courtes pour maintenir leur corps au-dessus du sol; ils peuvent à peine le soulever pendant la marche, de sorte qu'il traîne plus ou moins à terre : c'est une autre manière de ramper.

Cette façon d'avancer n'indique pas d'ailleurs que les reptiles soient nécessairement des animaux lourds et gauches dans leurs mouvements. La tortue, il est vrai, d'un tempérament flegmatique et chargée d'une lourde carapace, marche avec une extrême lenteur; mais la couleuvre, qui se glisse dans les herbes, le lézard qui court sur un mur montrent, au contraire, une remarquable agilité.

Cela vous semble étrange, sans doute, de voir réunis dans la même catégorie le gentil lézard qui a quatre pattes, les serpents qui n'en ont point et les tortues qui ne ressemblent ni aux uns, ni aux autres. Cependant, vous avez vu déjà qu'il ne faut pas s'occuper seulement de la forme, de la couleur et des autres qualités les plus frappantes, pour classer les animaux. Quoi de plus différent que le *poulpe* et l'*huître ;* le *hanneton* et le *papillon ;* l'*anguille* et la *raie*? Cela n'empêche pas de les placer dans la même catégorie. Voyons ce qui a fait classer ensemble le lézard, les serpents, la tortue.

Ils rampent, mais cela n'est pas suffisant. Le *ver de terre* rampe aussi, l'*escargot* traîne sa maison encore plus lourdement que la tortue.

Lorsque vous caressez un *chien*, un *chat*, un *oiseau*, vous sentez que la peau de ces animaux est chaude comme celle de votre main.

Si vous touchez un lézard, une couleuvre, vous éprouvez, au contraire, une sensation de fraîcheur. Leur corps n'est guère plus chaud que l'air dans lequel ils se trouvent : il est froid par rapport au vôtre pris comme comparaison. Aussi les appelle-t-on animaux *froids*, ou mieux à *sang froid*.

Jusqu'ici tous les animaux que nous avons étudiés sont dans le cas des reptiles. Prenez dans votre main une chenille, un ver de terre, un poisson, une grenouille, vous éprouverez cette sensation de fraîcheur.

Les animaux dont nous nous occuperons plus tard : les oiseaux, les mammifères sont tous des animaux à *sang chaud*.

Vous comprenez que les reptiles ayant le sang froid, nous avons là une indication qui nous permet de commencer à les mettre dans la catégorie qui leur convient. Un animal à sang froid ne peut être ni un oiseau, ni un mammifère.

Vous connaissez déjà bien des classes d'animaux à sang froid, mais une seule respire par des poumons ; c'est celle des *batraciens* dont la grenouille est le type ; voilà un caractère facile à reconnaître et d'une importance considérable.

Supposez que l'on vous présente un animal à sang froid qui ressemble à un lézard, mais qui vit dans l'eau et respire comme les poissons, au moyen de branchies. Vous saurez tout de suite qu'il n'est ni batracien, ni reptile. Si, au contraire, il respirait par des poumons, comme la *salamandre terrestre* et le *lézard d'eau*, vous pourriez être embarrassé. Mais voici un moyen très simple de ne pas vous tromper. Demandez si cette sorte de lézard naît avec sa forme ou s'il subit des métamorphoses. Cela suffit. S'il subit des métamorphoses, ce n'est pas un reptile; il ne peut être qu'un batracien. Pouvait-on imaginer rien de plus simple que ce moyen de classer les animaux?

En outre de cette distinction fondamentale, basée sur le mode de respiration et sur les métamorphoses, il y a d'ailleurs quelques traits moins importants qui caractérisent les reptiles.

En voici un qui va nous servir d'objet d'étude.

Jules, qu'est-ce que ce gentil petit animal?

— Un lézard.

C'est le *lézard gris* ou *lézard des murailles*, le plus commun dans notre pays. Regardez-le bien et commencez son portrait.

— Ce lézard a la tête en triangle, avec un muscau pointu, des yeux très vifs.

Bien. Vous voyez, la tête aplatie est couverte de grandes écailles. Il y en a deux très développées qui protègent les yeux. Ceux-ci ont des paupières mobiles.

Jean, ces écailles du lézard ressemblent-elles à celles des poissons?

— On ne peut pas les enlever une à une, comme celles des poissons, elles font partie de la peau.

C'est cela. Ce que l'on appelle écailles des reptiles consiste simplement en petites éminences de la peau sur lesquelles l'*épiderme* est durci comme de la corne : ce sont de fausses écailles.

Georges, dites comment sont disposées les écailles du lézard.

— Le dessus du corps est couvert de petites écailles à

peu près régulières; sous le ventre et sous la queue, elles sont plus grandes et disposées comme des moitiés d'anneaux.

Gustave va vous parler des pattes du lézard.

— Chaque pied a cinq doigts, longs et minces, terminés par de petits ongles très aigus.

Le lézard a des ongles. Notez bien cela. Les pieds de la *salamandre* et du *lézard d'eau* (triton) sont, au contraire, comme ceux de la grenouille, terminés en boule et manquent absolument d'ongles.

Mais voyez combien la nature a tout prévu! La rainette grimpe dans les arbres tout comme le lézard pour y chasser les insectes. Faute d'ongles qui lui servent de crampons, elle a reçu de petites ventouses qui font le *vide* sous ses doigts et la maintiennent collée là où elle veut.

Arthur, décrivez la couleur de ce lézard.

Le dessus du corps est gris, parsemé de petits points et de traits d'un bleu pâle. Le ventre est d'un blanc un peu vert.

C'est cela. Ernest va maintenant nous dire sa taille.

— Je pense qu'il est long de 10 centimètres.

A peu près. Il y en a qui atteignent environ 15 centimètres.

Lucien, connaissez-vous des animaux dont les membres repoussent lorsqu'ils ont été cassés, arrachés?

— L'écrevisse, le homard.

Le lézard n'est pas aussi favorisé. S'il perd une patte, elle ne se renouvelle point; sa queue seule jouit de ce privilège. Elle est très fragile, de sorte que la pauvre petite bête est exposée à la perdre en mainte occasion. Saisie par cet appendice, elle l'abandonne au besoin, pour assurer sa fuite, entre les doigts d'un enfant désappointé. Au bout de quelque temps il n'y paraît plus, une nouvelle queue a complété sa personne.

Edmond, que savez-vous du caractère, des mœurs du lézard?

— Il n'est pas méchant et se laisse apprivoiser. On le nourrit avec de petits vers et des mouches.

En effet, le lézard est inoffensif, timide, et dès qu'il comprend qu'on lui veut du bien, qu'on le soigne, il devient un gentil compagnon.

En liberté, il se plaît surtout au soleil. Il y reste immobile, guettant sa proie. Dès qu'un insecte passe à sa portée, il se précipite d'un bond, dardant sa langue fourchue, et manque rarement son coup.

Si on le touche, il se laisse dégringoler, fait le mort pendant un instant pour ne pas attirer les regards, puis se sauve à toutes jambes.

Alexandre, avez-vous vu des lézards pendant l'hiver?

— Non, je pense qu'ils se cachent comme les grenouilles.

C'est vrai. Dès que le gibier devient rare et que le froid se fait sentir, les lézards cherchent un abri, dans un trou qu'ils arrangent un peu, ou dans un terrier qu'ils creusent entièrement. Ils y passent l'hiver, engourdis.

Au printemps, ils se réveillent, changent de peau, ou plutôt d'épiderme, à la manière des grenouilles et des serpents.

La femelle pond alors ses œufs au nombre de 6 à 8. Elle a soin de les placer dans un endroit sec exposé au soleil dont la chaleur suffit pour faire éclore les petits.

Nous avons en France plusieurs espèces de lézards. Celui-ci est le plus répandu. Le plus grand est le lézard vert qui habite le midi de la France et l'Algérie. Il y en a qui ont près de 50 centimètres de longueur. Leurs mâchoires sont armées de dents aiguës dont ils se servent avec acharnement lorsqu'on les attaque.

On trouve, dans les pays très chauds, plusieurs sortes de lézards fort curieux. L'un d'eux, le *caméléon*, change à volonté de couleur. Son apparence ordinaire est grisâtre, mais il devient presque blanc, jaunâtre, vert, rouge ou noirâtre. Un autre, nommé *dragon volant*, porte, de chaque côté du corps, des sortes d'ailes formées par un large repli de la peau. Quand il s'élance d'une branche à l'autre, cette espèce de parachute l'empêche de tomber et lui permet de parcourir dans l'air une assez grande distance.

L'*iguane*, très commune dans l'Amérique méridionale, atteint plus d'un mètre de longueur : on dirait un petit crocodile.

Quant aux *crocodiles*, vous pouvez facilement vous les imaginer. Ce sont des sortes de lézards à peau très dure, parfois couverts de petites plaques osseuses, longs de trois mètres, dont le museau allongé laisse voir en s'ouvrant deux rangées de longues dents pointues. Vous pensez bien qu'à un lézard de cette taille il faut d'autres proies que des mouches. Il dévore tous les animaux morts ou vivants qui passent à sa portée. L'homme est souvent sa victime, et lorsqu'il y a goûté il semble prendre pour sa chair un goût tout particulier.

Mais nous n'avons pas besoin d'aller si loin pour trouver des animaux intéressants. Notre pays nous en offre plus que nous n'en pourrons connaître.

Dans le midi de la France, on trouve un petit animal nommé *seps*, long d'environ 0^m,35, dont la tête effilée ressemble beaucoup à celle du lézard, mais dont le corps grêle, arrondi, souvent enroulé, rappelle surtout celui des couleuvres. On dirait un petit serpent muni de quatre pattes presque imperceptibles. Cependant, en l'étudiant de près, on reconnaît que c'est un lézard.

Mais que penser de cet autre plus long, entièrement privé de pattes, et qui glisse en rampant comme une couleuvre ? N'est-on pas excusable de le prendre pour un serpent ? Ce n'est cependant qu'un *orvet*, type singulier de la famille des lézards, qui semble fait exprès, comme le seps, pour nous habituer à passer sans trop de répugnance à la famille des serpents.

L'orvet est appelé communément *serpent de verre* parce qu'il se rompt avec une extrême facilité. On l'a nommé aussi *serpent aveugle* parce qu'on le croyait privé d'yeux. Il en a cependant, qui sont petits, il est vrai, mais munis d'une *paupière mobile*, ce qui prouve qu'il n'est pas un serpent. Ce curieux reptile, gros comme un crayon et long de 0^m,40, vit d'ailleurs à la manière des lézards, chasse comme eux et s'engourdit pendant l'hiver.

Bien que l'orvet ne soit pas un serpent, il nous a conduits tout naturellement à parler de ces reptiles. J'en aurais bien long à vous dire sur leur histoire, mais je réserve ce sujet pour l'année prochaine. Contentons-nous, pour aujourd'hui, de quelques renseignements sommaires

Joseph, qu'est-ce qu'un serpent?

— C'est une espèce de grande couleuvre.

Je m'attendais à cette réponse. On croit généralement que le nom de *serpent* s'applique seulement aux grands animaux conformés comme la couleuvre ou la vipère, qui sont bel et bien deux serpents. Il y en a d'ailleurs de beaucoup plus petits, et ce ne sont pas les moins dangereux.

On appelle serpents, des reptiles petits ou grands, à tête aplatie, à corps très allongé, plus ou moins cylindrique, privés de pieds, couverts d'une peau à fausses écailles, et dont les yeux n'ont pas de paupières mobiles.

Arthur, quelle différence faites-vous entre la couleuvre et la vipère?

— La couleuvre ne fait pas de mal. Sa langue ne pique pas, et elle n'a point de venin.

Vous avez bien retenu ce que je vous en ai dit l'année dernière.

Il y a donc deux sortes bien distinctes de serpents : ceux qui ont du venin et ceux dont la morsure n'est pas venimeuse.

Cela ne veut pas dire que les serpents non venimeux soient d'agréables voisins. On en voit au Brésil qui mesurent 12 mètres de longueur et qui peuvent étouffer un bœuf en se roulant autour de son corps. Ce sont, vous comprenez, de terribles couleuvres !

QUESTIONNAIRE.

Citez quelques reptiles. — Comment ces animaux se déplacent-ils ? — Nommez un reptile très lent et un autre très agile. — Expliquez, en donnant des exemples, ce que l'on entend par un animal à sang froid. — Quelles classes d'animaux à sang froid connaissez-vous ? — Nommez quelques-uns de ces animaux. — Quelles sont les classes d'animaux à sang chaud ? — Comment respirent les grenouilles ? — De quelle manière respirent les reptiles ? — Subissent-ils des métamorphoses ? — Faites la description du lézard gris. — Indiquez la nature des écailles des reptiles. — Qu'est-ce qui distingue le pied du lézard de celui de la rainette ? — Indiquez la taille de quelques lézards. — Nommez des animaux dont les membres arrachés repoussent. — Quelle est la partie du corps du lézard qui peut se renouveler ? — Parlez-nous du caractère et des mœurs du lézard. — Que deviennent ces animaux pendant l'hiver ? — Les lézards changent-ils de peau ? — En quoi consiste ce changement de peau ? — Que savez-vous au sujet de leurs œufs ? — Donnez une idée de la grande variété des animaux de cette famille. — Que savez-vous sur le caméléon ? — Faites-nous connaître le crocodile. — Décrivez le *seps*. — Quelle est l'apparence de l'orvet ? — Pourquoi l'appelle-t-on *serpent de verre* et *serpent aveugle ?* — Quels animaux appelle-t-on serpents ? — Nommez des serpents de notre pays. — Quelle grande différence y a-t-il entre la vipère et la couleuvre ? — Comment sont dangereux les grands serpents sans venin ?

XX. — LES OISEAUX.

Mes amis, en commençant nos causeries sur l'Histoire naturelle j'aurais pu vous parler, dès les premiers jours, des animaux que vous connaissez le mieux. C'est ainsi que l'on fait le plus souvent; mais j'avais des raisons pour ne pas me conformer à l'usage.

Si je vous avais entretenu tout d'abord des animaux les plus parfaits pour vous faire descendre ensuite tous les degrés jusqu'aux plus humbles, vous auriez probablement cessé de me suivre avec l'intérêt que j'ai toujours lu dans vos yeux.

A mesure que nous nous serions occupés d'animaux dénués de certaines qualités supérieures, vous auriez trouvé qu'ils ne méritaient guère votre attention.

En étudiant la vie dans ses commencements les plus indécis, nous nous sommes habitués à comprendre que rien dans la nature n'est négligeable; que tout a sa place marquée, joue son rôle, accomplit sa destinée. Vous avez vu des êtres infimes organisés d'une façon merveilleuse et vous avez compris qu'il y a bien des manières de vivre.

Quand vous serez grands vous vous rappellerez l'ensemble de nos causeries. Vous rafraîchirez votre mémoire par quelques lectures et surtout vous étudierez le grand livre toujours ouvert de la nature que vous vous exercez à épeler.

Nous entrons maintenant dans un monde nouveau, en quelque sorte. Les animaux dont nous allons nous occuper ne ressemblent en rien à ceux que nous avons étudiés. Causons des oiseaux.

Jean, les oiseaux sont-ils des animaux à sang chaud?

— Oh ! oui ; quand on prend un oiseau dans sa main on sent qu'il est chaud.

Ce sont même les animaux les plus chauds. Nous allons en trouver la raison.

Alphonse, savez-vous comment respirent les oiseaux?

— Avec des poumons.

Nommez les classes d'animaux qui respirent avec des poumons.

— La grenouille, les reptiles, les mammifères.

Vous pouvez ajouter les insectes qui ne vivent pas dans l'eau; car ils ont aussi des sortes de poumons répartis dans tout le corps.

Non seulement les oiseaux respirent au moyen de poumons, mais ils sont organisés de telle sorte que l'air pénètre, comme chez les insectes, dans presque toutes les parties de leur corps. On y trouve des sortes de poches ou *sacs à air*, et les os même sont en communication avec les poumons. On peut dire qu'un oiseau est une éponge à air.

Vous comprenez qu'en respirant de la sorte ils doivent consommer beaucoup d'*oxygène*, brûler beaucoup de matériaux combustibles, et produire beaucoup de chaleur.

En outre, leur corps contenant une grande quantité d'air chaud devient léger, ce qui rend leur vol plus facile.

Je vous ai apporté quelques os de poulet fendus pour que vous puissiez bien vous rendre compte de leur structure légère et poreuse.

En voici un autre. Joseph va nous le nommer.

— C'est un bateau.

On le désigne quelquefois ainsi, mais le plus souvent on l'appelle *bréchet*. Qui peut me dire son véritable nom?

Henri a répondu: c'est l'os de la poitrine. Il veut dire l'os auquel les côtes viennent s'attacher, le *sternum*.

Chez l'homme, chez le lapin, le chien, le cheval, c'est un os plat. Voyez au contraire la forme de celui-ci. N'a-t-on pas raison de l'appeler quelquefois bateau? On dirait une quille de navire.

Jules, vous avez vu découper un poulet. Qu'est-ce qui garnit le bréchet?

— Des muscles.

Très bien. C'est la partie la plus charnue, la plus musculeuse de l'animal. A cet os s'attachent les muscles chargés de mouvoir les ailes. Voilà pourquoi il lui fallait une si large surface.

Vous comprenez, par cet exemple, que pour chaque animal le squelette se modifie, *s'adapte* à ses besoins.

Edmond, par quoi est recouverte la peau des oiseaux?

— Par des plumes.

Y a-t-il d'autres animaux couverts de plumes?

— Il n'y a que les oiseaux.

Ce caractère très simple suffit, en effet, pour les classer Toute bête à plumes est un oiseau.

Les plumes sont des poils modifiés, transformés. Voici des plumes d'oie dont on se sert pour écrire et de petites plumes de poulet dont on remplit les oreillers faute de petites plumes d'oie. Remarquez comme elles sont faites. Le tuyau creux que vous voyez à la partie inférieure était en partie enfoncé dans la peau, comme la racine d'un cheveu; c'est le commencement de la *tige* très légère qui s'étend dans toute la longueur, comme la nervure principale d'une feuille. De chaque côté de cette tige partent des rangs serrés de nervures ou filaments minces, mais raides nommés *barbes*. Détachez une barbe de la grande plume d'oie et vous verrez qu'elle est garnie, dans toute sa longueur, par une frange extrêmement délicate de filaments plats et courts: ce sont les *plumules* ou petites plumes. Grâce à cet arrangement une plume peut offrir beaucoup de surface tout en restant très légère. Si vous agitez la plume dans l'air, vous sentirez que l'air résiste. Une aile terminée par des plumes semblables et frappant rapidement l'air, y trouve une résistance suffisante pour soulever et faire avancer le corps de l'oiseau.

Quand un oiseau s'est élevé à une certaine hauteur, il peut s'abandonner à l'air, les ailes et la queue étendues, et descendre très lentement en décrivant des cercles ou en suivant un plan incliné. Dans ce cas, ses ailes et sa queue agissent comme un parachute et retardent sa descente en pressant sur une grande quantité d'air. Prenez deux feuilles de papier mince, avec l'une faites une boulette bien serrée, et lâchez de très haut la feuille dépliée et la boulette. Vous verrez la boulette tomber presque aussi vite qu'une pierre, tandis que la feuille se balancera longtemps dans l'air et s'abaissera par degrés. Cela vous fait comprendre comment *planent* les oiseaux.

Joseph, tous les oiseaux se servent-ils de leurs ailes pour voler?

— Certains oiseaux qui vivent aux bords des mers polaires ne volent pas du tout. D'autres, comme l'autruche, s'aident seulement de leurs ailes pour courir plus vite.

Bien. Le *manchot*, le *pingouin*, oiseaux nageurs, n'ont même pas de plumes au bout de leurs ailes qui leur servent de rames. Quant à l'*autruche* d'Afrique et au *nandou*, petite autruche américaine, les plumes de leurs ailes ne sont pas faites pour le vol: les plumules ne s'accrochent pas entre elles de manière à former une surface pleine; elles restent séparées comme celles que vous voyez à la base de ces plumes d'oie et de poulet.

Arthur, vous avez certainement vu des *coqs* et des *poules*. Faites nous le portrait du coq.

— C'est un grand oiseau dont la tête porte une crête. Sa queue forme un beau panache arrondi. Il a de grandes pattes à quatre doigts. Il porte à chaque patte un ergot pointu dirigé en arrière.

Voici les os d'une *jambe*, ou, si vous voulez, d'une *patte*
de coq. Remarquez que l'os de la cuisse, assez court, se
trouve caché chez l'animal vivant, de sorte que l'on pourrait prendre la jambe pour la cuisse. Mais ici l'erreur n'est
pas possible, car vous savez que la cuisse n'a qu'un os,
et que la jambe en a deux. L'os plus court articulé à la
jambe nous représente réunis les petits os qui, chez d'autres animaux, servent d'intermédiaires entre la jambe et
les doigts du pied ou *orteils*.

Chez la plupart des oiseaux, on trouve trois doigts
dirigés en avant, et un dirigé en arrière. Mais chez les
grimpeurs, comme le *pic*, le *perroquet*, il y en a deux en
arrière et deux en avant, ce qui leur donne plus de facilité pour faire de la gymnastique. Quelques oiseaux, privés
de pouce, n'ont que trois doigts; l'autruche n'en a même
que deux.

Vous savez que les oiseaux aquatiques, comme le canard,
l'oie, ont les pieds *palmés*. Leurs doigts sont réunis par une
membrane, de sorte qu'en s'écartant, ils forment une large
rame.

Quant aux oiseaux de proie, leur pied est formé de
doigts longs, flexibles, robustes, terminés par des ongles
longs et acérés qu'ils enfoncent aisément dans la chair
de leur victime. Ce genre de pied, propre à retenir, à ser-
rer, se nomment *serres*.

Émile, à quoi sert l'*ergot* du coq ?

— Il lui sert à se battre avec les autres coqs.

Telle est, en effet, sa destination ; c'est une arme, et
une arme redoutable. Le coq aime à régner seul dans la
basse-cour. Quand arrive son intrus, il hérisse les plumes
de son cou, gonfle ses ailes, et prenant son élan, saute
en se renversant, de manière à frapper son adversaire
avec son éperon. Il l'atteint d'ordinaire au cou et à la
tête.

Profitant de cette humeur batailleuse des coqs, on s'est

souvent amusé à les faire combattre dans des enceintes préparées exprès. Ces combats de coqs sont un divertissement cruel que la loi défend dans notre pays.

Arthur, en quoi la poule diffère-t-elle principalement du coq ?

— Elle est plus petite et moins jolie ; elle n'a ni crête ni ergot.

En effet, la poule un peu moins grosse et moins haute sur pattes que le coq, ne porte pas ses attributs : la crête et l'ergot. Toutefois, elle a comme lui les *oreillons* et les *barbillons* rouges aux côtés et au-dessous du bec. Sa robe modeste, comme il convient à une bonne mère de famille, n'a pas l'éclat doré, changeant et miroitant qui caractérise le plumage de son seigneur.

Henri, tous les oiseaux que vous connaissez ont-ils le bec fait de la même façon ?

— Le coq et la poule ont un bec court, pointu, et fort ; le bec du canard et de l'oie est aplati, large et assez mou ; il y a des oiseaux, comme la bécasse, qui ont un bec très long et mince.

Cela vous montre que pour chaque oiseau le bec est approprié au genre de nourriture. Les oiseaux de proie ou *rapaces*, comme l'aigle, l'épervier, ont besoin d'un bec court et crochu pour dépecer leur proie qu'ils assujettissent avec leurs *serres*. Le canard palpe la vase des mares avec son bec en cuiller et profite des graines, des bestioles qu'elle contient. La bécasse fouille avec ses pinces allongées entre les herbes et les roseaux pour y saisir le petit gibier qui s'y cache. Aux oiseaux *granivores* et *insectivores*, c'est-à-dire mangeurs de graines et d'insectes, comme le coq, il suffit d'un outil presque droit, court et fort pour happer les bestioles et saisir les graines arrondies qu'il avale d'un trait.

Joseph, que pensez-vous de la voix du coq et de la poule ?

— Le coq chante surtout le matin de bonne heure : il crie bien fort, mais il n'a pas une jolie voix. La poule ne chante pas comme le coq.

En effet, la poule n'a qu'un *gloussement* assez doux qu'elle module selon ses impressions. Quant au coq, il ne fait pas toujours entendre sa grosse voix. Il a une autre façon de s'exprimer quand il veut rassembler ses poules, les avertir d'un danger, ou les inviter à venir prendre quelque friandise.

Vous savez que certains oiseaux ont un chant qui surpasse la plus exquise musique. Le rossignol est le meilleur chanteur de notre pays. Le pinson, la fauvette, le merle, ont aussi des voix fort agréables, et même en captivité, font entendre leurs aimables refrains. La compagnie d'un oiseau chanteur égaye la solitude, charme l'ennui et chasse les pensées sombres. Aussi l'oiseau est-il le familier ordinaire de ceux qui ont le malheur d'être isolés.

Henri, comment se reproduisent les oiseaux ?

— Par des œufs.

Quelle est l'époque de la *ponte* pour la plupart des oiseaux vivant en liberté ?

— C'est le printemps.

Avec quoi les oiseaux font-ils leurs nids ?

— Avec de la paille, du foin, de la mousse, de la laine, du crin, des plumes, du duvet de plantes.

Quel soin la mère prend-elle des œufs ?

— Elle les couve pour les maintenir chauds.

Et quand les petits sont éclos ?

— Le père et la mère leur apportent à manger des insectes.

Est-ce que le coq et la poule nourrissent au nid leurs *poussins* ?

— Non, les petits poussins apprennent tout de suite à manger seuls.

C'est vrai, dans la famille à laquelle appartiennent la

poule, la perdrix, la dinde, les petits naissent assez forts pour courir, et la mère leur enseigne de suite à chercher leur nourriture. Mais comme ils sont à peine couverts de duvet, elle les abrite sous ses ailes jusqu'à ce qu'ils aient des plumes.

QUESTIONNAIRE.

Quels sont les animaux à sang chaud? — Expliquez l'organisation spéciale des oiseaux en ce qui concerne la respiration. — Que résulte-t-il de la grande consommation d'oxygène faite par les oiseaux? — Pourquoi est-il utile que l'air pénètre jusque dans leurs os? — Expliquez pourquoi le *sternum* ou *bréchet* d'un oiseau n'est pas un os plat comme celui de l'homme, du lapin, du chien, du cheval? — La classe des oiseaux comprend-elle des animaux sans plumes. — Nommez les parties d'une plume. — Expliquez leur disposition. — Comment un oiseau peut-il se mouvoir dans l'air sans agiter les ailes ni la queue? — Indiquez des oiseaux qui ne se servent pas de leurs ailes pour voler. — Comment sont disposées les plumes des ailes de l'autruche? — Faites le portrait du coq. — Décrivez les os de la jambe du coq. — Citez des oiseaux qui ont moins de quatre doigts. — Décrivez le pied d'un oiseau aquatique et la *serre* d'un oiseau de proie. — A quoi sert l'ergot du coq? — Que pensez-vous des combats de coq? — Qu'est-ce qui distingue la poule du coq? — Montrez par des exemples l'*adaptation* du bec à ses diverses destinations. — Parlez-nous de la voix du coq et de la poule. — Que pensez-vous du chant des oiseaux? — Comment les oiseaux se reproduisent-ils? — Quel soin les oiseaux prennent-ils de leurs œufs? — Nommez des oiseaux qui ne nourrissent pas leurs petits au nid.

XXI. — LES MAMMIFÈRES.

Edmond, nommez-nous des animaux dont le corps est couvert de poils.

— Le chat, le chien, le bœuf, le cheval, le mouton.

Bien. Comment les femelles de ces animaux nourrissent-elles leurs petits?

— Avec le lait de leurs mamelles.

C'est cela. Tous ces animaux *allaitent* leurs petits. Tous ont des *mamelles*, ce qui nous permet d'en faire une classe que nous appellerons : classe des *mammifères*. Voilà, n'est-ce pas, une division bien simple à établir.

La qualité et la quantité des poils que portent ces animaux nous importe peu, il suffit qu'ils en aient de gros ou de fins, de longs ou de courts. Plusieurs grands animaux des pays chauds, comme le *rhinocéros*, l'*éléphant*, ont la peau presque nue; quelques-uns comme le *cheval*, le *bœuf*, ont un poil court, assez fin et serré; d'autres comme le *mouton*, la *chèvre*, le *chameau*, sont couverts d'une *laine* plus ou moins fine entremêlée de poils. Les *soies* du porc et du sanglier, courtes et roides, servent à faire des brosses. Quant au *hérisson*, il allaite ses petits, c'est donc bien un mammifère : mais ses poils sont transformés en *piquants* gros, courts et roides, à l'abri de la morsure. Le *porc-épic* africain a des piquants bien autrement développés : les plus longs mesurent 0^m,30; on en fait des manches de porte-plumes. D'autres fois, le poil s'allonge sans devenir très gros, comme vous le voyez à la *crinière* et à la queue des chevaux : ces poils longs et forts dont on fait des brosses, des tissus, des matelas, s'appellent *crin*.

Ainsi tous les mammifères ont du poil, peu ou beaucoup, long ou court, fin ou gros. Ce poil se renouvelle ordinairement chaque année, dans nos pays, comme les plumes des oiseaux. Ce changement de plumes ou de poils s'appelle *mue*.

Alfred, quel est le mammifère qui a des ailes?

— La chauve-souris.

En effet, cette *souris* à ailes *chauves* emporte dans l'air son petit cramponné à son corps; et le nourrit sans cesser de poursuivre les insectes.

Jean, nommez un mammifère *amphibie*, c'est-à-dire qui vit sur la terre et dans l'eau.

— Le phoque.

C'est un habitant des mers polaires. Il ne connaît guère la terre ferme, car, dans ces tristes régions, la neige et la glace couvrent pendant presque toute l'année la mer glacée.

Arthur, connaissez-vous des mammifères qui vivent toujours dans l'eau?

— La baleine, le dauphin.

Très bien. Vous savez que ces animaux ne sont pas des poissons, qu'ils ont le sang chaud. Ce sont des mammifères organisés pour vivre dans la mer. Pour ce qui est de la *baleine*, ne pensez-vous pas qu'elle serait assez embarrassée s'il lui fallait se mouvoir à terre. Les plus gros *éléphants*, qui sont déjà de très respectables personnages, pèsent de 6,000 à 7,000 kilogrammes : il en faudrait 16 ou 17 pour faire une baleine, dont le corps atteint 30 mètres de long et pèse 100,000 kilogrammes! Mais dans l'eau qui la soutient cette masse énorme se meut avec aisance et au besoin avec une rapidité extraordinaire.

Chez la plupart des mammifères les sens et l'intelligence sont remarquablement développés. On croit d'ordinaire que le tact est assez obtus chez ces animaux, que la peau est peu sensible, c'est la seule excuse que puissent trouver les gens qui les maltraitent à coups de fouet, à coups de bâton. Mais cette excuse est basée sur une erreur. Un cheval, par exemple, *sent* très bien une mouche qui se pose sur son corps, il s'empresse de la chasser par un froncement de la peau ou un coup de sa queue qui est, en réalité, un chasse-mouches.

Avec leur *sabot* en corne dure, le cheval, l'âne, le bœuf, tâtent le terrain et reconnaissent son degré de résistance, de la même manière que vous jugez la dureté d'un corps par la résistance qu'il oppose à votre ongle.

Vous avez remarqué certainement les poils longs, droits et fermes qui forment la moustache des chats. Les bœufs, les chevaux et bien d'autres mammifères portent des poils semblables autour des lèvres ou des narines. Ce sont des auxiliaires du tact. Les longs poils roides annoncent à distance l'objet qu'ils vont tâter en détail avec la peau fine et délicate du nez et des lèvres, au moyen desquels ces animaux *touchent*, *palpent*, comme nous le faisons avec le bout des doigts.

Nous ne pouvons nous faire une idée exacte de la vue chez les animaux ; cependant tout semble indiquer que chez les mammifères ce sens est développé à peu près comme chez l'homme. Quelques-uns ont l'ouïe d'une finesse extraordinaire : le *chevreuil*, le *lièvre*, toujours en alerte, perçoivent les moindres bruits et doivent chaque jour la vie à la perfection de cet organe qui leur permet de fuir à temps leurs ennemis.

Le goût semble moins délicat que tous les autres sens, mais nous n'en jugeons que d'après quelques apparences. Il semble toutefois que l'odorat soit beaucoup plus développé et le supplée en grande partie. Les animaux *carnivores* comme le chien, le chat, *flairent* leur nourriture, puis l'avalent sans avoir l'air de la goûter. N'allez pas croire, cependant, qu'ils n'apprécient pas les bonnes choses. Vous savez combien le cheval, le chien, aiment le sucre. Quelques bêtes ont d'ailleurs des goûts particuliers : témoin la chèvre qui vous suit comme un chien pour recevoir quelques pincées de tabac.

Chez plusieurs mammifères, et particulièrement chez le chien, l'odorat est merveilleusement développé. Vous savez qu'un chien suit la *piste* de son maître, c'est-à-dire reconnaît par l'odorat, par le *flair*, les endroits où il a passé. A la chasse, il n'a pas besoin de *voir* le gibier pour que son nez lui indique où il se trouve. Les odeurs laissées par le lièvre sur la terre, sur les herbes, le guident sûrement dans sa poursuite.

Georges, de quoi se nourrissent les bœufs, les moutons ?

— Ils mangent de l'herbe.

Il y a bien d'autres animaux qui mangent de l'herbe : le *cheval*, l'*âne*, la *chèvre*, le *cerf*, le *chevreuil*, le *rhinocéros*, l'*éléphant*. Nous pouvons donc en faire une section à part et les nommer mangeurs d'herbes ou *herbivores*.

Examinez une vache qui se repose tranquillement après son repas. Vous la verrez remuer les mâchoires comme si elle y broyait quelque chose. Elle broie, en effet, elle *rumine*, c'est-à-dire qu'elle fait revenir peu à peu dans sa bouche la nourriture engouffrée à la hâte dans sa *panse*, ou premier estomac. Pendant le repas, elle n'a pensé qu'à remplir la panse, son magasin à vivres. Puis à loisir, elle mâche et triture convenablement chaque bouchée. Le mouton, la chèvre, le cerf, le chevreuil, la girafe, le chameau, ruminent leur nourriture. Par conséquent, dans la section des *herbivores*, nous pouvons les mettre à part et les appeler *ruminants*. Parmi ceux que nous venons de citer, remarquez que seul le chameau n'a pas de cornes.

Comprenez-vous, mes amis, combien il est intéressant de pouvoir mettre ainsi de l'ordre dans l'étude des animaux ? Combien cela simplifie le travail et éclaircit les idées? L'année prochaine nous reviendrons sur ce sujet. Il suffit que vous ayez aujourd'hui quelques idées justes sur l'organisation des mammifères et sur l'utilité que nous en retirons.

Ernest, qu'entendez-vous par un animal domestique?

— C'est un animal qui vit un peu avec les gens; qui fait partie de la maison.

Nommez quelques animaux domestiques.

— Le chien, le chat, le cheval.

Eh bien, causons du *chat*, le premier favori des enfants. — On trouve encore dans nos grandes forêts le chat dans son état naturel, c'est-à-dire *sauvage*, vivant en liberté, ne dépendant que de lui-même pour sa nourriture. Sauf sa taille, qui ne dépasse pas $0^m,60$, c'est un *tigre*. Il en a les formes, le *pelage* rayé, les mœurs.

Le grand tigre rayé d'Asie, le tigre tacheté d'Amérique nommé *jaguar*, habitent les forêts, grimpent aux arbres, rampent à terre, guettent leur proie et s'élancent d'un bond pour la saisir. Ils attaquent les plus grands animaux et sont redoutables même pour l'homme.

Notre *chat sauvage* mange de jeunes lièvres, des lapereaux, détruit les couvées de gibier, fait la chasse aux petits oiseaux et poursuit toute la gent rongeuse des rats, mulots, musaraignes, etc.

Le chat domestique a conservé les mêmes goûts, mais l'abondance des souris dans nos demeures lui a fait de leur destruction une sorte de spécialité. Quelques-uns même, gâtés, amollis par la bonne chère, ne chassent la souris que par amusement et dédaignent de la croquer.

Entre le chat sauvage et le *chat de gouttières* au pelage brun très court, aux formes sveltes, aux mœurs indépendantes, il n'y a pas une différence bien marquée. Mais comment le chat sauvage est-il devenu le minet à longs poils blancs, à queue touffue, au corps arrondi, à la mine reposée que nous appelons *chat angora?*

C'est la vie avec l'homme, c'est-à-dire la *domestication*, qui a produit ce résultat. Le changement d'habitudes et de nourriture a peu à peu modifié le chat sauvage. Devenu domestique dans des pays très divers, il s'y est modifié différemment. Puis, le mélange, le *croisement* de ces *races* a produit une foule de *variétés*.

La même chose est arrivée pour le *chien*. D'un anima sauvage plus petit que le loup, la domestication a produit, au bout de plusieurs milliers d'années, des races de chiens d'aspect tout à fait différent, comme le *chien de Terre-Neuve*, grand, à grosse tête, à poil laineux; le *lévrier*, haut sur jambes, à poil ras, à museau pointu; le *boule-dogue*, gros, trapu, à tête ronde; le petit *King-Charles* au poil soyeux, aux oreilles traînantes, et gros comme les deux poings.

Voilà, mes amis, ce que produit la domestication. C'est de cette manière, c'est-à-dire par le changement de nourriture et d'habitudes, que l'on a formé diverses races de chevaux, de bœufs, de moutons, de porcs, de poules, etc.

Si l'on abandonne en liberté des animaux domestiques, ils reprennent peu à peu les habitudes et les formes des espèces sauvages. C'est ce qui est arrivé pour des chevaux, des bœufs, des porcs dans les vastes contrées inhabitées de l'Amérique.

Cependant quelques animaux ont été modifiés si profondément par la domestication qu'ils ont perdu les qualités indispensables à la vie indépendante. Des moutons mis en liberté ne résisteraient guère aux intempéries de nos hivers ou deviendraient la proie des loups : ils ont perdu la finesse de l'ouïe, la légèreté, la force et la *rusticité* du mouton sauvage.

De même des poules abandonnées à elles-mêmes dans la campagne ne pourraient éviter les renards, les putois, les martres, les loups, les oiseaux de proie : elles ont perdu l'usage de leurs ailes.

Parmi les mammifères domestiques, il y en a qui sont pour l'homme des *auxiliaires*, c'est-à-dire qui lui aident dans ses travaux. D'autres sont *alimentaires* et fournissent, en outre de leur chair, divers produits utilisés dans l'industrie.

Georges, quels sont les mammifères auxiliaires de l'homme ?

— Le cheval, le chien, le chat.

Bien. Nommez des mammifères dont on mange la chair.

— Le bœuf, le mouton, le porc.

Remarquez que le bœuf est à la fois auxiliaire et alimentaire. On l'emploie à tirer la charrue ou des chariots. Dans quelques pays, il sert encore de bête de somme et même de bête de selle : on lui fait porter des fardeaux ; on l'enfourche comme un cheval. Celui-ci peut être considéré également comme un animal alimentaire. C'est un préjugé qui empêche d'adopter généralement l'usage de sa chair. Les soldats en campagne, les défenseurs des villes assiégées savent bien que l'on en fait de bons pot-au-feu et des rôtis fort passables. Il y a, dans quelques grandes villes, des boucheries de cheval très bien achalandées.

Henri, qu'est-ce qu'on nomme animal *apprivoisé* ?

— Un animal sauvage que l'on a pris et qui est devenu doux et obéissant.

C'est très bien répondu. Peu à peu, l'*apprivoisement* faisant des progrès, cet animal devient tout à fait *privé*, c'est-à-dire familier, plié aux habitudes de la maison et susceptible d'attachement pour son maître.

Le *lion*, d'abord *captif*, est susceptible de devenir apprivoisé et même privé. On peut alors le laisser en liberté ; il est inoffensif et ne cherche pas à fuir.

Tous nos animaux domestiques ont été d'abord captifs, puis sont devenus par degrés apprivoisés et privés. A l'état sauvage, les bœufs, les chevaux, les moutons, vivent par troupes, ils sont *sociables*. Cette qualité a beaucoup facilité leur apprivoisement. Une fois qu'ils ont été complètement privés, ils sont devenus domestiques, ils se sont reproduits auprès de l'homme comme en liberté.

Vous comprenez que si une espèce d'animal est susceptible seulement d'apprivoisement, il faut recommencer avec chaque individu ; tandis que si l'espèce est susceptible de *domestication*, il suffit d'en apprivoiser et d'en priver un couple pour qu'ils se multiplient à notre profit.

QUESTIONNAIRE.

Nommez des animaux dont le corps est couvert de poils. — Comment les femelles de ces animaux nourrissent-elles leurs petits ? — De quels animaux se compose la classe des mammifères ? — Indiquez par des exemples comment peut varier la nature des poils. — Qu'arrive-t-il chaque année au poil des animaux ? — Quel est le mammifère qui a des ailes ? — Nommez un mammifère amphibie et un mammifère qui vit toujours dans l'eau. — Pourquoi convient-il que la baleine vive dans l'eau ? — Donnez une idée de sa taille et de son poids. — Faites comprendre comment le sens du tact s'exerce, chez le cheval, par la peau, par le sabot. — Où réside principalement le sens du tact chez les mammifères ? — Quelle idée pouvons-nous avoir de la vue des mammifères ? — Citez des mammifères chez qui le sens de l'ouïe est très développé. — Parlez-nous du sens du goût et de l'odorat chez ces animaux. — Donnez un exemple du *flair* du chien. — Qu'est-ce qu'un animal herbivore ? — Expliquez en quoi consiste la rumination. — Nommez des animaux ruminants. — Qu'entendez-vous par un animal domestique ? — Comment la domestication modifie-t-elle les animaux ? — Donnez un exemple d'une espèce d'animaux modifiée par la domestication. — Qu'arrive-t-il aux animaux domestiques rendus à la liberté ? — Que deviendraient en liberté les moutons, les poules ? — Nommez des mammifères *auxiliaires* de l'homme. — Nommez des mammifères domestiques alimentaires. — Que pensez-vous de la viande de cheval. — Qu'est-ce qu'un animal apprivoisé ? — Quelle différence y a-t-il entre un animal apprivoisé et un animal domestique ?

XXII. — LES ANIMAUX ÉTRANGERS.

Mes amis, vous avez déjà étudié un peu la géographie. Cela va vous permettre de me suivre dans ma rapide excursion à la surface de la terre, pour vous rendre compte des animaux qui habitent les régions les plus chaudes et les plus froides; ceux que vous n'avez pas occasion de voir d'ordinaire dans nos pays.

Résumons d'abord, en les indiquant sur ce *globe terrestre*, ce que vous savez sur les divisions de la terre en *régions* et en *zones*.

Les géographes ont divisé la terre en traçant, à la surface du *globe* qui la représente, des cercles qui s'appellent *équateur*, *tropiques*, *cercles polaires*. Notre globe se trouve ainsi partagé en cinq bandes ou *zones :* deux *zones glaciales* comprises chacune entre un *cercle polaire* et le *pôle* correspondant; deux *zones tempérées*, limitées par un cercle polaire et un tropique; enfin une zone torride, qui s'étend d'un tropique à l'autre et comprend, à mi-chemin, l'*équateur*, ce qui la fait appeler aussi zone *équatoriale*.

Ces bandes, ces zones, ou plus simplement ces *régions*, sont d'une étendue très différente. Ainsi, la zone torride représente 40 centièmes de la surface de la terre; chaque zone tempérée, 26 centièmes; chaque zone glaciale, 4 centièmes seulement.

Transportons-nous dans la zone glaciale *arctique*, celle de notre hémisphère, qui est la plus connue, et de beaucoup la plus peuplée d'animaux.

Dans cette région, il n'y a que deux saisons : l'hiver de neuf mois et l'été qui comprend juin, juillet, août. Pendant l'été, la neige qui couvrait tout le sol fond sur quelques points, la terre dégèle à quelques centimètres de profondeur, et l'on voit apparaître dans les parties les plus froides une courte et rude végétation de *lichens*. Seul le *renne* se contente de cette nourriture. Cet animal, qui ressemble à un grand cerf, est la principale ressource des habitants de ces régions, Il leur sert pour tirer sur la neige des traîneaux ; il leur fournit du lait, de la viande, du cuir. Là où vit le renne, l'homme peut exister.

Un peu plus loin du pôle, on voit pousser en juillet des *bruyères* qui ressemblent à de la mousse, des *nerpruns* longs comme le doigt, des saules qui ne dépassent pas 16 centimètres. Le *renard*, le *lièvre* et un petit rongeur, le *lemming*, sont les seuls quadrupèdes que le voyageur rencontre par hasard dans ces terres désolées. Aux bords de la mer habités par le *phoque*, et le *morse*, espèce de phoque à longues *défenses*, rôde l'*ours blanc* protégé par son épaisse fourrure. Au large passent la grande *baleine franche* qui cherche dans ces régions inhospitalières un refuge contre la poursuite acharnée de l'homme; le *narval* qui attaque la baleine et la perce avec la longue épée d'ivoire dont sa tête est armée.

On y voit aussi des oiseaux aquatiques chaudement couverts de duvet et de plumes : l'*oie* et le *cygne* sauvage; le *cormoran*, habile pêcheur; le *pingouin*, dont les ailes, sans longues plumes, lui servent de rames, de nageoires ; l'*eider*, que l'on chasse pour s'emparer de son duvet, employé à remplir les *édredons* de luxe.

Un peu plus bas, la végétation devient buissonneuse, on voit éclore des primevères roses, des renoncules jaunes, des myosotis azurés que visitent des insectes, de sorte qu'un petit oiseau, le *bruant*, s'y aventure pendant quelques semaines.

Aux environs de la zone glaciale, mais déjà dans la zone tempérée, se trouvent les pays des fourrures. On y chasse, pour vendre leur peau couverte de fin duvet et de poils soyeux, la *loutre marine* dont la fourrure surpasse en finesse le velours ; le *renard* bleuâtre, le *vison* aux tons fauves ; l'*hermine* d'un blanc éclatant, dont la queue est zonée de jaune et de noir ; l'écureuil *petit-gris* dont le dos est d'un gris argenté et le ventre d'un blanc jaunâtre ; la *martre* au poil marron ; la *zibeline* d'un brun sombre, à peine grande comme la martre, et dont une seule belle peau se vend cinquante francs.

Là aussi habite le *grizzly* ou grand *ours brun*, le plus terrible de son espèce, qui défend bravement sa fourrure convoitée.

Toutes ces contrées sont très peu peuplées. Ce n'est qu'à force de fatigues, de dangers, que l'homme s'y procure une misérable nourriture. Les pauvres habitants du Spitzberg, du Groenland, de la Nouvelle-Zemble, vivent pendant presque toute l'année dans des sortes de terriers recouverts de neige, sans autre moyen de se chauffer que des lampes où brûle de l'huile de poisson.

On se sent froid rien qu'en pensant à ces tristes pays, qui méritent trop bien leur nom de zone glaciale.

Chassons bien vite cette impression et transportons-nous dans les pays *tropicaux*, c'est-à-dire compris entre les deux tropiques. Autant il faisait froid dans la zone polaire, autant cette vaste zone est justement nommée *torride*, c'est-à-dire brûlante : c'est le royaume du soleil.

La température *moyenne*, près de la mer, aux environs de l'équateur, est de 27 à 28 degrés. En Afrique, elle s'élève à 30 degrés. Entre le mois le plus chaud et le plus froid, il n'y a souvent qu'une faible différence ; dans les parties les plus chaudes de l'Inde, cette différence n'est que de deux degrés.

Dans les forêts équatoriales, là où ne pénétrent pas les

rayons du soleil, il est rare que le thermomètre s'élève au-dessus de 40 degrés. Dans les *savanes* ou prairies naturelles, la température, à l'ombre, peut dépasser 45 degrés. Enfin, lorsque le sol est aride, que des collines rocheuses réfléchissent les rayons du soleil, quand l'air échauffé reste emprisonné dans d'étroites vallées, comme sur les côtes de la mer Rouge et dans les parties basses de l'Abyssinie, on peut observer jusqu'à 56 degrés. En ces mêmes lieux, le thermomètre placé sur le sol marque parfois 75 degrés, c'est-à-dire que l'on peut véritablement y cuire un œuf.

Ne perdons pas de vue, d'ailleurs, que même dans les pays de la zone torride il y a des parties tempérées et froides.

La température diminue à mesure que l'on s'élève au-dessus du niveau de la mer. Les hautes montagnes de la région équatoriale sont couvertes, comme celles d'Europe, par des amas de glace et de neige.

Vous comprenez, mes amis, que dans ces conditions très variables de climat, les mêmes animaux ne peuvent pas prospérer indifféremment sur tous les points de la zone torride. Chaque pays en a qui lui sont particuliers.

Dans l'Inde et dans l'Afrique vivent des troupes d'*éléphants* aux formes massives, aux jambes faites comme des piliers; leur nez prolongé en une trompe longue, flexible et forte, peut ramasser à terre un fétu de paille ou déraciner un arbre. L'éléphant n'est jamais devenu un animal *domestique*, mais en Asie on l'*apprivoise* et il se montre, en captivité, très intelligent et d'une humeur fort douce. Il donne même, à ceux qui le soignent, des marques d'affection. On l'emploie comme *monture* de luxe, et pour cela on lui assujettit sur le dos une sorte de tour légère où prennent aisément place quatre ou cinq personnes; le conducteur, perché sur son cou, le guide de la voix et au moyen d'un crochet de fer. C'est dans cet équipage que l'on va chasser le tigre. Dans ces expéditions périlleuses, l'éléphant est parfois le seul vainqueur. Attaqué par la bête fauve, il l'étouffe en l'enlaçant de sa trompe.

On emploie aussi l'éléphant à transporter des fardeaux pesants, à tirer la charrue. Les Anglais, maîtres de l'Inde, l'utilisent, en campagne, pour porter les canons et leurs affûts.

En Afrique, les nègres ne chassent l'éléphant que pour s'emparer de ses longues défenses d'*ivoire* qui sont l'objet d'un commerce considérable. Il y a des défenses qui mesurent 3 mètres de longueur et pèsent 60 kilogrammes.

L'éléphant n'a sur le continent américain qu'un représentant grand comme un âne, le *tapir* dont le nez forme une très courte trompe. L'Inde possède d'ailleurs un tapir un peu plus grand. Ce sont des animaux timides, inoffensifs et susceptibles d'apprivoisement.

Plusieurs grands animaux *herbivores* comme l'éléphant habitent exclusivement les parties les plus chaudes de l'Afrique. L'*hippopotame*, incapable de traîner à terre sa masse énorme, mène une existence *amphibie* dans l'eau des fleuves et dans la vase de leurs rives. La girafe au corps svelte, aux jambes comme des échasses, au cou démesuré vit dans les forêts où le sol ne produit pas d'herbes. Allongeant le cou, pliant sa langue flexible, elle cueille et broute les rameaux des arbres à la hauteur de 6 à 7 mètres.

Dans les plaines découvertes errent par troupes divers animaux qui se rapprochent beaucoup du cheval et de l'âne; mais auxquels une robe rayée et des formes plus sveltes donnent une élégance toute spéciale : ce sont le *couagga*, le *daw*, le *zèbre*. En Asie la même famille a pour représentants l'*hémione* et l'*âne* sauvage.

Les forêts africaines servent de retraite au *chimpanzé*, srte de caricature de l'homme, et à un autre singe plus gnd, plus fort, plus féroce, le *gorille* qui atteint jusqu'à si pieds de hauteur, Seul l'*orang-outang* d'Asie arrive presqu'à la taille du gorille. Comme tous les singes, ces grands animaux ne se nourrissent que de matières végétales.

Les singes de petite et de moyenne taille, avec ou sans queue, abondent dans tous les pays chauds. Ils s'avancent en Afrique jusque dans le Maroc. L'*atèle* à queue prenante et le mignon *ouistiti* habitent les forêts du Brésil; l'*aloua-tes hurleur* se plaît aux bords des fleuves de la Colombie; En Asie se trouvent les *gibbons* aux longs bras et les *macaques* très faciles à apprivoiser.

Le *rhinocéros*, gros herbivore à jambes courtes, à peau nue, épaisse, semblable à une cuirasse articulée, habite les contrées humides de l'Afrique et de l'Asie. Celui d'Asie porte sur le nez une corne courte, large, pointue, qui lui sert d'arme défensive. Son frère africain, mieux partagé, possède deux cornes, l'une sur le nez, l'autre au bas du front.

Dans tous les pays de la zone torride, sauf l'Australie, on rencontre de nombreux animaux assez semblables au cerf et au chevreuil. Les plus élégants et les meilleurs coureurs sont la *gazelle* d'Asie et l'*antilope* d'Afrique.

Le *yack*, ruminant analogue à notre bœuf, et domestique comme lui en Asie; le *zébu*, autre bœuf porteur d'une ou de deux bosses, servent principalement comme bêtes de somme et de trait, en Afrique et en Asie.

Pour partir avec une caravane de zébus, on choisit les mieux portants, les plus gras. En route, les pauvres bêtes font maigre chère, de sorte qu'au retour les deux bosses de leur dos n'existent plus qu'à l'état de peau flasque. C'étaient des sacs de graisse, des provisions de nourriture, qui on servi à compenser un peu ce qui manquait à leur ratio journalière.

D'autres animaux sont également pourvus de bosses u même genre : le *chameau* d'Asie en a deux; le *dromadre* africain n'en possède qu'une très développée. Ils se ressemblent, du reste, par la forme, la taille, les mœrs. Pour les habitants des steppes et des déserts ce sor les animaux les plus précieux. Forts, sobres, doux, ils servent de monture et de bête de somme, fournissent du lait, une sorte de laine dont on fait des cordes et des étoffes. Seul le dromadaire africain peut traverser le désert par une chaleur torride, privé d'eau pendant plusieurs jours et ne recevant pour nourriture que quelques poignées de dattes.

L'Amérique possède plusieurs animaux du même type, mais bien plus petits : le *lama* qui sert de bête de somme aux Boliviens; la *vigogne* et l'*alpaca*, dont on emploie la laine pour fabriquer de moelleux tissus.

Les animaux à sang froid, obligés de passer engourdis la mauvaise saison, ne sont ni aussi nombreux ni aussi grands dans les pays tempérés que dans les régions chaudes où ils trouvent pendant toute l'année une proie abondante.

Aussi la zone équatoriale est-elle particulièrement riche en insectes et en reptiles. Là se voient le scarabée *hercule* gros comme votre poing, l'araignée *mygale* capable de lutter avec avantage contre un petit oiseau.

L'énorme *crocodile* guette sa proie au bord des fleuves où les gigantesques *tortues* enfouissent leurs œufs dans le sable. Dans les parties basses et humides rampent le *pithon* africain, le *boa* d'Amérique, qui peuvent enlacer et étouffer un bœuf. Moins grands, mais redoutables pour leur venin, sont le *naja* d'Afrique, le *fer de lance* des Antilles.

Vous avez déjà lu peut-être la charmante fable de Florian intitulée *la Sarigue et ses petits*. Les *sarigues* qui sont carnassières habitent les régions tempérées et chaudes de l'Amérique. Elles portent au-dessous de la poitrine une poche dans laquelle, à la moindre alerte, se réfugient leurs petits.

L'Australie, très pauvre en animaux, possède beaucoup de *kangourous*, qui sont également munis de cette poche. Ces singuliers herbivores ont les jambes de devant très courtes et celles de derrière très longues, de sorte qu'ils avancent par bonds. Au repos, ils se dressent sur leurs pattes de derrière et s'arc-boutent sur une robuste queue comme un marchand de coco s'appuie sur son bâton. Les plus grands ont alors six pieds de haut.

Presque tous les animaux que nous venons de passer en revue ont pour ennemis de grands carnassiers : le *lion*, assez rare en Asie, mais trop commun en Afrique où il prélève un impôt sur les animaux domestiques; le *tigre* rayé d'Asie, le plus fort et le plus féroce des animaux de proie; le *léopard* d'Afrique, tacheté comme la *panthère* d'Asie et le *jaguar* américain; le *cougouar* ou *pouma* d'Amérique, qui a l'air d'un petit lion sans crinière.

Il semble que l'oiseau ait besoin des ardeurs tropicales pour développer toute la variété de ses formes, toute la splendeur de son plumage. C'est dans la zone torride que l'on admire le *flamant* rose, sorte de girafe emplumée; le *cardinal*, le *toucan* et le *calao* qui se dérobent derrière son bec énorme; l'*ibis* et le *cardinal* rouges; le *couroucou* vert d'émeraude, la *grue* que son élégance a fait nommer *demoiselle*; la famille bruyante et panachée des *perroquets*; l'*oiseau de paradis* qui semble un faisceau d'aigrettes plumeuses; le *faisan doré* au plumage miroitant; le *paon* qui réunit sur sa personne tous les joyaux de la nature.

Quant à la taille on trouve tous les degrés depuis le *nandou* américain et l'*autruche* africaine capable de porter un homme sur son dos, jusqu'aux *colibris* et aux *oiseaux-mouches*, étincelles de pierreries qui vivent du nectar des fleurs et suspendent à un brin d'herbe un nid gros comme une noix.

Je suis persuadé, mes amis, que cette courte excursion dans les pays ensoleillés a excité votre imagination autant qu'elle éveillait votre curiosité. Vous pensez peut-être qu'il serait bien plus agréable de vivre dans ces pays que dans notre *région tempérée*. Cela est tout naturel. Quand nous sommes jeunes, l'inconnu nous attire, le nouveau nous charme, l'imprévu nous émeut, l'étrange nous fascine. Habitués à nos richesses, gâtés par la nature, privilégiés de la création, nous devenons indifférents à ce qui nous entoure, nous rêvons d'autres cieux, d'autres mers, d'autres rivages. Nous envions les voyageurs qui nous dépeignent, dans l'enthousiasme d'une première impression, les terres ardentes de l'équateur. Notre imagination s'exalte, et contemplant ce paradis de nos rêves, nous sommes tout près de nous croire des déshérités. Eh bien, voici la vérité : la nature tropicale ressemble à un magnifique décor de théâtre, mais notre nature tempérée, avec ses alternances, ses changements, ses contrastes, non seulement convient mieux à notre organisation physique, mais satisfait mieux nos aspirations vers le beau sous toutes ses formes, en même temps qu'elle nous oblige à certains efforts nécessaires aux progrès de l'humanité.

QUESTIONNAIRE.

En combien de zones les géographes divisent-ils la terre? — Quelle est la zone la plus étendue? — Donnez une idée du climat de la zone glaciale. — A quoi sert le renne? — Nommez d'autres mammifères de la zone glaciale. — Citez des oiseaux de cette région. — Nommez les animaux les plus recherchés pour leur fourrure. — Qu'est-ce qui caractérise la zone torride? — Donnez une idée de la température de cette zone. — Pourquoi fait-il froid dans certaines régions de la zone torride? — Décrivez l'éléphant. — A quoi sert-il en captivité? — Quel est le produit pour lequel les nègres africains chassent l'éléphant? — Quelle taille peut atteindre une défense d'éléphant. — Décrivez le tapir. — Dites ce que vous savez sur l'hippopotame. — Parlez-nous de la girafe. — Nommez les animaux d'Asie et d'Afrique qui ressemblent au cheval ou à l'âne. — Quels sont les plus grands singes? — De quoi se nourrissent-ils? — Nommez des singes très communs. — Qu'est-ce qui caractérise le zébu? — A quoi lui servent ses bosses? — Citez d'autres animaux à bosses. — Quels services rendent le chameau et le dromadaire? — Indiquez des animaux américains du même type. — A quoi servent le lama, la vigogne et l'alpaca? — Pourquoi les animaux à sang froid abondent-ils surtout dans les pays chauds? — Citez quelques animaux *articulés* de taille extraordinaire. — Parlez-nous des reptiles des pays chauds. — Dites ce que vous savez sur les animaux qui portent leurs petits dans une poche. — Nommez les carnassiers les plus redoutables. — Faites connaître les oiseaux des contrées topicales. — Citez les oiseaux les plus grands et les plus petits. — Expliquez les avantages que présentent les régions tempérées.

TROISIÈME PARTIE

LES VÉGÉTAUX

XXIII. — LA RACINE.

Mes amis, maintenant que vous possédez des notions suffisantes sur les animaux, nous allons nous occuper des plantes, *faire*, comme l'on dit, *de la botanique*.

Voici un mot nouveau pour vous. Je suis sûr que vous le croyez grec ! Vous avez raison. En grec le mot *botanè* veut dire *herbe, plante*, et *botanikè* signifie science des plantes : nous en avons fait le mot *botanique*. Ainsi, étudier la botanique, faire de la botanique, c'est s'occuper des plantes pour apprendre à les distinguer, à les reconnaître ; pour savoir comment elles vivent, se nourrissent, fleurissent, portent des fruits et se reproduisent. Quand vous saurez tout cela vous serez de petits *botanistes*.

Arthur, quelles ressemblances connaissez-vous entre les plantes et les animaux ?

— Ces plantes ne sont pas de la matière brute ; elles sont organisées, afin de pouvoir vivre comme les animaux. Elles naissent, se nourrissent, grandissent, se multiplient et meurent.

Très bien. — Louis, dites-nous les différences que vous connaissez entre les végétaux et les animaux.

— Les végétaux ne changent pas de place, ne font même pas de mouvements.

Léon, n'y a-t-il pas une autre différence importante?

— Les végétaux n'ont pas de nerfs ; ils ne sentent pas.

C'est cela. Les plantes, privées de nerfs, ne peuvent avoir ni sensibilité ni volonté. Il faut qu'elles restent où elles se trouvent ; si on les blesse, les mutile, elles n'en ont pas plus conscience que si elles étaient de la matière brute.

Voici quelques plantes que je me suis procuré pour notre leçon : une *carotte*, un *navet*, un *chou*, un pied de *blé ;* du *chiendent*, du *lierre*, etc.

Vous savez que la partie de la plante qui s'enfonce dans la terre s'appelle *racine*. Lucien va nous dire à quoi servent les racines.

— Elles servent à nourrir la plante

En partie. Car vous vous rappelez que les plantes vivent aussi d'air, qu'elles fabriquent les *fibres* des feuilles, des rameaux, de la tige, et même celles des racines avec le *charbon* contenu dans le *gaz* charbonneux ou *carbonique* de l'air.

Alexandre peut-il nous dire ce que les racines puisent dans la terre ?

— Elles y puisent la sève.

Et qu'est-ce que la sève ?

— C'est une sorte d'eau minérale, c'est-à-dire de l'eau qui a dissous une petite quantité des substances de la terre.

Voilà en effet ce que la racine demande au sol : de l'eau qui a dissous diverses substances nécessaires pour compléter la vie de la plante et l'organisation de ses parties.

En même temps la racine sert presque toujours de *soutien* à la plante. Il faut, pour cela, qu'elle s'enfonce plus ou moins dans le sol, selon le poids de ses rameaux et de ses feuilles, et principalement selon la *résistance* que la plante devra opposer au vent. Si un grand chêne n'avait qu'une racine de deux ou trois mètres, il aurait bien de la peine à se tenir en équilibre par un temps calme. Une grosse branche de plus ou de moins d'un côté le ferait pencher ; le moindre coup de vent le renverserait.

La forme des racines est très variable. Celles du *navet*, de la *carotte*, que vous voyez ici, s'allongent en pointe, en *pivot* propre à donner un support très solide : on les appelle pour cette raison racines en pivot ou *pivotantes*.

Ernest, la racine de la carotte et du navet sauvage ressemble-t-elle à celles-ci ?

— Elles sont bien moins grosses.

En effet. Celles que nous examinons ont été transformées par la culture. Elles sont devenues beaucoup plus grosses, plus molles que les racines des mêmes plantes à l'état sauvage. Il a fallu plusieurs siècles de soins assidus pour arriver à ce résultat. Quand nous irons *herboriser*, c'est-à-dire cueillir des herbes, des plantes, pour compléter nos causeries sur la botanique, je vous montrerai des racines de carotte sauvage, et vous verrez que ces minces fuseaux coriaces feraient triste figure dans le pot-au-feu ; toutefois nous y retrouverons la forme pivotante.

C'est aussi par la culture que l'on a obtenu les racines charnues et succulentes du *navet*, du *panais*, de la *bette-rave*. En quelques occasions la culture a même modifié sensiblement l'apparence de la racine qui s'est raccourcie en forme de *toupie* ou arrondie en boule, comme dans certaines variétés de navet, de carotte, et de betterave.

Cependant il y a des racines qui sont naturellement renflées, charnues comme celle du *dahlia* que vous voyez ici. La racine d'abord assez mince grossit, forme une *tubérosité*, c'est-à-dire une *excroissance charnue* que l'on appelle *tubercule*, ce sont des racines *tuberculeuses*.

Les tubercules sont des réservoirs de provisions, de nourriture, que la plante accumule pour les employer plus tard. Au printemps prochain un petit *bourgeon*, un *œil*, se développera à la partie supérieure de chacun d'eux. Il en sortira une tige qui grandira très vite parce qu'elle se nourrira aux dépens du tubercule. Celui-ci deviendra mou, ridé, et finira par disparaître pour céder sa place à d'autres plus jeunes. C'est au moyen de ces tubercules que l'on multiplie d'ordinaire le *dahlia*. Lorsque les tubercules sont peu volumineux et très allongés à la manière de doigts crochus, comme dans l'*anémone*, on donne à leur ensemble le nom de griffe. Il suffit de diviser les griffes au printemps pour se procurer de nouvelles touffes.

Edmond, regardez bien cette racine de *chou* et faites-en la description.

— La racine a d'abord l'air de continuer la tige, seulement elle est presque blanche. Elle porte d'autres racines plus petites qui ressemblent à des branches.

Ce n'est pas mal. Les plantes ne verdissent qu'à la lumière. Les pommes de terre qui germent dans une cave ne produisent que des pousses pâles, faibles, *étiolées*. Les jardiniers lient les *chicorées* pour empêcher les feuilles de verdir, les étioler, afin qu'elles soient plus tendres. Les racines ne sont jamais vertes parce qu'elles ne sont pas exposées à la lumière ; il y en a de blanches, comme celle du navet, de jaunes, de rouges, comme celles de carotte, de betterave, de brunes comme celles du dahlia, de l'anémone.

Edmond nous a dit que la racine du chou porte des sortes de branches. En effet, elle se ramifie à la manière des branches d'un arbre. De la racine principale que l'on peut appeler *maîtresse racine* ou *pivot*, partent d'autres racines moins grosses qui donnent naissance à des *radicelles* ou petites racines minces terminées par des *fibrilles* très délicates. Cet ensemble de petites racines touffues forme une sorte de chevelure, de sorte qu'on lui donne le nom de *chevelu*. Vous comprenez à quoi sert ce chevelu.

Grâce à ces fils qui s'insinuent dans toutes les directions, la plante n'est pas réduite à la portion d'aliments qui se trouve auprès du pivot.

Le pivot qui continue la tige est presque indispensable à la prospérité des grands arbres,. Quand il se trouve détruit par accident, l'arbre souffre, jusqu'à ce qu'une ou plusieurs des grosses racines, se développant plus que les autres, remplacent peu à peu la maîtresse racine ou *souche*.

La plupart des arbres fruitiers ont un pivot qui s'enfonce tout droit et très profondément dans le sol. On sème leurs graines ou *pépins* dans des plates-bandes dont l'ensemble forme une *pépinière*. Quand ils sont un peu forts on les *transplante* dans des plates-bandes plus grandes où ils sont plus à l'aise. Avant de les remettre en terre, le *pépiniériste*, c'est-à-dire celui qui soigne la pépinière, a soin d'*habiller* les racines. Pour cela, il retranche avec sa *serpe* une partie du pivot et même des racines secondaires. Les racines ainsi mutilées ne peuvent plus s'enfoncer dans le sol. Mais autour de chaque blessure il se développe des racines nombreuses, minces, capables de soutenir suffisamment l'arbre, et que l'on pourra facilement dégager lorsqu'on le mettra définitivement en place. En outre, les racines éparses à une médiocre profondeur puiseront dans la couche de terre, bien fumée, d'un jardin, beaucoup plus de nourriture qu'elles n'en trouveraient dans le sous-sol ordinairement dur et peu fertile.

Les arbres traités de la sorte ne sont jamais aussi forts, ne vivent pas aussi longtemps, que s'ils avaient poussé en liberté ; mais pour les arbres fruitiers on cherche à obtenir une production *précoce* et abondante, sans s'inquiéter beaucoup de leur durée.

Il y a des plantes, comme le *melon*, la *primevère*, dont le pivot n'est que provisoire. Au bout de quelque temps, il cède la place à un certain nombre de racines *adventives* qui se sont formées au *collet* de la plante, c'est-à-dire au point de séparation de la racine et de la tige.

Lorsque ces racines, de grosseur à peu près égale, partent du collet d'une plante en formant un *faisceau* plus ou moins touffu, on les nomme racines en faisceau, racines *fasciculées*. Le *maïs*, le *blé*, le *lis*, les *palmiers* ont des racines fasciculées.

De même qu'il y a des plantes *rampantes* et *grimpantes* qui étendent au loin leur tige, il y a des racines *traçantes* qui, au lieu de plonger tout droit dans le sol, se prolongent presque à fleur de terre. Remarquons d'ailleurs que la longueur de la racine ne correspond pas à celle de la tige. Ainsi, la *luzerne*, qui atteint environ $0^m,60$, a quelquefois des racines longues de 2 mètres.

Les cultivateurs profitent de ces habitudes différentes des racines pour établir ce qu'ils appellent des *assolements*, c'est-à-dire la succession des diverses cultures qui occupent la même *sole*, le même terrain cultivable. Les racines qui s'enfoncent à une grande profondeur laissent à peu près intacte la nourriture qui se trouve à la surface du sol. Si on les remplace par des plantes à racines courtes ou traçantes, elles prospéreront comme si la terre s'était reposée en les attendant. Mais cela ne suffirait pas pour bien régler un assolement. Les plantes sont organisées de telle sorte que leurs racines absorbent des quantités variables de matières nutritives. La betterave, par exemple, est gourmande de potasse et néglige le phosphate de chaux; le blé, au contraire, consomme beaucoup de phosphate de chaux et peu de potasse. Si l'on cultivait plusieurs années de suite du blé ou de la betterave dans le même champ, on n'aurait que de piètres récoltes, à moins de leur fournir un surcroît de nourriture par des *engrais chimiques*. Mais la betterave, après avoir épuisé la potasse du sol, le laisse en parfait état pour nourrir du blé.

Voilà, mes amis, les raisons pour lesquelles, au lieu de

laisser les champs en *jachère*, on se contente de bien régler les assolements, c'est-à-dire la *rotation*, la succession des cultures.

Charles, voici une giroflée qui vit en pot depuis deux ans. Prenez-la par la tige et enlevez-la sans crainte du pot..... Bien. Dites-nous quelle apparence ont ses racines.

— Elles ont l'air de s'être enroulées pour prendre la forme du pot.

C'est vrai. Chaque racine, se trouvant à l'étroit, s'est roulée en tire-bouchon et enchevêtrée dans les autres, de sorte que l'ensemble forme une chevelure emmêlée qui a pris la forme du pot.

Vous voyez que les racines savent se plier aux circonstances. En pleine terre, si elles rencontrent un obstacle : pierre, racine, mur, elles rampent à la surface jusqu'à ce qu'elles trouvent un passage. Elles s'insinuent entre les pierres d'un mur, entre les pavés d'une cour, et à force de temps, à mesure qu'elles grossissent, elles trouvent moyen de déloger le pavé ou de renverser le mur.

Jean, regardez bien ce morceau de tige de *chiendent*. Que voyez-vous de distance en distance ?

— Je vois des racines fines et courtes.

Ces racines partent toutes d'un *nœud*. Comme celles qui se développent au *collet* des plantes, des racines *adventives*, qui arrivent en quelque sorte par *aventure*, par occasion, mais juste à point lorsqu'elles sont nécessaires.

La tige du chiendent est mince, faible et rampante. De chaque nœud, en contact avec le col, part un petit faisceau de racines adventives, qui s'enfoncent dans la terre et nourrissent spécialement la portion de tige qui leur fait suite. Dès lors tout ce qui se trouve en arrière peut disparaître, l'existence de la plante est assurée. C'est ce qui arrive, en effet. Les parties anciennes meurent, mais il en reste toujours de plus jeunes qui lancent des racines adventives et multiplient indéfiniment la plante mère. C'est pour cela qu'il est si difficile de détruire le chiendent une fois qu'il s'est emparé d'un coin de terre.

Georges, que voyez-vous sur cette tige de *lierre*.

— Des sortes de petites racines grosses et courtes.

Ce sont encore des racines adventives. Chez le lierre elles ont d'ordinaire pour fonction de lui aider à s'attacher, à se cramponner à l'écorce des arbres, aux murs, aux rochers, ce qui leur a fait donner le nom de *crampons*. Mais si un crampon trouve à sa portée de la terre végétale, il s'y enfonce, devient une vraie racine adventive et remplit les mêmes offices que celles du chiendent. On utilise cette propriété quand on fait pousser le lierre en bordure.

Vous n'avez jamais remarqué, sans doute, de plantes sans racines. Il y en a cependant. Elles vivent aux dépens des autres : ce sont des plantes *parasites* comme le *gui* du *chêne*, du *pommier ;* la *cuscute*, qui s'attache au *chanvre*, au *houblon*, au *trèfle*, à la *luzerne*.

Nous aurions, mes amis, bien d'autres choses intéressantes à dire sur les racines, mais il nous faut les réserver pour l'année prochaine.

QUESTIONNAIRE.

Qu'est-ce que la botanique ? — En quoi les plantes diffèrent-elles des animaux ? — Qu'est-ce que la racine ? — Expliquez ce que les racines puisent dans la terre. — Faites comprendre comment les racines servent de soutien aux plantes. — Citez des plantes dont la racine est pivotante. — Quels changements la culture apporte-t-elle dans certaines racines pivotantes ? — Qu'entendez-vous par herboriser ? — Comment désigne-t-on les racines renflées et charnues ? — Que produisent les tubercules ? — Qu'appelle-t-on griffe ? — Nommez des racines en griffe et des racines tuberculeuses. — Décrivez la racine du chou. — Pourquoi les racines ne sont-elles jamais vertes ? — Indiquez des racines de différentes couleurs. — Qu'appelle-t-on maîtresse-racine ou pivot ? — Qu'appelle-t-on fibrilles et chevelu ? — Qu'est ce qu'une pépinière ? — Pourquoi raccourcit-on le pivot des arbres fruitiers destinés à être transplantés ? — Quels inconvénients offre l'*habillage* des racines ? — Qu'est-ce qu'une racine adventive ? — Nommez des plantes qui ont toujours des racines adventives. — Qu'entendez-vous par racines fasciculées ? — Citez-en des exemples. — Dites ce que c'est qu'un assolement. — Faites comprendre pourquoi on varie successivement les cultures dans chaque champ. — Qu'arrive-t-il aux racines qui rencontrent un obstacle ? — Parlez-nous des racines adventives du chiendent. — Dites ce que vous savez sur les crampons du lierre. — Qu'est-ce qu'une plante parasite ? — Nommez-en quelques-unes ainsi que les plantes où elles s'attachent d'ordinaire.

XXIV. — LA TIGE. — LES RAMEAUX.

Voici un pied de *fraisier*, une *giroflée* et une *capucine*.
Dans la capucine et dans la giroflée vous distinguez aisément la *tige* qui s'élève au-dessus du *collet* de la racine.
Mais dans le fraisier, c'est moins facile. Regardez bien.
La tige est si courte qu'elle se confond à peu près avec le
collet. Pour la distinguer un peu il faut enlever quelques-
unes de ces feuilles qui semblent attachées au collet même.
Cependant, comme nous savons que la racine ne porte
pas de feuilles, toutes les fois que nous voyons une
plante dans laquelle les feuilles offrent cette disposition,
nous pouvons affirmer qu'elles partent d'une tige très
courte.

Jules, savez-vous ce que deviennent les capucines à la fin
de l'automne?

— Elles gèlent et elles meurent.

Bien. La capucine ne vit qu'un an, ou mieux qu'une
belle saison. Elle meurt dans l'année qui l'a vue naître :
nous pouvons dire que c'est une *plante annuelle*.

Henri, pensez-vous que notre *giroflée* aura le même
sort?

— J'en ai vu qui passaient l'hiver sans geler et qui fleu-
rissaient au printemps suivant.

C'est exact. La giroflée semée pendant l'été pousse vite
et à la fin de l'automne semble assez grande pour fleurir.
Mais elle s'en garde bien. Fleurir, ce serait mourir ; elle
préfère attendre à l'année suivante. Pendant l'hiver, elle

souffre patiemment la froidure sans se dépouiller de ses feuilles, et l'année suivante, dès les premiers beaux jours, elle annonce le printemps, par ses jolies fleurs jaunes et brunes. Voilà donc une plante qui vit pendant deux belles saisons ; qui existe pendant une partie de deux années. Je suis obligé de vous glisser ici un petit mot latin : *bis* veut dire deux fois ; une plante qui voit deux fois la belle saison, qui dure pendant une partie de deux années consécutives, s'appelle *plante bisannuelle*.

Arthur, combien de temps pensez-vous que dure un pied de fraisier?

— Dans les jardins, il y a des bordures de fraisiers qui durent très longtemps.

Oui, elles pourraient même durer infiniment, comme nous le verrons tout à l'heure, mais chaque pied vit pendant un grand nombre d'années. Nous nommerons plantes *vivaces*, c'est-à-dire douées d'une longue *vitalité* toutes celles qui durent au moins trois ans.

Remarquez, mes amis, que les plantes annuelles et bisannuelles ne fleurissent qu'une fois. Le chou, la carotte, qui sont des plantes bisannuelles, *montent en graine*, comme disent les jardiniers, pendant leur second été. Elles épuisent pour produire la haute tige, les fleurs, et les graines, la provision de nourriture amassée l'année précédente dans leur racine charnue, dans leur tige succulente. Les plantes vivaces, au contraire, fleurissent chaque année.

Si vous examinez un jeune arbre, vous verrez que la tige est terminée par un *bourgeon*. C'est sur ce *bourgeon terminal* que repose l'avenir de l'arbre. C'est lui qui est chargé d'allonger chaque année la *flèche*.

Lorsque la tige est arrivée à une certaine hauteur on voit se développer tout autour, à des distances à peu près égales, des bourgeons qui donnent naissance à des *branches*. Chaque branche terminée également par un bourgeon se couvre à son tour des bourgeons qui deviennent des *ra-*

meaux. Les rameaux portent des *ramules;* et les ramules portent des *ramilles*. En un mot, l'axe se *ramifie* de plus en plus à mesure que l'arbre s'accroît. Ce sont ces ramifications qui donnent à chaque arbre son aspect particulier.

Ernest, voici une jeune pousse de coudrier, droite, lisse, et encore tendre. Comment avez-vous entendu nommer ces jeunes pousses ?

— Ce sont des *scions*.

Tel est le nom adopté, on dit un *scion*, une *pousse* pour désigner un bourgeon très développé, mais qui n'est pas ramifié. Les jardiniers n'abandonneront pas de sitôt ces deux mots pour adopter le terme *bourgeon* qui est plus correct.

Charles, que voyez-vous sur l'écorce de ce scion ou bourgeon ?

— Je vois des yeux comme ceux qui se trouvent sur les branches, mais plus petits.

Ce que les jardiniers appellent *œil* est un jeune bourgeon, encore enveloppé dans ses petites écailles protectrices. Voici des bourgeons de marronnier. Vous voyez, ils sont recouverts par des écailles minces, mais coriaces, enduites d'un vernis gluant qui empêche la pluie d'y pénétrer. Je les coupe en deux et vous allez voir à l'intérieur les petites feuilles repliées, plissées, douillettement pelotonnées dans un fin duvet qui les préserve du froid. Au centre on distingue déjà ce qui sera la fleur.

De même qu'une graine contient une plante minuscule le bourgeon non développé, l'*œil* contient un rameau en miniature.

Maintenant, je coupe en tronçons notre scion de coudrier, et je vous en fais passer les morceaux.

Joseph, regardez la partie coupée et dites-nous combien de parties vous y distinguez ?

— Je distingue l'écorce, le bois et la moelle.

L'écorce, bois, moelle; voilà, en effet, ce qui constitue la tige ou le rameau complet. Dans quelques plantes à tige molle, comme les herbes, le *bois* est très mince, lâche et comme spongieux, mais il existe toujours au-dessous de l'écorce ; quant à la moelle, elle peut manquer, de sorte que la tige se trouve creuse.

Les tiges creuses sont ordinairement pourvues de petites cloisons qui forment des *nœuds* comme dans le blé, les roseaux. On les appelle des *chaumes*. De ce mot dérive *chaumière*, maison couverte en tiges creuses, en paille ou en roseaux.

Mes enfants, vous avez dû remarquer que les plantes ne se tiennent pas toutes droites comme les arbres. Il y en a qui grimpent, s'enroulent, s'accrochent, d'autres qui sont réduites à se coucher sur le sol.

Jacques, connaissez-vous des plantes grimpantes ?

— Le lierre, la vigne vierge, la ronce, le haricot.

Bien, ces plantes à tige mince très longue ne peuven se soutenir. Cependant il ne leur conviendrait pas de rester couchées sur la terre, il leur faut le grand air et beaucoup de lumière. Pour prendre place parmi les végétaux, elles n'ont qu'une ressource, monter, grimper, s'enlacer de manière à monter le plus possible. Mais la nature les a plus ou moins bien partagées selon leurs besoins réels, de sorte que chacune grimpe à sa manière.

Vous savez comment le *lierre* se cramponne au moyen de *racines adventives :* la *clématite* de nos tonnelles, la *douce*-amère des buissons, se glissent simplement entre les rameaux de plantes robustes qui leur servent de support. D'autres sont mieux pourvues.

Edmond, qu'est-ce qui garnit la tige et la feuille des ronces ?

— Ce sont des épines.

Eh bien, ces nombreux piquants sont donnés à la plante pour *s'accrocher* aux buissons, aux arbres, de sorte que le vent ne puisse la déranger une fois qu'elle s'est installée.

Jules, comment se soutiennent les liserons, les haricots?

— Ils s'enroulent autour des autres plantes ou des tuteurs que l'on place exprès pour cela.

Bien. La plante ne craint plus rien une fois qu'elle est enroulée en *spirale* autour d'un support, comme le *liseron* que les botanistes appellent *volubilis*. Si par hasard on vous disait que le haricot est une plante *volubile*, vous comprendriez tous que l'on entend : une plante capable de s'enrouler autour d'un support, comme le liseron.

Alexandre, avez-vous vu comment les pois s'accrochent aux *rames* qu'on leur offre comme soutien ?

— C'est au moyen de filets minces contournés en tire-bouchon.

Très bien. Ces filets forment, en effet, des sortes de tire-bouchons ou de *vrilles*. Le *pois*, la *vigne*, et surtout la *bryone* des haies sont munies de ces vrilles qui agissent comme des ressorts élastiques, de sorte que la tige cède un peu au vent, sans courir risque de se détacher ou de rompre son lien. Un habile mécanicien n'aurait rien pu imaginer de plus simple et de plus ingénieux.

Quelques plantes, comme la *renouée* des petits oiseaux, la *pervenche*, ont des tiges faibles et allongées incapables de se soutenir, mais sont organisées de manière à prospérer à raz de terre. Leurs tiges glissent simplement à la surface du sol. Le plus souvent, on voit des racines adventives se développer auprès des bourgeons. Peu à peu un bourgeon se développe, porte des feuilles, des fleurs, puis meurt, tandis que la tige continue de cheminer, prenant racine de distance en distance.

Au bout d'un certain nombre d'années, un pied de pervenche planté contre un mur peut se trouver à dix mètres de là au milieu d'une plate-bande. La plante a voyagé, *émigré.*

Alfred, que voyez-vous autour de ce pied de fraisier ?

— Ce sont des coulants.

On dit *coulants, filets, rejets*, etc. Ces rejets sont des *rameaux* qui partent de la tige très courte du fraisier, et de plusieurs autres plantes. Remarquez ceux-ci. Ils portent, de distance en distance, de petits bouquets de feuilles au-dessous desquels on voit de jeunes *racines adventives*. Vous comprenez ce qui se passe. Les racines s'enfoncent dans la terre, le jeune pied de fraisier se développe, et bientôt il peut se passer de la nourriture que lui fournissait le rameau attaché à la tige-mère. Si personne n'y touche, le rejet se desséchera. On peut le couper et transplanter le jeune fraisier. Dans une bordure de fraisiers, si l'on a soin d'arracher chaque année les vieilles souches et de placer convenablement les rejets avant leur enracinement, on aura toujours un mélange régulier de pieds en plein rapport et d'autres plus jeunes destinés à les remplacer.

Un certain nombre de grands arbres des pays chauds ont une tige droite sans ramifications. Tels sont les *palmiers*, terminés par un beau panache de grandes feuilles. Dans ces arbres il n'y a qu'un seul gros bourgeon qui termine la tige. La pousse de chaque année produit une nouvelle génération de feuilles et allonge un peu cette tige nommée *stipe*, qui d'ailleurs croît très lentement.

Dans nos régions les *arbres, arbustes, arbrisseaux*, et *sous-arbrisseaux* sont tous plus ou moins ramifiés. Leur aspect, leur *port* comme l'on dit souvent, provient de la disposition des branches sur la tige. Elles se groupent en *cime* arrondie dans le *marronnier*, forment une *pyramide* dans le *peuplier*; s'étendant horizontalement dans le *sapin*, retombant en courbes gracieuses dans le *saule-pleureur*.

Voici des tiges de *cactus*, de *blé*, de *lavande*, de *buis*. Examinez la partie coupée et notez bien les différences. Ernest va nous faire part de ses remarques.

— La tige de cactus est charnue et molle; celle de la lavande est dure en bas, et tendre en haut; celle du buis est du bois très dur.

Vous avez bien vu. Voilà donc des tiges qui se distinguent par leur *structure*, c'est-à-dire l'arrangement de leurs *fibres*, de leurs *cellules* organisées. Nous appellerons *succulentes* les plantes à tige charnue; herbacées, celles qui ont l'apparence d'*herbe ; ligneuses* les plantes dont la tige a pris la consistance du bois. Nous ne pourrons être embarrassés que pour ce qui concerne les plantes *sous-ligneuses* qui tiennent le milieu entre les ligneuses et les herbacées. La lavande en est un exemple. Les parties que vous voyez molles, herbacées, mourront à la fin de l'automne ; elles n'ont pas eu le temps de devenir assez fermes pour résister au froid; la plante subira un élagage naturel. A ce signe vous reconnaîtrez les végétaux sous-ligneux.

Regardez bien ce pied d'*iris* fraîchement déterré, les feuilles partent d'une tige grosse, courte, charnue. Cette tige se continue sous terre, elle se ramifie, et porte des bourgeons bien visibles. La partie charnue qui semble une racine est en réalité un *rhizome*, c'est-à-dire une *tige souterraine*, garnie de *racines adventives* longues et minces, que vous voyez ici. La tige souterraine chemine lentement à quelque distance de la surface, puis se dresse, sort de terre, et alors son bourgeon terminal se développe, il en sort un bouquet de feuilles, puis une *hampe* qui porte des fleurs. Le *carex* si commun dans quelques prairies se comporte de la sorte et envahit peu à peu le terrain si l'on ne prend soin de le détruire.

Arthur, voici une jolie pomme de terre longue. Dites-nous ce que c'est par rapport à la plante : est-ce une tige, un rameau, une racine ?

— C'est une racine.

J'attendais cette réponse. Mais examinez de près notre pomme de terre. Elle est garnie d'un assez grand nombre d'*yeux*, c'est-à-dire de bourgeons répartis régulièrement comme ceux d'une branche d'arbre. Quelques-uns ont hâte de se développer et s'allongent sous forme d'un petit cône charnu. Si nous laissons cette pomme de terre dans un endroit frais, exposée à la lumière, ces bourgeons vont pousser et produire quoi? des racines ou des feuilles ?

— Ils produiront des feuilles.

Alors, la question est jugée. Comme les bourgeons *ordinaires* des racines ne produisent pas de feuilles, nous avons affaire à un rameau souterrain qui, faute de pouvoir développer ses bourgeons à feuilles, s'occupe à produire des racines adventives.

Encore une petite énigme à deviner. Voici un *oignon* ou *bulbe* de *jacinthe*, où est la tige?

Pour vous la montrer, je le coupe en deux. Ce *plateau* d'où partent les racines s'élève en forme de cône sur lequel se groupent les *écailles*. Voilà la tige. Elle porte un *bourgeon terminal* qui fournira les feuilles et les fleurs.

QUESTIONNAIRE.

Qu'est-ce qu'une plante annuelle? — Combien de fois fleurissent les plantes bisannuelles? — Qu'entendez-vous par plante vivace? — Nommez des plantes annuelles, bisannuelles et vivaces. — De quelle manière s'allonge la *tige* d'un arbre? — Expliquez comment se forme la cime ramifiée d'un arbre. — Qu'appelle-t-on communément *scion* ou *pousse?* — Qu'est ce que les jardiniers entendent par œil? — Indiquez la conformation d'un bourgeon. — Quelles sont les parties principales d'un tronçon de tige? — Dites ce que l'on entend par chaume. — Qu'est-ce qu'une plante grimpante. — Nommez des plantes grimpantes. — Parlez-nous des diverses manières dont se soutiennent les plantes grimpantes. — Qu'appelle-t-on plantes rampantes? — Expliquez comment certaines plantes rampantes émigrent d'un endroit à un autre. — Qu'appelle-t-on coulants ou rejets du fraisier? — Expliquez comment le fraisier se multiplie par des rejets. — De quelle manière grandissent les palmiers? — Indiquez les directions que prennent le plus souvent les branches des arbres. — Dites comment on distingue les diverses sortes de tiges, par rapport à leur dureté. — Qu'est-ce qui caractérise une tige sous-ligneuse? — Quel nom les botanistes donnent-ils aux tiges souterraines? — Décrivez une tige souterraine d'iris, son accroissement et son développement dans l'air. — Expliquez ce qui fait reconnaître la pomme de terre pour un rameau souterrain. — Faites comprendre la nature d'un *oignon* ou bulbe de jacinthe.

XXV. — LES FEUILLES.

Nous avons ici, mes amis, de quoi vous intéresser.
Voyez la belle collection de feuilles ! Il y en a de toutes
sortes. Peut-être même sommes-nous trop riches. C'est
la moisson de notre petite promenade. Il s'agit de mettre un peu d'ordre dans ce fouillis. Essayons de classer
ces feuilles, d'en faire des catégories très faciles à reconnaître. Vous savez qu'avec un peu d'ordre et de soin, on se
débrouille des choses les plus compliquées.

La manière la plus naturelle, la plus simple de classer
nos feuilles consiste à les ranger non pas d'après leur
grandeur, mais d'après leur forme. De chaque forme bien
tranchée nous ferons un *type* que vous reconnaîtrez facilement.

Arthur, à quoi ressemblent les feuilles longues, droites,
roides et dures de cette branche de sapin ?

— On dirait des aiguilles.

Fort bien. Nommons-les feuilles en *aiguille*. Dans cette
catégorie prendront place celles du *pin*, du *genévrier*, qui
se rapportent au même type.

Edmond, dessinez au tableau une flèche... Ce n'est pas
mal. Maintenant, dites-nous comment appeler cette feuille
que nous avons cueillie dans l'eau, au bord de l'étang.

— On pourrait l'appeler feuille flèche.

Adopté. La feuille de *sagittaire* (qui veut dire flèche)
sera le type des feuilles en flèche. D'autres affectent plus
spécialement la forme d'un *fer de lance*.

A votre tour, Jean; il s'agit de dé   er cette feuille de *capucine.*

— Elle est presque ronde.

Eh bien, un objet rond et plat, comme un palet, s'appelle un *disque;* nous pourrons dire : les feuilles en *disque.*

De même nous appellerons feuilles en *spatule* celles qui présenteront la forme de cette feuille de *pâquerette;* feuilles en *cœur,* celles du *liseron;* feuilles en *épée,* celles de l'*iris.*

Les botanistes donnent à tous ces types de feuilles des noms un peu latins que nous n'avons pas besoin de mentionner. Il suffit que vous puissiez reconnaître au premier coup d'œil les formes ordinaires des feuilles.

Arthur, comment nommez-vous cette petite tige mince qui supporte la feuille de capucine?

— C'est la queue de la feuille.

Comme nous faisons ici de la botanique, nous appellerons cette queue un *pétiole* (prononcez *péciole);* retenez ce mot. Le pétiole est une portion de la feuille plus ou moins rétrécie qui l'attache à la tige ou au rameau. Quelquefois, comme dans cette feuille de pâquerette, on voit très bien que le pétiole et la feuille ne font qu'un. Mais dans la capucine, on dirait, en effet, une sorte de tige mince d'une nature toute différente. Chez un certain nombre de plantes les feuilles s'attachent directement à la tige par leur partie large nommée *limbe;* de sorte qu'il n'y a pas de pétiole. Cette tige de *lin,* ce rameau de *laurier* vous en fournissent des exemples.

Joseph, examinez ces tiges de *seigle,* d'*orge,* d'*avoine,* et détachez leurs feuilles. Comment sont-elles fixées à la tige.

— Elles s'enroulent tout autour.

Bien, non seulement ces feuilles n'ont pas de pétiole, mais leur base très large entoure la tige et lui forme une *gaine* qui l'emboîte de manière à la soutenir à partir du nœud.

Je vous invite maintenant à examiner différentes feuilles pour bien voir les *nervures* qui soutiennent le limbe. Ces nervures forment à la feuille une sorte de charpente, de carcasse sur laquelle s'étend le limbe. En hiver, on trouve dans les bois des feuilles dont il ne reste plus que les nervures, ce qui leur donne l'apparence d'une dentelle.

Arthur, dites-nous comment sont rangées les nervures dans cette feuille de châtaignier.

— Elles forment des rangées régulières qui partent de la côte.

Bien. Ce que vous nommez la *côte* est la nervure centrale qui continue le pétiole lorsqu'il existe. Dans les feuilles qui ont une nervure centrale, on voit de chaque côté les nervures plus fines disposées comme les barbes d'une plume. La feuille du *châtaignier* vous en offre un exemple très bien dessiné.

Jules, regardez en dessus et en dessous cette feuille de *mauve* et dites comment sont disposées ses principales nervures.

— Elles forment la patte d'oie.

Vous ne pouviez mieux trouver. Du pétiole partent cinq nervures d'inégale longueur comme les cinq doigts d'une oie, et le limbe est tendu sur ces nervures comme la membrane d'un pied *palmé ;* nous pouvons dire que ces nervures sont *palmées*, tandis que celles de la feuille de châtaignier sont en *barbe de plume* (pennées).

Joseph va nous expliquer comment se dirigent les nervures de cette feuille d'*iris.*

— Elles sont droites et continuent tout le long de la feuille.

C'est cela. Voilà donc encore une disposition : celle des nervures droites. Vous la retrouverez dans la feuille du *blé*, du *glaïeul.*

Quelles que soient les feuilles que vous examinerez, vous reconnaîtrez que leurs nervures rentrent dans l'une des dispositions que nous venons de signaler : droites, palmées ou en forme de plume.

Occupons-nous maintenant de la forme des feuilles en ce qui concerne le bord, les contours du limbe.

Dans la feuille de capucine le bord n'est ni dentelé ni fendu, à peine offre-t-il de légères ondulations. L'aspect général de la famille est donc celle d'un disque *entier*, dont les bords n'offrent aucune solution de continuité, aucune irrégularité importante. Nous dirons que ces sortes de feuilles sont *entières*. Le *lilas*, le *buis*, l'*iris*, nous en fournissent des exemples.

Charles, décrivez les bords du limbe de la feuille de châtaignier.

— Ils sont dentés comme une scie.

C'est juste. Beaucoup de feuilles sont dans le même cas, mais il y en a peu chez lesquelles la disposition et la taille des dents soient aussi régulières. Ainsi ces feuilles de *tilleul* et de *mauve* portent des dents assez irrégulières. Quoi qu'il en soit, voilà un caractère facile à reconnaître. Nous ferons une catégorie des feuilles dentées. De même que l'on distingue une denture très différente dans les scies, depuis celle du scieur de long jusqu'à l'étroite lame dentelée du bijoutier, nous pourrons, au besoin, subdiviser la catégorie des feuilles *dentées* et y former des classes comprenant les dentures grosses, moyennes et fines. Pour plus de précision, nous pourrions encore remarquer si les dents sont dirigées en avant ou en arrière.

Souvent les dents sont émoussées, de sorte qu'au lieu de se terminer en pointe *aiguë* elles offrent un rebord *obtus :* on dit alors que les feuilles sont *crénelées*, comme par exemple cette feuille de *saxifrage*.

Lorsque les dents ont les crénelures très profondes, la feuille se trouve divisée en grandes sections ou *lobes ;* on dit alors qu'elle est *lobée* comme celle du *bauhinia*.

Les découpures des lobes devenant de plus en plus profondes atteignent la moitié du limbe ou même davantage, comme par exemple dans le *ricin*. Pour éviter les mots latins qui ne rentrent pas dans notre programme, nous les nommerons tout bonnement feuilles *divisées, fendues*. Le *chanvre*, le *marronnier* ont des feuilles de ce genre.

Georges, voici un rameau d'acacia. Détachez-en une seule feuille. N'allez pas vous tromper.

Eh bien, vous vous trompez. Ce que vous nous montrez là n'est pas une feuille, ce n'en est qu'une portion, une subdivision, une *foliole*. D'où l'avez-vous détachée ? Est-ce du rameau lui-même ?

— Non, toutes les petites feuilles tiennent au rameau par le même pied.

Je dessine au tableau cette feuille d'acacia. Maintenant je réunis par une ligne le contour de toutes les folioles, et j'accentue un peu leur nervure centrale. Que voyez-vous ?

— Une grande feuille avec des nervures en barbe de plume.

C'est cela. Les nervures latérales sont peu nombreuses. Autour de chacune le limbe s'est trouvé découpé en forme de petite feuille ; mais chacune de ces petites feuilles ou folioles n'a pour soutien qu'une des nervures en barbe de plume, elle n'est pas attachée au rameau par un pétiole ; par conséquent tout l'ensemble n'est, en réalité, qu'une seule feuille découpée en morceaux réguliers, en folioles.

Cette feuille de rosier offre la même disposition, mais beaucoup moins évidente. Remarquez que la base de son pétiole s'élargit et forme deux sortes de petites feuilles étroites. Un assez grand nombre de feuilles portent ces appendices nommés *stipules*.

Nous appellerons feuilles *composées* toutes celles qui seront découpées, de telle sorte qu'elles paraissent formées de plusieurs feuilles régulièrement disposées le long d'une nervure centrale.

La complication peut être plus grande encore. Suivez

bien mon dessin. Voici une nervure centrale de feuille. De chaque côté je trace des nervures secondaires. Maintenant, considérant ces nervures secondaires comme autant de nervures principales, je donne à chacune sa série de nervures disposées en barbe de plume. Cela fait, je dessine une foliole autour de chaque nervure secondaire. Voyez l'effet. Les nervures secondaires de la grosse nervure centrale portent chacune ce qui paraît une feuille composée. Mais comme tout l'ensemble de ces folioles est fixé au rameau par un seul pétiole, l'ensemble n'est qu'une feuille non seulement composée, comme celle de l'acacia, mais *décomposée* en parties encore plus nombreuses. Les feuilles de la *sensitive* sont décomposées. Cette plante très curieuse a été ainsi nommée parce que ses feuilles se déplacent et ses folioles se réunissent, lorsque l'on y touche, comme si elle *sentait* le contact de la main. Il ne faudrait pas croire, cependant, qu'elle éprouve une sensation quelconque. Louis va nous dire pourquoi,

— Parce qu'elle n'a pas de nerf.

C'est juste. Les plantes n'ayant pas de nerfs ne peuvent éprouver des sensations. Mais elles sont organisées de telle sorte que certaines influences leur font exécuter des mouvements plus ou moins prononcés.

Vous savez que les plantes dirigent leurs tiges, leurs feuilles, leurs fleurs, du côté de la lumière. Beaucoup de fleurs ne s'ouvrent que pendant le jour et se ferment dès que la lumière devient trop faible pour les maintenir ouvertes.

Il y a aussi des plantes dont les feuilles se rapprochent ou changent de position sous l'influence de l'obscurité.

Vous comprenez, mes enfants, que la disposition des rameaux et la forme des feuilles donnent aux plantes une apparence très diverse. Même à une grande distance vous ne pouvez confondre un *tilleul* avec un *marronnier;* un peuplier avec un chêne, un *saule* avec un *sapin.* Dans un jardin, la *capucine*, le *pied d'alouette*, la *vigne*, l'*iris*, vous frappent au premier coup d'œil.

Par la manière dont elles se ramifient les plantes acquièrent un *port* caractéristique, qui persiste pendant l'hiver et permet de les distinguer alors qu'elles n'ont plus leur parure de feuillage. Pendant la belle saison, les feuilles donnent à chacune son aspect, sa physionomie, et permettent de la reconnaître à première vue. Quand il s'agit de végétaux bien connus, habituez-vous à ne pas prendre la fleur pour point de repère. Les fleurs ne se montrent que pendant une partie de la belle saison, de sorte que si vous n'aviez pas appris à reconnaître les plantes à leur port et à leur feuillage, vous seriez presque toujours fort embarrassés. Il y a d'ailleurs beaucoup de végétaux, comme les arbres de nos forêts, de nos bois, dont les fleurs sans éclat passent presque inaperçues et ne vous renseigneraient que d'une façon bien incomplète.

Toutes les feuilles que nous venons d'examiner sont vertes. Mais remarquez combien elles diffèrent de *ton* et de *nuance*.

Tous les *tons* clairs et sombres de la couleur verte sont représentés par nos échantillons, depuis la pâle feuille de *capucine* jusqu'à la sombre feuille de châtaignier. En voici qui sont de nuance un peu jaune; d'autres rougeâtres; quelques-unes paraissent azurées.

A l'automne, peu de temps avant de se détacher, les feuilles perdent leur coloration verte et revêtent des couleurs qui donnent une incomparable beauté aux paysages. Le *chèvrefeuille* pâlit au point de devenir blanchâtre; le *marronnier*, le *noyer* prennent des tons bruns; l'*érable*, le *peuplier* tranchent sur les fonds sombres par leur parure jaune; tandis que la *vigne vierge* enlace à leurs rameaux ses guirlandes empourprées.

C'est la parure d'adieu du feuillage. Les vents d'hiver arrachent les feuilles épuisées les dispersent, et leurs débris accumulés augmentent peu à peu la couche de terreau qui fertilise les bois.

La plupart des arbres de nos pays portent des feuilles *caduques*, c'est-à-dire qui tombent chaque hiver, cependant chez quelques-uns nommés *arbres verts* les feuilles durent deux, trois ou même quatre années, de sorte que leurs rameaux en sont toujours garnis. Tels sont le *fusain*, le *laurier*, le *buis*, le *lierre* et surtout la nombreuse famille des *pins* et des *sapins*.

On néglige trop la culture de ces plantes agrestes dont la verdure repose si agréablement la vue pendant la mauvaise saison. Quand vous aurez un petit coin de terre, ne manquez pas d'y planter des plantes à feuillage *persistant*, c'est-à-dire toujours gárnies de feuilles vertes.

QUESTIONNAIRE.

Citez des plantes qui portent des feuilles en forme d'aiguille. — Indiquez des feuilles en forme de flèche, de cœur, de disque. — Qu'est-ce que le pétiole? — Citez des feuilles qui n'ont pas de pétiole. — Citez des feuilles qui forment une gaine autour de la tige. — Comment s'appelle la partie élargie et mince des feuilles? — Qu'appelle-t-on nervures? — Comment sont disposées les nervures d'une feuille de châtaignier? — Expliquez la disposition des nervures d'une feuille de mauve. — Comment sont placées les nervures dans la feuille de l'iris? — Qu'appelle-t-on feuille entière? — Décrivez les bords d'une feuille de châtaignier. — Nommez des plantes à feuilles plus ou moins finement dentées. — Citez des feuilles divisées, fendues. — Qu'est-ce qu'une feuille composée? — Faites comprendre qu'une feuille composée est une seule feuille divisée, découpée. — Indiquez la formation d'une feuille décomposée. — Nommez des plantes à feuilles composées et décomposées. — Qu'entendez-vous par le *port* d'une plante? — Qu'est-ce qui donne aux plantes un port particulier? — Comment le feuillage donne-t-il aux plantes un aspect caractéristique? — Pourquoi ne faut-il pas s'habituer à reconnaître les plantes par leurs fleurs? — Pourquoi est-il difficile de distinguer par leur floraison les arbres de nos forêts? — Donnez une idée de la variété des tons et des nuances des feuilles vertes. — Indiquez les couleurs que revêtent à l'automne certains feuillages. — Qu'appelle-t-on feuilles caduques et feuilles persistantes? — Quels genres de végétaux désigne-t-on sous le nom d'arbres verts?

XXVI. — LES FLEURS.

Quelle jolie chose que la botanique. Voyez, pour sujet de leçon nous avons ici une gerbe de fleurs. Nous en avons cueilli partout : à la lisière du bois, dans les champs, le long des haies et dans notre parterre.

Les fleurs sont vos amies. Quoique vous soyez bien jeunes, elles vous rappellent d'agréables souvenirs. Vous croyez revoir l'endroit où vous avez pour la première fois cueilli des *coucous* et des *pâquerettes*. Vous vous représentez la haie enguirlandée de *liserons ;* le champ de blé avec sa coquette parure de *bleuets* et de *coquelicots*.

Pour vous, mes enfants, la fleur est cette partie élégante, délicate et vivement colorée des plantes qui réjouit vos yeux et vous charme aussi par son parfum. Vous ne lui avez demandé jusqu'ici que d'être jolies et de sentir bon. Vous avez dédaigné celles qui ne possédaient ni l'une ni l'autre de ces qualités.

Eh bien, parmi notre gerbe fleurie nous avons placé quelques plantes dont la fleur est assez insignifiante, comme taille, comme aspect et comme parfum. S'il s'agssait de composer un bouquet nous les mettrions de côté. Mais comme nous allons faire de la botanique, elles ont le droit de figurer avec leurs compagnes plus favorisées.

Aujourd'hui, tout en rendant justice aux fleurs belles et odorantes, nous les mettrons toutes sur un pied d'égalité pour dire d'abord ce que c'est qu'une fleur.

La fleur est une partie de la plante qui contient certains *organes* destinés à produire des fruits.

Voilà, n'est-ce pas, une définition bien simple. Supposons qu'une fleur ne contienne que la moitié des organes qui servent à produire des graines ; elle n'en serait pas moins une fleur. Si les parties, les organes qui servent à produire des fruits sont petits, de couleur insignifiante, de texture coriace et privés de parfum, nous serons obligés d'y reconnaître néanmoins une fleur.

Cependant je ne veux vous présenter aujourd'hui que des fleurs telles que vous les comprenez. Plus tard nous parlerons des autres.

Arthur, qu'est-ce qu'un *bouton* de fleur ?

— C'est une fleur qui n'est pas épanouie.

Le *bourgeon* est une tige ou un rameau non développé. Il contient en miniature toutes les parties d'une *pousse*. Le bouton est également formé par l'ensemble non développé des parties d'une fleur. De même que le bourgeon est protégé, avant son épanouissement, par des écailles plus résistantes que les feuilles ; le bouton est d'ordinaire protégé par des sortes de feuilles qui l'enchâssent comme dans une *coupe*, de sorte qu'on appelle cette partie de la fleur le *calice*. En dedans du calice se trouve la *corolle*, ce qui frappe d'ordinaire quand on voit une fleur.

Edmond, qu'est-ce qui supporte ces *boutons d'or* ?

— Ils sont portés par une longue queue mince.

En botanique la queue des fleurs et des fruits s'appelle *pédoncule*. Voilà un mot qu'il faudra retenir. On ne dit ni la queue ni la *tige* d'une fleur, mais le pédoncule. Celui-ci est porté par la tige comme les *pétioles* des feuilles.

La forme des calices est très variable. Alexis va nous dire de combien de pièces se compose le calice vert des fleurs de *primevère*, de *liseron*, de *tabac*.

— Il n'y a qu'une pièce qui forme un petit cornet dentelé.

Comptez maintenant et décrivez les pièces du calice dans ces fleurs de *bourrache*, d'*églantier*, de *lin*.

— Il y a cinq divisions. Dans la bourrache les petites

feuilles sont velues ; celles de lin sont courtes et pointues ; celles de l'églantier ont l'air d'être découpées en lanières à la partie supérieure.

Bien. Vous voyez que le calice varie beaucoup d'aspect quant à la forme. Regardez cette rose fanée ; son calice n'a guère changé, il s'est simplement étalé et abaissé. Voyez, au contraire, ce coquelicot pleinement épanoui, son calice a disparu. La fleur, en s'ouvrant, s'est débarrassée de cette enveloppe devenue inutile.

Quelquefois le calice devient très élégant. Dans la *valériane*, il est accompagné d'aigrettes plumeuses, qui semblent faire corps avec lui.

Voici un bouquet à surprise, composé de *pied d'alouette*, d'*aconit*, de *capucine* et de *fuchsia*. Georges va nous dire comment est fait le calice de ces fleurs.

— Elles n'ont pas de calice.

Je m'attendais à cette réponse. Elle est bien naturelle. Tout à l'heure vous avez vu des calices verts. Ici je vous présente des calices colorés en bleu, en jaune, en rouge. Vous deviez vous y tromper. Eh bien, cela vous montre que le calice, qui ressemble ordinairement à une ou plusieurs petites feuilles vertes de forme très variable, peut prendre des couleurs éclatantes. Dans cette fleur d'*aconit*, par exemple, ce qui se voit c'est seulement le calice. Il faut en déranger les pièces pour découvrir les autres parties. Dans la *capucine*, dans le *pied d'alouette*, voyez quel joli effet produit le calice en forme d'*éperon*.

Passons la co olle.

D'ordinaire cette partie de la fleur est très développée, son tissu délicat présente une apparence tantôt diaphane comme dans la *rose*, tantôt veloutée comme dans la *pensée*, tantôt vernissée comme dans le *bouton d'or*. Quant aux couleurs, on les trouve toutes dans les fleurs, sauf le noir et le vert. Les tons, les nuances de ces couleurs sont souvent inimitables à cause de leur délicatesse ou de leur éclat.

Je viens de vous dire que la partie de la fleur contenue dans le calice s'appelle *corolle*.

De même que le calice peut être formé d'une ou de plusieurs pièces de forme très variable, la corolle consiste en une ou plusieurs pièces dont la forme et l'arrangement offrent une remarquable diversité.

Nous appellerons *pétales* les pièces qui constituent une corolle. De sorte que nous dirons : corolle à un, quatre, cinq pétales. Si le nombre dépasse cinq, nous dirons corolle à nombreux pétales. De cette façon nous nous passerons de mots grecs, et nous n'en serons pas plus embarrassés.

Arthur, quelles sont les parties d'une feuille ?

— Le pétiole, le limbe. Le limbe est soutenu par des nervures.

Bien. Si vous regardez par transparence des pétales de *rose*, de *giroflée*, vous verrez que ces pièces de la corolle ont des *nervures* très délicates, disposées à peu près comme celles des feuilles. Lorsque les pétales offrent à peu près la forme d'une feuille, comme dans la *giroflée*, la partie étroite qui les termine à la partie inférieure s'appelle *onglet*.

Lucien, prenez une fleur d'*aconit*, et enlevez les grandes pièces qui forment le calice. — Bien. Ces deux pièces de forme si étrange qui restent seules sur le pédoncule sont des pétales. Dans cette fleur d'*ancolie*, les pétales ont la forme de cornet.

Ernest, à quoi ressemble cette fleur de *liseron* ?

— A une cloche.

Bien. Nous appellerons *fleurs en cloche* toutes celles qui présenteront une forme à peu près semblable, que leurs bords soient unis comme dans ce spécimen, ou découpés comme dans la *campanule*.

Cette fleur de bourrache avec ses cinq pétales entre lesquels sont symétriquement disposées les pièces du calice représente une élégante *rosace*, c'est-à-dire un ornement formé de lignes variées dont l'ensemble offre une forme arrondie.

La fleur du *jasmin* et celle du *lilas*, avec leurs quatre pétales concaves, nous offrent aussi un type facile à reconnaître. D'autres, comme la *grande consoude*, le *tabac*, s'allongent en tube droit ou renflé.

Remarquez la fleur de la *sauge*. Du calice sort un tube un peu irrégulier. A une certaine hauteur ce tube étroit se divise en deux parties qui simulent assez bien une gueule ouverte avec deux *lèvres* dont l'une est dressée et l'autre pendante. Cette disposition étant assez commune, nous lui donnerons un nom : ce sera une corolle à lèvres ou *labiée*.

La fleur de la *gueule de lion*, beaucoup mieux nommée *muflier*, offre une sorte de corolle labiée formée par un renflement de la lèvre supérieure, de telle sorte qu'avec un peu d'imagination on peut dire qu'elle ressemble au muflo d'un animal. De même, la fleur du *pois* avec ses deux grands pétales renversés passe pour représenter un papillon, de sorte que nous appellerons *fleurs en papillon* toutes celles qui ont cette apparence.

Henri, cherchez dans notre collection de plantes des fleurs en papillon.

— Voici des fleurs de haricot, de genêt et de luzerne.

Examinez maintenant cette fleur de chou et faites-en la description.

— La fleur de chou a un long calice divisé en quatre pièces, d'où sortent quatre pétales assez étroits disposés en croix.

C'est bien. Henri va nous trouver d'autres plantes dont les quatre pétales sont disposés en croix.

— Voici la moutarde, la giroflée.

C'est juste. Eh bien, nous dirons, pour le présent, que le *chou*, la *moutarde*, la *giroflée*, ont des *fleurs en croix*.

Un dernier exemple pour terminer ce qui concerne la corolle.

Voici une fleur de *pissenlit*. Je l'ouvre, j'en détache un *fleuron*, c'est-à-dire une petite fleur faisant partie d'une grande fleur *composée*. Ce fleuron est, en réalité, une fleur complète. Voici son calice accompagné d'une aigrette, et sa corolle composée d'une seule languette. C'est la réunion de ces languettes qui forme la fleur complexe de la *chicorée*, de la *reine-marguerite*.

Georges, décrivez-nous cette fleur de *lis*.

— C'est une grande fleur blanche sans calice, dont la corolle est formée de six pétales.

Mon ami, les apparences vous trompent. Cette fleur se compose réellement de trois pétales d'un blanc pur emboîtés dans un calice formé de trois pièces qui ressemblent presque exactement aux pétales.

Voyons si vous serez plus heureux avec cet échantillon d'*anémone*.

— Bien sûr l'anémone n'a pas de calice, mais seulement cinq larges pétales assez semblables à ceux de l'églantine.

Encore une surprise. Ces pièces si délicates et si brillamment colorées de l'anémone sont celles du calice qui ressemble à une corolle. Méfiez-vous des apparences.

Mes amis, tout ce que nous venons d'étudier dans les fleurs est certainement fort intéressant, mais nous n'avons pas encore parlé des parties les plus importantes pour le botaniste. Alfred, comment vous ai-je défini la fleur?

— La fleur est une partie de la plante qui contient certains organes destinés à produire des fruits.

Eh bien, aucun des organes ou parties constituantes des fleurs que nous avons examinés ne contribue à produire des fruits. Ce sont des *accessoires*, des *enveloppes* qui protègent les parties plus importantes, dont nous nous occuperons en détail quand vous serez un peu plus avancés. Je vais seulement vous les indiquer aujourd'hui.

Prenez une fleur de *giroflée*. Enlevez délicatement le calice puis les pétales. Ce qui reste, c'est la vraie fleur. Au centre vous voyez une sorte de flacon allongé, terminé par une masse élargie légèrement fendue. Le flacon s'appelle *pistil*. Autour du pistil sont rangées les *étamines*.

Souvent le pistil a des formes plus élégantes, témoin celui-ci que j'isole dans une fleur de *primevère*. Quant aux étamines, leur forme et leur disposition est également assez variable.

Ce sont les étamines et le pistil qui se chargent de produire des fruits, par conséquent ce sont les parties constituantes, les *organes* essentiels de la fleur. Comme vous êtes maintenant des apprentis botanistes, vous ne manquerez jamais, en examinant une fleur, de reconnaître la forme et la disposition du pistil et des étamines. Cela ne vous empêchera pas d'admirer comme auparavant la délicatesse et l'éclat des pétales et de vous délecter de leur parfum.

QUESTIONNAIRE.

Donnez une définition très simple de la fleur. — Est-il nécessaire que chaque fleur contienne toutes les parties qui contribuent à produire des fruits ? — Qu'est-ce qu'un bouton ? — Expliquez comment un bouton ressemble à un bourgeon. — Qu'est-ce que le calice ? — Comment s'appelle la partie de la plante qui contient la fleur ? — Donnez une idée de la diversité des formes du calice, en prenant pour exemple des fleurs très communes. — Que devient le calice quand la fleur s'épanouit ? — Nommez des fleurs dont le calice est coloré. — Indiquez une fleur dans laquelle les parties externes sont entièrement constituées par le calice. — Qu'est-ce que la corolle ? — Donnez une idée de l'apparence ordinaire des corolles. — Comment s'appellent les pièces de la corolle ? — En quoi le pétale ressemble-t-il à la feuille ? — Comment s'appelle la partie étroite et allongée du limbe d'un pétale ? — Décrivez des pétales de forme peu commune. — Citez-nous des fleurs dont les corolles présentent la forme d'une cloche. — Nommez des fleurs allongées en tube. — Décrivez une corolle à lèvres ou *labiée*. — Expliquez d'où vient le nom du muflier. — Qu'appelez-vous fleur en papillon. — Citez-en quelques-unes très connues. — Nommez des fleurs en croix. — Expliquez la composition d'une fleur de reine-marguerite. — Dites ce que vous savez sur la corolle du lis et sur celle de l'anémone. — Qu'est-ce que le pistil ? — Qu'appelez-vous étamines ? — Quelles sont les parties essentielles d'une fleur ?

XXVII. — LES FRUITS.

Nous avons ici deux assiettes bien garnies. Henri va nous dire ce qu'elles contiennent.

— Dans l'une il y a des fruits, et dans l'autre des graines.

Voilà encore une des surprises de la botanique. Vous êtes habitués à appeler les *fruits* les produits charnus, savoureux des plantes. Tout ce qui n'est ni gros ni charnu et juteux passe, à vos yeux, pour une *graine*. Eh bien, causons des fruits et vous comprendrez que nous n'avons pas autre chose dans ces deux assiettes.

Puisque nous ne pouvons pas nous fier aux apparences, nous devons tout d'abord nous demander : qu'est-ce qu'un fruit ?

Rappelez-vous ce que nous avons dit, dans notre dernier entretien, au sujet des fleurs.

Arthur, quelles sont les parties indispensables d'une fleur?

— Celles qui contribuent à former des fruits.

Comment s'appellent ces parties ?

— Le pistil et les étamines.

C'est cela. J'ai apporté quelques fleurs pour que vous puissiez vous rendre compte de ce que je vais vous expliquer.

J'enlève les *pétales* de ces *primevères* et je ne laisse de la fleur que son *pistil*. Voyez, il a la forme d'un flacon à très long goulot. Remarquez que le goulot se termine par une partie renflée, élargie, à surface grenue, qui représente la capsule d'une bouteille bouchée. Nous avons dans ce pistil trois parties bien distinctes : la panse du flacon, le col et la capsule. Nommons ces trois parties *ovaire, style* et *stigmate*. Maintenant, expliquons ces trois mots qu'il vous faudra retenir.

J'ouvre l'ovaire. J'y vois un assez grand nombre de petits points blanchâtres. En les regardant de près, même sans loupe, je reconnais qu'ils ont la forme et l'apparence de graines encore tendres, et inachevées. Une graine est, en quelque sorte, l'*œuf* de la plante ; c'est de la graine que sortira une petite plante semblable à sa mère. Par conséquent nous pouvons appeler petits œufs, ou *ovules*, ces points blancs, ces graines à demi formées que nous voyons dans l'ovaire. Vous comprenez maintenant d'où vient le nom donné à la partie la plus développée du pistil. C'est un réservoir à graines, à petits œufs de plante, que nous appelons ovules : l'organe qui les contient s'appellera *ovaire*, c'est-à-dire réservoir d'ovules.

Le mot *style* s'explique de lui-même. Un *stylet* est un poignard à lame très mince et effilée, ou encore une mince tige de métal. Dans le pistil, le style varie beaucoup de longueur. Il est parfois confondu avec l'ovaire.

Le mot stigmate veut dire *marque*. Dans le pistil on a donné ce nom au point indiqué, *marqué*, désigné pour recevoir le *pollen* des *étamines*.

Un peu de patience, et tout cela va devenir parfaitement clair.

Jean, prenez cette fleur de *lis* et faites-en la description.

— La fleur de lis est grande et blanche. Elle se compose de six pétales.

Prenez garde. Les trois premiers ne sont pas de vrais pétales.

— Elle se compose d'un calice à trois pièces qui ressemblent à des pétales, et de trois pétales. Au centre on voit le pistil vert terminé par une petite masse veloutée. Autour du pistil sont rangées les étamines qui laissent envoler une poussière jaune.

Très bien. Cette poussière jaune s'attache très facilement aux doigts ou au bout du nez : vous en avez peut-
être fait l'expérience sur vos petits amis. C'est cette poussière qu'on appelle *pollen*. Toutes les étamines produisent
du pollen diversement coloré. C'est ce pollen qui s'attache
au corps des abeilles, des bourdons, des mouches et leur
fait parfois un déguisement assez comique.

Revenons au pistil.

Le stigmate est renflé, élargi, sa surface granuleuse ou
veloutée est tout à fait convenable pour arrêter en chemin les poussières. Lorsque le pollen tombe dessus, il
s'y attache. Cela est nécessaire pour que l'ovaire continue
de vivre, grossisse, devienne un *fruit* et porte des graines
parfaites. Si l'on coupe les étamines d'une fleur avant
qu'elles aient laissé échapper leur pollen, cette fleur devient *stérile*, c'est-à-dire son ovaire se flétrit et tombe.

Vous savez qu'au printemps les arbres fruitiers se couvrent d'une quantité innombrable de fleurs. On dirait une
neige blanche et rose. Chaque fleur pourrait produire un
fruit. Mais pour le plus grand nombre, le pollen ne se
trouve pas porté juste à temps sur le stigmate, ou bien le
froid, la pluie, viennent contrarier son effet : la fleur
tombe. Lorsqu'au contraire tout se passe dans des conditions favorables, le pollen se fixe comme il faut sur le stigmate, l'ovaire grossit, le fruit est *noué*, comme disent les
jardiniers.

Reprenons en résumé l'histoire du pistil et des étamines.

Georges, expliquez ce que c'est que l'ovaire.

— L'ovaire est la partie renflée du pistil. Quand on
l'ouvre, on y voit de petites graines à peine formées.

Ferdinand, dites-nous ce que vous savez sur le stigmate.

— C'est la partie supérieure du pistil, ordinairement
renflée, à surface granuleuse ou veloutée. C'est sur le stigmate que doit s'attacher la poussière des étamines pour
que l'ovaire puisse grossir et mûrir ses graines.

Très bien. Lucien, comment s'appelle la poussière des étamines?

— On l'appelle pollen.

Arthur, que devient une fleur lorsque le pollen ne s'est pas attaché comme il le fallait au stigmate?

— L'ovaire se flétrit et la fleur tombe.

Et si le stigmate a bien reçu le pollen?

— L'ovaire grossit, le fruit noue.

C'est cela. Petit à petit, l'ovaire s'accroît, les graines imperceptibles grossissent, et le fruit arrivé à maturité porte des graines parfaites. Telle est l'histoire générale du fruit.

Entrons maintenant dans quelques détails.

Voici une *rose*. J'enlève les pétales et les étamines. Je coupe en deux ce qui reste de la fleur. On voit le pistil et l'ovaire avec ses petites graines naissantes, dans une sorte de bouteille évasée dont le col porte les pièces découpées du calice. Je détache les pistils et leurs petits ovaires, car il peut y en avoir plusieurs dans la même fleur. Ce qui nous reste, c'est la partie sur laquelle étaient fixés, attachés les organes essentiels de la fleur; la partie formée pour les recevoir, ou leur *réceptacle*. Une fleur de *pommier* nous offre un aspect à peu près analogue. Seulement le réceptacle est moins creux, et il semble confondu avec l'ovaire. Le réceptacle de la fleur du *fraisier*, au lieu de se creuser comme dans les fleurs de rosier et de pommier, se relève au centre de la fleur et forme une masse charnue. C'est ce réceptacle grossi, et couvert de petits fruits secs, que l'on mange dans la fraise.

Revenons à la fleur du pommier. J'enlève les pétales, les étamines et le pistil. Il ne reste plus que l'ovaire dans son réceptacle, entouré par les pièces découpées du calice. Qu'est-ce que ceci nous représente? Une jeune pomme. Peu à peu le réceptacle et l'ovaire si bien soudés ensemble grandiront de compagnie et se confondront si bien que l'on ne pourra plus les distinguer, ils formeront ensemble la *pomme*. Mais ces petites lanières vertes du calice ne tomberont pas. Elles se dessècheront et formeront ce que l'on appelle *l'œil* de la pomme. Vous trouvez la même conformation dans la *poire*, le *coing*, c'est-à-dire dans les fruits à *pépins*, tandis que la *prune*, la *cerise*, le *raisin*, n'ont pas d'œil. Cela vient de ce que l'ovaire des fleurs de prunier, de cerisier, d'abricotier, se trouve libre, dégagé au-dessus du réceptacle qui leur sert seulement de support. Si les pièces du calice persistaient après la maturité de ces fruits, on les trouverait à leur point d'attache avec le pédoncule, et non à la partie opposée.

Vous avez l'air de trouver ce détail un peu sérieux. Retenez-le, cependant, au moins sous cette forme très simple. Il y a des ovaires qui sont *engagés* dans le réceptacle et d'autres qui sont *libres* au-dessus. Quand l'ovaire est libre au-dessus du réceptacle, le fruit n'a pas d'œil.

Henri, qu'est-ce qu'un gland ?

— C'est le fruit d'un chêne.

Remarquez cette *coupe* rugueuse dans laquelle se trouve enchâssée la partie inférieure du gland. On dirait une série de petites écailles charnues un peu aplaties. La fleur du chêne qui porte l'ovaire est entourée d'un grand nombre de petites écailles. A mesure que le fruit grossit, ces écailles se développent, se soudent, et finissent par former cette jolie coupe.

La même chose se produit chez le *châtaignier*. Trois petites fleurs sont renfermées dans une coupe formée d'écailles. Celles-ci grandissent, se couvrent de piquants, enveloppent les trois ovaires ou fruits, qui sont les *châtaignes*.

Maintenant que vous avez quelques idées générales sur la nature des fruits et sur les circonstances très diverses auxquelles ils doivent leur forme et leur apparence, revenons à nos deux assiettes.

Toutes les deux contiennent des fruits. Mais dans l'une j'ai mis des *fruits charnus* et dans l'autre des *fruits secs*.

Par fruits secs nous n'entendrons pas des fruits *desséchés*, comme les raisins secs, mais bien ceux qui offrent une enveloppe dure, ferme, et à peu près sèche.

Je vous fais passer dans des soucoupes des fruits d'*érable*, d'*orme*, de *bleuet* et de *pissenlit*.

Arthur, décrivez le fruit de l'*orme*.

— On dirait une feuille ovale desséchée, avec une graine au milieu.

Cette partie renflée qui se trouve au centre de la membrane est le fruit proprement dit. Il se trouve enveloppé par une double membrane très mince destinée à donner prise au vent pour transporter au loin la graine. Le fruit de l'*érable* est également accompagné d'une membrane du même genre, mais en forme d'aile.

Arthur, que remarquez-vous au-dessus du fruit du *bleuet*?

— Une sorte d'aigrette formée de petits poils barbus.

Bien. Le fruit du pissenlit nous offre une *aigrette* encore plus élégante. Rien de plus gracieux que ce léger parachute, au moyen duquel le petit fruit tournoyant fait de longs voyages aériens.

Quand les fruits de cette sorte sont bien mûrs, la graine libre ballotte dans l'intérieur. Il n'en est pas de même pour le fruit du blé : la graine est exactement collée aux parois de ses enveloppes.

Edmond, qu'est-ce que je vous présente ?

— Ce sont des gousses de *pois* et de giroflée.

Ces fruits étant bien mûrs, je puis les ouvrir facilement. Voyez : l'un s'ouvre en *deux moitiés* dont chacune porte des graines. C'est une *gousse*. L'autre se sépare en *trois parties :* deux longues écailles vides et un châssis délicat qui relient les graines : c'est une *silique*. Les haricots, les pois, portent des gousses; le *chou*, le *colza*, portent des siliques.

Louis, comment appelez-vous ceci ?

—. Une tête de pavot.

C'est le nom qu'on lui donne généralement. Mais vous pourrez retenir celui des botanistes. Les fruits disposés comme ceux du pavot, du coquelicot, qui laissent échapper les graines par un certain nombre de soupapes ou d'ouvertures plus ou moins grandes s'appellent *capsules*.

Les fruits charnus, c'est-à-dire à pulpe molle, juteuse, se divisent en deux classes : les *baies*, et les *drupes*.

Dans les baies, les graines sont simplement soutenues par la *pulpe* du fruit, comme vous le voyez dans le fruit de la *parmentière*, de la *vigne*, du *melon*.

Dans les drupes, les graines sont protégées par une cloison coriace, parcheminée, comme dans le *pommier*, le *poirier*, ou renfermées dans un noyau, tel que vous l'avez remarqué dans la *cerise*, la *pêche*, l'*abricot*. Par conséquent, les drupes comprennent tous les fruits à noyaux et à pepins.

QUESTIONNAIRE.

Quelles sont les parties indispensables d'une fleur? — Décrivez le pistil. — Que voit-on lorsque l'on ouvre un ovaire? — A quoi est destiné le stigmate? — Qu'est-ce que le pollen? — Qu'arrive-t-il à une fleur dont on coupe les étamines? — Expliquez ce qui fait *nouer* les fruits. — Qu'appelle-t-on réceptacle d'une fleur? — Dites ce que vous savez sur le réceptacle de la fleur du fraisier. — Expliquez la conformation du réceptacle d'une fleur de pommier. — Qu'est-ce qu'une pomme? — Quelles sont les parties de la fleur qui forment l'*œil* d'une pomme? — Expliquez comment se forme la *coupe* qui contient la partie inférieure du gland. — Dites ce que vous savez sur le fruit du châtaignier. — Qu'appelle-t-on fruits secs? — Citez et décrivez quelques fruits secs. — A quoi servent les *ailes*, les *aigrettes* des fruits secs? — Dans quelles conditions se trouve la graine des fruits secs? — La graine du fruit du blé est-elle libre dans ses enveloppes? — Décrivez une gousse. — Nommez des plantes dont les fruits sont des gousses. — Expliquez la différence qu'il y a entre une silique et une gousse. — Nommez des plantes dont les fruits sont des siliques. — Comment s'appelle le fruit du pavot? — Qu'est-ce qu'un fruit charnu? — Comment divise-t-on les fruits charnus. — Nommez des baies. — Nommez des drupes. — Quelle différence y a-t-il entre les fruits à noyau et les fruits à pépins?

XXVIII. — LES GRAINES.

La graine est un œuf de plante. Elle contient l'*embryon* dont le développement produit un végétal semblable à celui d'où provient la graine.

Pour les plantes annuelles et bisannuelles, toute l'existence de la plante semble préparer exclusivement la floraison et la production des fruits porteurs de graines.

Pour former des graines, elles concentrent des matériaux disséminés dans la racine, dans la tige et dans les feuilles. Tout l'effort de la végétation se porte là. Ce grand travail épuise les réserves de nourriture lentement accumulées pendant le développement de la racine et des parties aériennes. A partir du moment où la plante *monte en graine*, comme disent les jardiniers, la vie abandonne les parties basses, se réfugie par degrés aux étages supérieurs, développe la fleur, grossit les fruits, perfectionne les graines, dernier terme de tout ce long et minutieux travail.

Une fois les graines mûres, la plante desséchée a rempli son rôle. Elle disparaît.

Souvent on peut prolonger l'existence des plantes annuelles ou bisannuelles en les empêchant de fleurir. Si l'on coupe, par exemple, tous les bourgeons à fleurs d'un pied de réséda, à mesure qu'ils se forment, la plante n'étant pas épuisée par la floraison et la formation des graines pourra durer plusieurs années.

Quant aux plantes vivaces, elles sont pourvues de réserves alimentaires plus considérables, ou dépensent moins de matériaux en proportion de leur poids, pour l'achèvement des graines, de sorte qu'elles ne sont pas épuisées après chaque effort.

Vous savez que dans les *fruits secs,* comme ceux de l'*anis,* du *blé,* du *chêne,* du *châtaignier,* la graine est recouverte par des enveloppes dures, coriaces; tandis que dans les *fruits charnus* une partie des enveloppes ont acquis une épaisseur considérable et sont devenues molles, juteuses. A l'intérieur se trouvent des graines protégées par des noyaux ou des membranes résistantes.

Dans la graine, ce sont les enveloppes qui s'offrent d'abord à la vue. Nous allons donc commencer par examiner ces *accessoires* pour noter quelques détails intéressants.

Voici des graines de *poirier,* de *nigelle,* de *tabac,* de *coquelicot.* Remarquez que toutes présentent une apparence différente.

La graine de poirier forme une ellipse irrégulière. Elle est renflée dans sa partie la plus large. L'enveloppe extérieure est lisse.

La graine de nigelle présente la forme d'une poire. Son enveloppe extérieure paraît plissée, ridée et pointillée.

La graine de tabac, fort petite, se rapproche, pour la forme, de celle du poirier, mais sa surface est *striée* de lignes sinueuses d'un très joli effet.

Enfin la graine de coquelicot se courbe en forme de rein et sa surface présente, en creux, des dessins analogues aux stries de la graine de tabac.

Ces exemples suffisent pour vous inviter à examiner avec soin les graines afin d'apprendre à les distinguer par la taille, la forme, la couleur et l'aspect de leur surface. Naturellement plus les graines sont grosses et plus il est facile de les reconnaître: vous savez déjà sans doute distinguer celles du *pois,* du *haricot,* de la *fève,* de la *citrouille* et plusieurs autres.

L'enveloppe externe des graines, simple ou double, est, en quelque sorte, une peau munie d'un épiderme. Avant que la graine mûrisse, cette peau est tendre et son épiderme donne parfois naissance à un duvet soyeux destiné à favoriser la dispersion des graines par le vent. Ainsi la graine du *saule* se trouve enveloppée de fin duvet. Sur la graine du cotonnier, un duvet très touffu croît sur toute sa surface. C'est ce duvet souple, long et résistant qui fournit à l'industrie le *coton* employé à la fabrication des étoffes.

Je vous ai préparé une collection de grosses graines faciles à observer. Les unes sont dans leur état naturel; les autres ont séjourné pendant quelque temps dans de l'eau tiède pour ramollir leurs enveloppes; quelques-unes enfin sont restées pendant plusieurs jours dans de la mousse humide de sorte qu'elles ont commencé à *germer*.

Dans cette soucoupe je place des fèves sèches, ramollies et en germination.

Louis, détachez les enveloppes d'une fève ramollie. — Bien. Ce qui vous reste entre les doigts est l'*amande*. Remarquez que l'amande est formée de deux moitiés parfaitement assemblées. Introduisez un ongle entre ces moitiés et séparez-les. — C'est cela. A l'une des moitiés est resté fixé le *germe*, plante en miniature qui est la partie essentielle de ce que les botanistes appellent l'*embryon*. Après avoir séparé les enveloppes d'une graine de fève, on voit que tout l'intérieur est occupé par l'embryon. En effet, les deux masses charnues qui constituent presque toute l'amande sont des accessoires. La partie essentielle se trouve à la partie inférieure de la graine entre ces deux masses charnues.

Regardez attentivement la plante en miniature et vous y distinguerez quatre parties : un commencement de *racine*, une *tige* et un *bourgeon*. Tout cela est bien petit, mais on ne peut s'y tromper. Il y a d'ailleurs des graines dans lesquelles l'embryon se développe d'une façon plus complète. Dans cette amande, vous pouvez facilement distinguer les trois parties fondamentales d'une jeune plante.

La petite plante est la partie essentielle de l'amande. Les deux masses charnues que vous avez détachées dans la fève sont cependant des accessoires indispensables de l'embryon, et comme ils jouent un rôle très important en botanique, je suis obligé de vous inviter à retenir leur nom grec: nous les appellerons toujours *cotylédons*.

Dans le fruit du blé, la graine est assez difficile à distinguer du fruit proprement dit parce que ses enveloppes sont très minces. Cependant, en prenant quelques précautions, on peut isoler la graine, puis enlever la pellicule qui lui sert d'enveloppe, pour mettre à nu l'amande.

Louis, cassez un de ces grains de blé ramollis et dites ce que vous trouvez à l'intérieur.

— Je trouve de la farine.

Regardez attentivement à la base du grain, c'est-à-dire à l'extrémité qui n'est pas poilue. Là se trouve l'embryon, composé comme toujours d'une racine, d'une tige et d'un bourgeon. Mais au lieu d'être muni de deux cotylédons, il n'en a qu'un, et comme sa base entoure la tigelle, vous ne pouvez l'apercevoir qu'en fendant avec précaution l'embryon. Vous allez mieux comprendre cette disposition dans la figure très agrandie que je trace au tableau.

Nous avons donc dans la *graine* du blé un petit *embryon* à un seul *cotylédon* perdu pour ainsi dire dans un recoin de l'*amande*, qui est formée presque entièrement de farine.

Jean, à quoi servent les cotylédons?

— A nourrir la petite plante pendant que la graine est en germination.

Bien. Aussi vous voyez que dans l'amande, le haricot, la fève, les cotylédons très développés forment un garde-manger bien garni.

Mais dans la graine du blé l'embryon est tout petit, son unique cotylédon ne peut pas fournir beaucoup de nourriture à la jeune plante. Cette ration serait tout à fait insuffisante sans la grosse provision de farine qui accompagne l'embryon et remplit presque toute l'enveloppe. La jeune plante trouvera dans cette farine d'abondantes ressources dont elle saura profiter.

Georges, que trouve-t-on lorsque l'on enlève l'enveloppe d'une graine?

— On trouve l'amande.

Dans le haricot, la fève, de quoi se compose l'amande?

— Elle se compose de deux gros cotylédons entre lesquels se trouve une sorte de petite plante en miniature avec racine, tige et bourgeon.

Comment nomme-t-on l'ensemble de ces parties: cotylédons et plante en miniature?

— C'est ce que l'on appelle l'embryon.

Lucien, décrivez l'amande de la graine contenue dans le fruit du blé.

— L'amande remplit toute la graine, mais l'embryon est tout petit et il n'a qu'un seul cotylédon. La farine qui se trouve au-dessus de l'embryon est une provision de nourriture pour la jeune plante qui n'en recevrait pas assez de son petit cotylédon.

Très bien. Vous voilà suffisamment éclairés sur ce qui concerne l'organisation des graines. Occupons-nous de la manière dont elles reproduisent les plantes.

La nature nous offre toujours pour chaque objet à remplir des moyens aussi simples qu'ingénieux, qui varient à l'infini pour s'adapter aux circonstances.

Voyez cette graine de *pin* pourvue d'une grande aile membraneuse. Lorsque le cône qui la retenait prisonnière s'ouvre sous les rayons desséchants du soleil, il suffit d'une légère brise pour emporter au loin la graine ailée. La voilà qui vole, puis retombe. Mais remarquez que son aile est disposée de telle sorte que la graine ne tombe pas à plat. Elle s'enfoncera perpendiculairement dans l'herbe, dans la mousse, ou dans une petite cavité du sol, et se trouvera dans les conditions les plus favorables à sa germination.

Vous connaissez peut-être la *balsamine* dont la tige charnue se couvre, à l'automne, de jolies fleurs. Lorsque le fruit est mûr, il se dessèche, se fend subitement en plusieurs pièces qui se recourbent comme des ressorts, et les graines se trouvent lancées dans toutes les directions.

Les gousses, les siliques lancent aussi leurs graines à une distance assez considérable, en s'ouvrant brusquement.

Les cours d'eau emportent des graines et les déposent bien loin des lieux où elles se sont formées. Les oiseaux contribuent aussi à leur dissémination.

C'est grâce à cette dispersion des graines par le vent, par les oiseaux, par l'eau courante, que les plantes sauvages se répandent sur de vastes espaces et que les forêts gagnent lentement du terrain.

Vous comprenez que les graines tombant au hasard dans l'herbe, dans la mousse, sur des feuilles sèches, sur la terre aride ou fraîche, sur le sable ou sur les rochers, ont des sorts très divers. Le plus grand nombre est destiné à périr sans avoir pu germer faute d'un *milieu* convenable.

Beaucoup d'autres graines germent, mais la jeune plante se trouve étouffée par ses voisines plus robustes.

Il fallait donc que les graines fussent très nombreuses. Aussi voyons-nous la plupart des plantes les produire en assez grande abondance pour parer à toutes les mauvaises chances qui les attendent.

Quelques graines perdent assez promptement leur vitalité. Ce sont surtout celles qui contiennent une notable proportion d'huile. D'autres, au contraire, semblent conserver indéfiniment leur faculté germinative.

Après le défrichement d'une forêt, on voit presque toujours pousser un assez grand nombre d'arbres différents de ceux qui la composaient. Leurs graines s'étaient conservées pendant fort longtemps sans pouvoir germer faute de se trouver dans des conditions convenables, et dès que les circonstances l'ont permis elles se sont hâtées d'en profiter.

La graine de *haricot* est une de celles qui conservent le plus longtemps leur puissance germinative. On a retiré de l'*herbier*, ou collection de plantes, de Tournefort des haricots qui ont germé et produit d'autres graines, après avoir séjourné pendant un siècle entre des feuilles de papier. Bien plus, des graines de *luzerne* trouvées dans des tombeaux qui datent de douze à quinze siècles ont également germé et produit des plantes vigoureuses.

Pour ce qui est des plantes cultivées, les jardiniers apportent un soin tout particulier à choisir les plantes destinées à leur fournir des graines, car ils ont remarqué que l'*hérédité* existe chez les plantes comme chez les animaux. La graine produit des plantes qui présentent ordinairement les qualités et les défauts de la plante mère. Aussi les *porte-graines* sont toujours les sujets les plus vigoureux et les plus parfaits.

Georges, nommez des graines alimentaires.

— Les graines de blé, d'orge, de sarrasin, de maïs.

Bien. Dans les plantes dites *céréales*, les fruits consistent presque exclusivement en une graine qui contient un très petit embryon entouré de farine. C'est ce qui rend ces plantes si précieuses pour nous.

Jules, nommez d'autres graines alimentaires.

— Les graines de pois, de fève, de haricot, de lentille.

Toutes celles-là sont de vraies graines qui sortent d'une *gousse*. Les botanistes, qui aiment à rebaptiser ce qu'ils touchent, nomment quelquefois les gousses des *légumes*. Voilà pourquoi on appelle *légumineuses* les plantes qui portent des gousses. Vous comprenez maintenant que *légumes secs* signifie graines mûres de plantes légumineuses ou porteuses de gousses.

Cela n'empêche pas, d'ailleurs, de maintenir le mot *légumes* pour désigner habituellement les plantes potagères utilisées dans l'alimentation.

QUESTIONNAIRE.

Quel est le but final de la végétation pour les plantes annuelles et bisannuelles? — Comment peut-on prolonger l'existence de quelques plantes non vivaces? — Donnez une idée de l'apparence diverse des graines. — Expliquez comment se forme le duvet qui enveloppe certaines graines. — Quelle est la graine dont le duvet sert à faire des étoffes? — Que trouve-t-on au dessous des enveloppes de la graine? — En quoi consiste l'amande dans la graine de fève ou de haricot? — De quelles parties se compose l'embryon? — A quoi sont destinés les cotylédons? — Citez une plante dont la graine n'a qu'un cotylédon. — Qu'est-ce qui entoure l'embryon dans l'amande du blé? — Pourquoi le cotylédon du blé est-il accompagné de farine? — Quelle particularité offre la graine de pin? — Expliquez l'avantage de son aile. — De quelle manière se dispersent les graines de la balsamine? — Indiquez comment se trouvent dispersées un grand nombre de graines. — Pourquoi faut-il que les plantes produisent beaucoup de graines? — Quelles sont les graines qui perdent le plus vite leur vitalité? — Citez des graines qui conservent très longtemps leur faculté germinative. — Qu'est-ce que les jardiniers appellent *porte-graines?* — Qu'entend-on par hérédité chez les végétaux? — Qu'est-ce qui fait la grande valeur des graines des céréales? — Expliquez d'où vient le nom des plantes *légumineuses.*

XXIX. — LES FAMILLES DE PLANTES.

Mes enfants, vous avez dû remarquer déjà, que quand on s'occupe d'*histoire naturelle*, il faut procéder avec beaucoup d'ordre, sous peine de s'embrouiller et de se décourager.

Il est également fort important de ne pas être trop pressé, trop ambitieux d'apprendre beaucoup en peu de temps. Un autre point essentiel pour se rappeler ce que l'on étudie, c'est de ne pas encombrer la mémoire de termes nouveaux. Chaque art, chaque métier ont besoin de mots très précis, pour exprimer clairement et brièvement certaines idées et pour désigner les êtres ou les objets : ces mots constituent le vocabulaire *technique* des gens qui exercent un art ou un métier ; le vocabulaire *scientifique*, celui dont se servent les savants, est principalement formé de mots tirés du grec ou du latin.

Quand on se destine à être un savant, on fait bien d'apprendre, le plus tôt possible, ce vocabulaire. Mais quand on se propose, comme vous, d'apprendre seulement ce qui sera utile ou agréable dans la vie ordinaire, moins on sait de mots grecs et mieux cela vaut.

Aussi, je remplace autant que possible les mots scientifiques par les expressions usuelles, familières, qui peuvent les suppléer dans la conversation.

Je vous fais ces remarques pour que vous compreniez bien ce que je me propose dans notre causerie d'aujourd'hui.

Il s'agit de classer les plantes, comme nous avons classé

les animaux. Mais comme il y a beaucoup plus de plantes différentes que d'animaux, la tâche serait au-dessus de vos forces, si nous ne prenions la résolution de nous contenter de quelques idées générales.

De plus, si nous nous servions à chaque instant des termes scientifiques, au bout d'un quart d'heure vous seriez complètement déroutés. Nous *causons*, par conséquent nous nous exprimerons autant que possible comme dans la conversation familière : cela ne nous empêchera pas de faire de la botanique très correcte et surtout très pratique.

Joseph, qu'est-ce que nous nous sommes proposé en commençant la classification des animaux?

— Nous nous sommes proposé de mettre ensemble ceux qui se ressemblent le plus de toute façon.

Eh bien, pour classer les plantes, nous procéderons de la même manière. Nous allons chercher à rassembler en *familles* celles qui se ressemblent, comme se ressemblent d'ordinaire les membres d'une famille.

Ernest, voici une fleur d'*églantier*, une de *fraisier* et un bouquet de fleurs de *pommier*. Voyez-vous entre ces fleurs quelque ressemblance?

— Elles ont un calice divisé en cinq pièces pointues, et cinq pétales.

Voilà, en effet, des caractères qui leur donnent un air de ressemblance. Quand nous en aurons l'occasion, je vous ferai remarquer que les fleurs de la *ronce*, nommée vulgairement *mûre des haies*, celles du *framboisier*, de la *reine des prés*, du *poirier*, du *néflier*, du *cognassier*, du *sorbier*, de l'*aubépine*, de l'*amandier*, du *pêcher*, de l'*abricotier*, du *prunier*, du *cerisier*, ont des fleurs disposées comme celles de l'*églantier* ou *rosier sauvage*.

Il suffit d'un coup d'œil pour reconnaître leur ressemblance, leur *air de famille*. Eh bien, nous pouvons prendre comme *type* ce genre de fleurs disposées symétriquement à la manière des ornements nommés *roses* et *ro-saces*, et dire : toutes les plantes que nous venons de citer forment la famille des *rosacées.*

Cette famille est une des plus intéressantes pour nous. Elle est la plus grande pourvoyeuse de fruits, et ses fleurs ont peu de rivales.

Dans une si nombreuse famille, nous pourrions avoir intérêt à établir quelques divisions. Nous formerions alors des *tribus* qui comprendraient les membres les plus ressemblants entre eux, tels que doivent être les plus proches parents d'une famille.

Jean, examinez avec soin cette fleur de rosier sauvage et cette fleur de ronce. Quelles différences remarquez-vous ? — Enlevez toutes les pièces des fleurs et vous n'hésiterez plus.

— J'y suis ! Dans l'églantine, le réceptacle s'enfonce en forme de bouteille, tandis que dans la fleur de ronce il se soulève comme celui de la fraise.

Vous avez la vocation, vous serez botaniste. Si nous avions ici une fleur de *framboisier*, vous verriez que le réceptacle se redresse exactement comme celui de la fleur de *ronce.* De plus le framboisier, comme la ronce, est un arbrisseau sarmenteux, de sorte que l'ensemble de la plante aussi bien que la conformation de la fleur nous autorisent à les placer dans une section séparée de la grande famille des rosacées. Nous appellerons cette section la *tribu des ronces.*

Alexandre, faites bien attention. Jean vient de nous dire que le *réceptacle*, c'est-à-dire le support des différentes pièces qui constituent la fleur, formait une saillie en forme de fond de bouteille, dans la fleur de ronce comme dans la fleur de fraisier. Puisque le fraisier offre ce *caractère* commun avec la ronce et le framboisier, ne devons-nous pas l'admettre dans leur tribu ? Trouvez-vous qu'il leur ressemble assez pour cela ?

— Je trouve que les fleurs se ressemblent, mais que les plantes ne se ressemblent pas.

Vous avez raison, et cela suffit presque toujours pour que l'on forme des tribus différentes avec les plantes d'une même famille qui n'ont pas entre elles beaucoup de caractères communs.

Ainsi, le *fraisier* qui est une *herbe* vivace ne peut guère aller de compagnie avec un *arbuste*. En étudiant de près le fruit du fraisier et celui de la ronce, nous trouverions d'ailleurs d'autres caractères bien tranchés.

Léon, qu'est-ce qui devient la partie succulente d'une fraise?

— C'est le réceptacle relevé au milieu de la fleur et couvert de pistils.

Très bien. Chaque pistil de cette fleur produit un petit *fruit sec* que l'on voit former d'abord des points verdâtres. A mesure que le réceptacle grossit, que la fraise mûrit, ces fruits deviennent rouges. Mais dans les fruits de la ronce et du framboisier, le réceptacle soulevé reste sec, ce n'est qu'un support sur lequel se groupent des *drupes* serrés les uns contre les autres, et qui contiennent chacun une graine.

Vous comprenez, par ces exemples familiers, comment doivent procéder les botanistes pour classer les plantes.

Ils groupent d'abord en bloc toutes celles qui offrent un certain *caractère* très général, très facile à saisir, comme par exemple : un calice à cinq divisions, et une corolle à cinq pétales. Choisissant pour type une plante dont la fleur présente cette conformation, ils donnent à toute la *famille* le nom de cette fleur. C'est ainsi que nous avons formé la famille des *rosacées*. Ce groupement en bloc oblige à mettre ensemble des arbres, des arbrisseaux et des herbes, des plantes dont la fleur diffère par quelques détails de structure, et qui donnent naissance à des fruits tout à fait différents.

S'il s'agit de diviser cette famille en *tribus*, on se montre plus difficile. Pour être admise, chaque plante doit présenter un signalement détaillé qui permette de la faire entrer dans les rangs sans former un disparate. Voilà pourquoi le *fraisier* n'a pas été reçu dans la tribu qui a pour type la *ronce*, et pour membre le *framboisier*.

Ceci étant bien compris, nous pouvons aller vite en besogne.

Louis, voici des fleurs de *carotte*, d'*angélique*, de *céleri*, de *cerfeuil*. Quel objet vous rappelle leur disposition ?

— Elles ressemblent à un parasol ouvert.

C'est vrai. Voici le manche, et les baleines ou plutôt les branches d'acier supportant le dôme protecteur. L'ensemble de ces fleurs régulièrement groupées représente assez bien un parasol, une ombrelle. Et comme ce caractère général est très frappant, nous pouvons faire une famille des plantes chez lesquelles nous le rencontrerons : ce serait si l'on voulait la famille des plantes qui fleurissent *en ombrelle*. Mais si un botaniste nous entendait, il nous prierait de dire *en ombelle*, pour ne pas changer une forme vieillie du même mot.

Parmi les plantes qui fleurissent en ombelle je vous citerai encore le *fenouil*, l'*anis*, le *panais*.

Arthur, vous rappelez-vous comment nous avons désigné la fleur du *pois* ?

— C'est une fleur en papillon.

Bien. Et quelle sorte de fruit succède à ce genre de fleurs ?

— Ce sont des gousses.

Voilà deux caractères bien faciles à retenir et à reconnaître. Nous prendrons dès lors le pois comme type d'une famille : celle des plantes dont les fleurs sont disposées en forme de papillon. Henri va nous en nommer quelques-unes.

— Le haricot, la lentille, la luzerne.

Bien. Vous pouvez y joindre la *réglisse*, le *sainfoin*, le *trèfle*, le *genêt*, l'*acacia;* car toutes ces plantes ont des *fleurs* en *papillon* auxquelles succèdent des gousses, ou *légumes.*

Comme les familles de plantes sont fort nombreuses. Il serait bon de réunir un certain nombre de familles en *classes* et en *sous-classes* faciles à reconnaître par un caractère général très simple.

Ainsi nous pourrions former la division ou *sous-classe* des fleurs à un seul pétale, et celle des fleurs qui en ont plusieurs.

Dans la première figureraient toutes les familles dont nous venons de parler : ce serait la *sous-classe* des plantes à *pétales multiples.*

Dans la seconde *sous-classe* se rangeraient les fleurs à pétale unique, comme celle du *liseron*, de la *companule*, de la *primevère*, de la *sauge*, de la *belladone*, de la *chicorée*, du *melon.*

Il y a des fleurs comme celles du *châtaignier*, du *chêne*, du *saule*, de l'*ortie*, du *chanvre*, qui n'ont pas de pétales. Nous avons encore là une caractère important qui nous fournit une division ou *sous-classe.*

Essayons maintenant de réunir ces trois sous-classes en une seule *classe*, en prenant pour terme de comparaison un caractère commun à toutes.

Les graines du *rosier*, de la *carotte*, du *haricot*, du *liseron*, du *chanvre* ont toutes deux cotylédons. Réunissons toutes ces plantes pour former la *classe* des plantes à deux cotylédons. Remarquez, en outre, que ces graines à deux cotylédons sont toutes *protégées* par une *enveloppe* spéciale, c'est-à-dire renfermées dans le fruit. Ajoutons ce caractère au précédent et nous aurons la *classe des plantes à graines protégées et à deux cotylédons.* Les botanistes traduisent cela en grec par : *plantes angiospermes dicotylédones :* mais vous savez, nous causerons en français et en français de votre âge. Remarquez toutefois, mes enfants, que les savants expriment avec moins de mots les mêmes idées que nous. Souvent aussi le langage scientifique, arrangé du grec et du latin, offre une précision plus grande que les expressions usuelles. Notez enfin ceci. Lorsqu'un savant décrit une plante, un animal, rares ou inconnus, s'il le fait en français, en anglais, en allemand, les savants des autres pays ne le comprendront probablement pas. Ils seront obligés de faire traduire sa description. Mais si cette description est faite en une langue que connaissent les savants de tous les pays, il leur sera facile de communiquer entre eux. Voilà pourquoi le langage scientifique est utile et même indispensable aux personnes qui s'occupent spécialement de sciences.

Simplifions et généralisons encore plus. Toutes les plantes dont nous venons de nous occuper se reproduisent au moyen de graines enfermées dans le fruit ; de plus, toutes ont des fleurs. Voilà un caractère très général dont nous pouvons tirer parti pour former une catégorie dans laquelle rentreront les divisions que nous avons si facilement déterminées.

Nous pouvons donc procéder pour le règne végétal comme nous l'avons fait pour le règne animal. Comparant l'ensemble des êtres qui le composent à un arbre dont le tronc porte des branches, des rameaux, des ramules, etc., nous établirons, comme point de départ, pour les plantes comme pour les animaux, de grandes catégories ou *embranchements* auxquels se rattacheront comme des rameaux les classes, sous-classes, familles et tribus.

Ainsi nous dirons : l'*embranchement* des plantes à fleurs et à graines protégées ; — la *classe* des plantes à graines protégées contenant deux cotylédons ; — les trois *sous-classes* de plantes : à fleurs sans pétales ; formées par un seul pétale ; formées par plusieurs pétales ; — les *familles* des rosacées, des ombellifères, des fleurs en papillon ; — la *tribu* des ronces, etc.

Plus tard, nous ajouterons à ces notions et vous saurez classer les plantes dont les graines n'ont qu'on cotylédon ; celles qui portent les graines nues ; celles qui n'ont pas de fleurs.

Voilà, mes amis, comment les botanistes classent les plantes. Mais dans la vie pratique, il y a une autre manière de les grouper, et c'est celle que nous allons adopter provisoirement. Voici l'ordre dans lequel nous les examinerons : plantes *alimentaires*, plantes *fourragères*, plantes *industrielles*, plantes *médicinales* et plantes *dangereuses*.

QUESTIONNAIRE.

Qu'entendez-vous par vocabulaire technique? — Qu'est-ce que le vocabulaire scientifique? — Peut-on acquérir des notions élémentaires des sciences naturelles sans employer souvent les termes usités par les savants? — Comment peut-on former des familles de plantes? — Expliquez comment on forme la famille des rosacées. — Citez des plantes de cette famille. — Comment divise-t-on les familles en tribus? — Indiquez une différence notable entre les fleurs du rosier et de la ronce. — Indiquez une ressemblance notable entre la fleur de la ronce et celle du fraisier. — Faites comprendre pourquoi le fraisier ne peut pas entrer dans la tribu des ronces. — Expliquez en quoi diffèrent les fruits de la ronce et du fraisier. — Parlez-nous de la famille des plantes à ombelle. — Citez diverses plantes à ombelle. — Qu'entendez-vous par fleur en papillon? — Quel genre de fruits produisent-elles? — Nommez des plantes à pétales multiples. — Nommez des plantes à pétale unique. — Nommez des plantes dont les fleurs n'ont point de pétales. — Combien de cotylédons ont les graines des plantes que nous avons citées jusqu'ici? — Comment sont situées leurs graines? — Toutes ces plantes ont-elles des fleurs? — En prenant pour exemple les plantes que l'on vient de citer, montrez que l'on peut établir un groupement par embranchement, classes, sous-classes, familles et tribus. — Toutes les plantes rentrent-elles dans les groupes que nous venons de former? — Indiquez un classement pour l'étude pratique des plantes.

XXX. — PLANTES ALIMENTAIRES.

Nous allons nous occuper aujourd'hui des plantes qui fournissent la plus grande partie de nos aliments.

Nous trouverons dans les champs, dans le jardin, dans le verger celles que l'on *cultive* c'est-à-dire auxquelles on donne des soins pour les *améliorer* ou pour les maintenir dans l'état de *perfectionnement* qu'une longue culture a déjà produit.

De même, en effet, que l'on a transformé en plantes tendres et succulentes, le *radis*, le *chou*, le *navet*, la *carotte* sauvage, ces plantes améliorées ne tarderaient pas à *dégénérer* si on les abandonnait à elles-mêmes.

Les progrès de la culture et l'introduction d'une foule de végétaux étrangers qui varient nos ressources, nous font négliger bien des plantes sauvages que nos ancêtres considéraient comme alimentaires.

Cependant les terres incultes, les buissons, les bois, les forêts nous fournissent encore un certain nombre de produits qui ne sont point à dédaigner.

Essayons de composer un repas où nous n'admettrons que des plantes sauvages : racines, tiges, feuilles, fruits et graines.

Léon, connaissez-vous des feuilles sauvages comestibles ?

— Le cresson de fontaine, la chicorée.

Bien. Le nom du *cresson de fontaine* indique suffisamment où on le trouve. Il n'aime que les eaux courantes et limpides. Il se distingue du cresson cultivé par un feuillage plus sombre et un goût plus piquant légèrement âcre.

La *chicorée sauvage*, qui se signale de loin par ses fleurs bleues ou blanchâtres, croît abondamment le long des chemins, dans les pâturages, les champs en friche. On la cultive avantageusement comme plante fourragère dans les terrains arides. C'est cette chicorée que l'on fait pousser dans des caves pour obtenir les longues feuilles *étiolées* très tendres que l'on vend sous le nom de *barbe de capucin*. La chicorée en poudre dés épiciers provient d'une variété de cette chicorée dont on a *torréfié* dans un four la grosse racine de saveur amère.

A ces salades champêtres nous pouvons ajouter le *pissenlit*, la *mâche*.

Jules, fournissez un plat pour notre repas.

— Des champignons.

Il s'agit de les bien connaître, car à côté de l'*agaric comestible* que l'on cultive en grand sous le nom de *champignons de couche*, du *cèpe*, de la *morille*, de la *girolle* croissent une foule de champignons vénéneux. On ne doit jamais toucher à ceux qui ont une odeur nauséabonde, une saveur âcre, brûlante, acide, poivrée. Les couleurs bleue, jaune pâle, rouge et verdâtre indiquent au premier coup d'œil des sujets suspects. Le plus prudent est de ne cueillir que les plus faciles à distinguer, et de ne point faire d'expériences.

Qu'est-ce que Joseph nous cueillera dans la campagne ?

— Des faînes, des noisettes.

A ces fruits nourrissants vous pourriez ajouter des graines de *pin pignon*, mais ce bel arbre ne croît que dans quelques régions du Midi.

A votre tour, Jacques.

— On pourrait trouver aussi des merises, des sorbes, des prunelles.

Les enfants mangent quelquefois les fruits du *sorbier* lorsqu'ils ont été attendris par la gelée, mais c'est un régal de grive. Ceux du *cormier*, que l'on appelle par-

fois sorbes, ne sont pas mauvais quand ils ont blelti comm
les *nèfles*. Les fruits du *sorbier* et du *cormier* servent d'ailleurs à préparer une boisson fermentée qui n'est pas
sans mérite.

Arthur, trouvez-nous autre chose à utiliser dans une promenade gastronomique.

— Les fraises de bois, les mûres, les myrtilles.

Très bien. L'*airelle*, appelé communément *myrtille*, produit, en effet, des *baies* aigrelettes fort appréciées des
enfants.

Vous voyez, mes amis, que les plantes sauvages offrent
quelques ressources pour l'alimentation de l'homme. Dans
les temps de disette on utilisait jadis une foule de racines,
d'écorces, de pousses, de fruits que nous négligeons avec
raison parce que nous nous procurons facilement une
nourriture plus saine, plus fortifiante, et même à meilleur marché. Car pour recueillir ces aliments il faudrait
dépenser beaucoup de temps, et ce temps employé à
cultiver des plantes alimentaires rapporte dix ou vingt
fois plus. Il y a presque toujours économie à substituer
les produits de la culture, du travail, à ceux que nous offro
spontanément la nature.

Occupons-nous donc spécialement des plantes alimentaires cultivées.

Léon, connaissez-vous des plantes que l'on cultive pour
leurs feuilles ?

— Les salades, les choux.

En effet. Vous vous rappelez sans doute que les nombreuses variétés des choux proviennent de notre petit
chou sauvage, coriace et amer. Les salades les plus généralement cultivées sont la *laitue pommée*, la *laitue romaine*
dont les longues feuilles allongées sont supportées par une
grosse nervure ; la *chicorée endive* au feuillage frisé, qui a
fourni comme variété l'*escarole* dont les feuilles sont simplement ondulées.

Ernest, pourquoi les jardiniers lient-ils les feuilles de chaque pied de chicorée ?

— Pour les blanchir.

En effet, l'absence de lumière empêche la matière verte de se former dans les feuilles, elles s'*étiolent* et restent d'un blanc jaunâtre. Étioler une plante, c'est ce que les jardiniers appellent la blanchir. Ils étiolent les pétioles charnus du *céleri* en les recouvrant de terre. Dans la *laitue pommée*, le *chou pommé*, l'étiolement se fait naturellement par la compression des feuilles serrées les unes sur les autres.

Lucien, nommez d'autres plantes dont on mange les feuilles.

— Les épinards.

Vous pourriez y joindre le *pourpier*, la *bette à carde*, qui sont d'ailleurs d'un usage assez restreint.

En général les parties herbacées des végétaux sont des aliments très peu substantiels, utiles pour varier la nourriture, mais sur lesquels il ne faut pas compter pour donner des forces.

Citons encore les feuilles usitées comme assaisonnement : le *persil*, le *cerfeuil*, la *pimprenelle*, l'*estragon*, le *thym*, la *civette*, le *laurier*, etc.

Arthur, mangeons-nous la tige de quelques plantes ?

— Je n'en connais pas.

Eh bien, je vais vous aider. Dans l'*asperge*, on mange la jeune tige qui sort à peine de terre. En botanique, l'asperge appartient à la famille du *lis*. Elle s'y trouve en compagnie avec la nombreuse tribu des *oignons* qui comprend l'*oignon* ordinaire, le *poireau* à *bulbe* allongé en cylindre, la *civette*, la *ciboule*, l'*échalotte* et l'*ail*, très sain, mais trop parfumé. Dans toutes ces plantes, ce que nous mangeons est la *tige*, seule ou accompagnée de quelques feuilles. Les racines de l'oignon pendent en chevelure au-dessous du *collet* d'où partent les feuilles dont une partie est modifiée en forme d'écailles et agglomérée de manière à constituer un *bulbe*.

Edmond, mangeons-nous aussi des fleurs ?

— C'est ce que l'on mange dans le chou-fleur.

Et aussi dans l'*artichaut*. Cela semble vous étonner. Il est vrai qu'un artichaut tel qu'on le sert sur la table ne ressemble guère à une fleur. Mais si on l'avait laissé sur la tige, la partie que vous appelez le *foin* se serait développée en une grande fleur composée d'une foule de petits fleurons, comme la fleur du *chardon*.

Voici justement un chardon. Remarquez la partie qui lui sert de calice, elle est formée par une série d'écailles. Dans l'artichaut cultivé ces écailles naturellement épaisses sont devenues succulentes, tendres, de sorte que l'on peut manger leur partie inférieure, celle qui est fixée au plateau, également comestible, qui supporte les fleurs, Ainsi, dans l'artichaut, nous mangeons le réceptacle de la fleur.

Alexandre, nommez-nous des plantes potagères cultivées pour leurs fruits.

— Le melon, la citrouille.

Et dans la même famille : la *courge*, le *concombre;* puis deux plantes assez voisines : la *tomate*, le *piment.*

Arthur, citez des racines comestibles.

— La carotte, le navet, le radis.

Nous en avons bien d'autres : d'abord la pomme de terre, dont la *tige souterraine* nommée communément *tubercule* occupe une si grande place dans l'alimentation. Certes la pomme de terre est une ressource précieuse pour la nourriture des hommes et des animaux, car elle contient beaucoup de *fécule.* Mais malheureusement, la fécule ne suffit pas pour nourrir. Au fond, la fécule est du sucre, puisqu'elle se transforme en sucre pendant la digestion. Eh bien, essayez de nourrir un animal avec du sucre. Il n'y résisterait pas longtemps, surtout s'il lui fallait travailler Pour qu'il se porte bien, pour qu'il résiste à la fatigue, vous serez obligé d'ajouter aux pommes de terre un aliment riche en matières qui sont l'équivalent de la viande, ces matières contiennent en grande quantité l'un des gaz de l'air: l'*azote*. Aussi les nomme-t-on *matières azotées*. La *viande*, les *œufs*, le *lait*, le *fromage* sont les aliments les plus riches en azote. Si l'on mange beaucoup de pommes de terre, il est indispensable d'y joindre l'un de ces aliments. Faute de ce soin, l'homme maigrit, s'affaiblit, et pour se donner des forces prend un petit verre d'eau-de-vie qui agit comme un coup de fouet donné à un cheval. Le coup de fouet ne nourrit pas; il faut bientôt recommencer; voilà comment une alimentation mal combinée conduit souvent à l'usage, puis à l'abus des boissons alcooliques.

Les autres racines potagères les plus précieuses sont le *panais*, le *topinambour*, la *patate* qui ne vient que dans le midi; le *salsifis*, le *raifort*, la *betterave*, dont on cultive en grand diverses variétés pour la nourriture des animaux et pour la fabrication du sucre.

Jean, qu'est-ce que l'on appelle plantes céréales?

— Celles que l'on cultive pour leurs graines farineuses.

Bien. Les anciens romains avaient représenté la terre nourricière, généreuse et féconde, la terre qui donne les épis, par la déesse Cérès, qu'ils appelaient déesse des moissons. Voilà pourquoi on nomme *céréales* les plantes dont on moissonne les épis.

Jules va nommer les céréales de notre pays.

— Le blé, le seigle, l'orge, l'avoine, le sarrasin.

Bien. Ajoutez-y le *maïs* et le *millet*. Dans les pays plus chauds que le nôtre, on cultive en grand le *sorgho*, sorte de grand millet, et le *riz* qui forme la base de la nourriture dans une grande partie de l'Asie.

Toutes les céréales que nous venons de nommer, sauf le sarrasin, appartiennent à la famille des *graminées* dont le nom vulgaire, *gramen*, indique principalement les herbes minces et hautes des prairies.

Toutes les céréales portent des fruits généralement appelés *grains* qui consistent en une *graine* recouverte par les enveloppes minces qui constituent le *fruit*. Leurs graines n'ont qu'un très petit embryon entouré et surmonté par une provision de nourriture qui est la farine. Cette farine se compose d'*amidon* et d'une *substance azotée*, de sorte qu'elle forme un aliment *complet*, suffisamment nourrissant et réparateur.

Après la mouture des grains de blé, de seigle, d'orge, on sépare de la farine, au moyen d'un tamis nommé *blutoir*, la pellicule qui entourait la graine, l'enveloppe du fruit et l'embryon; tout cela constitue ce que les meuniers appellent *son* et *issues*.

Félix, rappelez-vous ce que nous avons dit des plantes à *gousses*, et citez celles dont on mange les graines.

— Le haricot, la fève, le pois, la lentille.

Vous pourriez y ajouter le *lupin*, plante trop négligée comme fourrage aussi bien que pour sa graine. Les anciens en mangeaient beaucoup et s'en trouvaient fort bien. Pour enlever leur amertume aux enveloppes de l'embryon, il suffit de faire macérer les graines dans de l'eau salée, ou mieux dans de l'eau rendue légèrement alcaline par une petite quantité de cendre de bois.

Je vous ai dit que les botanistes appellent quelquefois les *gousses* des *légumes*. Pour désigner certaines plantes dont les fleurs sont en forme de papillon, au lieu de dire la famille des plantes à gousses, on pourrait donc dire la tribu des plantes à légumes, et pour abréger, la tribu des *légumineuses*.

Les graines des légumineuses constituent l'aliment le plus riche, le plus complet. Leur bas prix nuit peut-être un peu à leur réputation. Il y a contre elles quelques préventions qu'il importe de dissiper. Lorsque l'on a soin de bien cuire et de bien mâcher ces bonnes graines, elles ne sont point indigestes. On devrait adopter d'ailleurs l'usage trop peu répandu de la *décortication,* qui consiste à enlever les enveloppes des embryons, comme vous le voyez dans cet échantillon de pois. On obtient ce résultat en faisant gonfler puis sécher les graines avant de les froisser entre des meules.

QUESTIONNAIRE.

Citez des plantes sauvages dont les feuilles sont comestibles. — Dites ce que vous savez sur la chicorée sauvage. — Quelle est l'apparence ordinaire des champignons vénéneux? — Nommez quelques champignons comestibles. — Indiquez des fruits comestibles d'arbres forestiers. — Citez des arbustes sauvages dont les baies sont comestibles. — Serait-il économique d'aller chercher des plantes sauvages pour sa nourriture? — Parlez-nous des plantes que l'on cultive pour leurs feuilles. — Q'arrive-t-il aux feuilles qui sont privées de lumière? — Quelles qualités offrent les plantes étiolées? — Nommez les plantes que les jardiniers ont coutume d'étioler. — Indiquez des plantes potagères dont les feuilles servent d'assaisonnement. — Quelles sont les plantes dont on mange la tige? — Expliquez que le bulbe de l'oignon est une tige. — Que mange-t-on dans le chou-fleur? — Expliquez ce que l'on mange dans l'artichaut. — Nommez des plantes potagères dont on mange les fruits. — Expliquez pourquoi la pomme de terre n'est pas un aliment *complet.* — Indiquez un résultat fâcheux de l'alimentation incomplète. — Quelles racines alimentaires connaissez-vous? — D'où vient le mot *céréales?* — Nommez des plantes céréales. — A quelle famille appartiennent la plupart de ces plantes? — Expliquez pourquoi leurs graines constituent un aliment complet. — Expliquez ce que l'on entend par famille des légumineuses. — Citez des graines comestibles de légumineuses.

XXXI.— PLANTES FOURRAGÈRES ET INDUSTRIELLES.

Voici, mes enfants, une poignée de plantes que vous avez vues bien souvent, mais sans les remarquer sans doute comme elles le méritent. Pour vous, quand elles sont vertes, c'est de l'*herbe ;* quand elles ont été fauchées et fanées, c'est du *foin.* Mais comme vous allez le comprendre, il y a du foin de bien des sortes, dont la valeur est très différente; il est donc bon d'avoir une idée de ce qui constitue nos prairies naturelles.

Arthur, qu'appelle-t-on *prairie naturelle?*

— Ce sont les prairies dont on fauche l'herbe.

Cette définition en vaut bien une autre plus savante. Tout terrain qui produit une herbe *fauchable* est une *prairie naturelle.* Le propriétaire est libre de laisser croître l'herbe pour en faire du foin ou de la faire manger sur place comme dans les *embauges* du Morvan et les *herbages* de la Normandie. Les *pâturages* ou *pacages* sont des terrains ordinairement peu fertiles ou mal soignés dont l'herbe n'est pas fauchable, et qu'il faut forcément faire consommer sur place.

Qui peut me dire le nom de cette belle herbe qui porte un *épi* large, plat, formé d'*épillets* longs, pointus et aplatis?..... Henri sait le nom.

— C'est de l'ivraie.

Très bien. Nous l'appelons *ivraie vivace.* Les Anglais la nomment *ray-grass,* et comme ils l'ont mise en vogue chez nous, les cultivateurs adoptent volontiers ce nom. C'est au ray-grass que les prairies anglaises doivent surtout leur belle apparence. Le climat humide et doux de l'Angleterre lui est particulièrement favorable, ce qui nous indique dans quelles conditions il réussit bien chez nous.

Je vous fais passer ces jolis épis, en forme de queue de renard, composés d'une multitude de fines écailles accompagnées de très courtes barbes. Ils proviennent du *vulpin* dont les prés, les chemins, nous offrent plusieurs espèces.

Cet autre épi plus long, de couleur violette, est celui de la *fléole*, l'herbe favorite des chevaux, qui savent très bien la choisir dans une botte de foin.

Voici maintenant des *fétuques* dont les fleurs forment une sorte d'épi lâche qui ressemble un peu à celui de l'avoine. Ce sont des herbes peu productives, mais précieuses parce qu'elles vivent à peu près partout et se multiplient facilement.

Examinez bien cette *houlque* dont les fleurs très précoces, moins éparses que celles des fétuques forment un panache gris soyeux. Presque tous les terrains lui sont bons. Elle parfume le foin et les animaux la recherchent avec avidité.

Georges, vous rappelez-vous d'où vient le mot *graminées* ?

— Il vient du mot gramen par lequel on désigne souvent les herbes des prairies.

Très bien. Toutes ces belles et bonnes herbes des prairies appartiennent à la famille des graminées, qui nous fournit aussi, vous le savez, les céréales.

Les graminées ont d'ordinaire des tiges souterraines rampantes que l'on appelle *rhizome*, et des tiges visibles creuses nommées *chaumes*. Leurs feuilles étroites et longues entourent la tige à la base des *nœuds* ou cloisons qui la divisent. Les fleurs disposées en *épis* ou en sortes d'épis lâches nommés *panicules* n'ont point de pétales. Les parties essentielles se trouvent seulement enveloppées par des *glumes*, écailles minces que l'on appelle communément *balles*. Quelquefois le fruit est soudé à ces écailles; souvent il est libre comme dans le *froment*.

Arthur, qu'appelle-t-on *prairie artificielle ?*

— C'est un champ que l'on a labouré pour y semer du fourrage.

Bien. Au lieu de laisser la nature peupler au hasard la terre de toutes sortes de plantes dont le vent transporte les graines, on choisit les végétaux les plus convenables.

A vrai dire, on devrait appeler artificielles les prairies de graminées que l'on obtient par ce procédé, et donner le nom de prairies *temporaires* à celles où l'on cultive des plantes fourragères.

Jean, connaissez-vous des plantes dont on fait des prairies temporaires ou artificielles ?

— Le sainfoin, la luzerne, le trèfle.

Ce sont, en effet, les plus répandues dans notre pays. Toutes les trois sont des herbes vivaces à fort jolies fleurs. En voici des échantillons.

Georges va nous dire à quelle famille appartiennent le *sainfoin* et la *luzerne*.

— Elles ont des fleurs en papillon; par conséquent elles doivent produire des gousses ou légumes; ce sont des légumineuses.

C'est ainsi qu'il faut répondre.

Alexis, reconnaissez-vous dans le trèfle une plante de la même famille ?

— La fleur n'est pas en papillon.

Elle n'en a pas l'apparence au premier coup d'œil, cependant, en y regardant, on retrouve l'air de famille, et son fruit est une petite gousse, de sorte qu'on ne doit pas lui refuser une parenté qu'elle mérite d'ailleurs, à cause de ses bonnes qualités.

Charles, quelle nourriture donne-t-on principalement aux vaches laitières ?

— Des fourrages verts, des racines.

Pouvez-vous nommer quelques *fourrages verts?*

— Le chou à vache.

C'est le nom vulgaire donné au *chou cavalier*, nommé aussi *chou en arbre*. Il est remarquable par sa haute tige qui porte des feuilles lisses, d'un beau vert, longues de $0^m,60$ à $0^m,80$. Le *chou branchu* du Poitou, le *chou moellier* de Bretagne sont deux sous-variétés du chou cavalier.

Dans le *chou-rave*, la tige se renfle au sortir de terre, devient charnue, et constitue la partie la plus nutritive. Le *rutabaga* ou *chou-navet* offre la même conformation.

Gustave va nous dire comment sont disposés les *pétales* de la fleur de chou.

— Il y en a quatre qui forment une croix.

Henri, nommez d'autres plantes dont les fleurs n'ont que quatre pétales étroits formant une croix.

— Le navet, le colza, la moutarde.

Eh bien, nous donnerons à cette famille le nom de *crucifères*, ou porte-croix.

On donne également aux vaches plusieurs *racines fourragères*, telles que la *carotte*, la *betterave*, le *panais*, le *navet*. Les *citrouilles*, les *pommes de terre* entrent aussi dans leur alimentation.

Tout à l'heure Henri vient de nous citer le colza parmi les crucifères. Jules, à quoi sert le colza ?

— On le cultive pour ses graines dont on retire de l'huile.

Souvent aussi on le coupe *en vert* pour le donner aux animaux. L'huile de colza n'est pas comestible ; elle sert à l'éclairage. La *navette* appartient, comme le colza, à la nombreuse tribu des choux. Elle fournit également un fourrage vert et une huile que l'on peut employer à faire la salade pendant qu'elle est fraîche. La *cameline*, plante de la même famille, fournit aussi une huile employée pour l'éclairage et pour la fabrication du savon.

Jules, savez-vous quelles sortes d'huile on met ordinairement dans la salade?

— L'huile d'olive et l'huile d'œillette.

Très bien. L'*olive* est le fruit de l'*olivier*, arbre de taille moyenne qui croît dans nos régions méridionales. L'œillette est un *pavot* dont les graines très petites, mais très nombreuses, fournissent une huile d'excellente qualité. On retire aussi de l'huile comestible des *noix*, des *faines*, des *amandes*, des graines de *chanvre* nommées *chènevis*.

Quant à l'huile de *lin*, elle s'emploie exclusivement dans l'industrie. Elle est très *siccative*, c'est-à-dire apte à se durcir au contact de l'air ; c'est ce qui la fait rechercher pour la préparation des vernis et pour la peinture en bâtiment.

On appelle *plantes fourragères* celles qui servent de *fourrage*, c'est-à-dire de nourriture verte pour les animaux ; cependant on entend aussi par fourrage la nourriture sèche qu'on leur fournit à l'écurie ou à l'étable.

Les *plantes oléagineuses* ou *oléifères* sont celles dont on utilise certaines parties pour en extraire de l'huile.

Nous venons de citer le lin et le chanvre. Arthur, dites-nous ce que vous savez au sujet du lin.

— Le lin est une herbe qui porte une petite fleur bleu gris. Avec ses graines moulues on prépare les cataplasmes. L'écorce de la tige fournit de la filasse.

Je vois avec plaisir que vous vous souvenez de nos *Leçons de choses*.

Gustave, rappelez-nous, en peu de mots, ce qui concerne le chanvre.

— Le chanvre est une herbe beaucoup plus grande que le lin, rameuse, dont les petites fleurs n'ont pas de pétales. La graine sert de nourriture à la volaille et aux oiseaux en cage. L'écorce est composée, comme celle du lin, de fibres longues et minces que l'on sépare pour faire de la filasse.

Très bien. Voilà les seules plantes *textiles* cultivées en grand dans notre pays. On fait quelques essais de culture de la *ramie*, sorte d'*ortie* qui fournit une très belle filasse; mais cette industrie ne s'est pas encore développée.

Bertrand, qu'appelle-t-on plante textile?

— Une plante avec laquelle on peut faire des tissus.

C'est-à-dire une plante qui donne certains produits employés à faire les tissus. Dans le lin et le chanvre, le produit textile est la *filasse* qui provient de l'écorce : dans le cotonnier, c'est le *duvet* qui entoure les graines.

Jean, connaissez-vous le *houblon?*

— C'est une plante grimpante dont on garnit les tonnelles.

Oui, cette plante grimpante croît spontanément dans le nord de la France où on la rencontre fréquemment dans les haies. Les bestiaux recherchent son feuillage. Avec l'écorce des tiges on fait des cordes grossières.

Dans les contrées où l'on fabrique de la bière, on cultive en grand le houblon pour récolter les *cônes*, que l'on appelle communément *fleurs de houblon.*

Ces cônes sont composés de petites écailles vertes très minces qui, en mûrissant, deviennent d'un jaune roux. A l'aisselle des écailles se trouve un petit *fruit sec* accompagné d'une résine odorante, amère.

Les fabricants de bière y font infuser des cônes de houblon pour lui donner de l'amertume, du parfum, et aussi pour qu'elle se conserve plus facilement.

Georges, nous avons cité la *betterave*, à propos des *racines potagères*, et nous l'avons mentionnée de nouveau en parlant des *racines fourragères*. La cultive-t-on seulement comme légume ou comme fourrage ?

— On la cultive aussi pour en faire du sucre.

Bien, on a choisi pour cela une variété riche en sucre, et

l'industrie sucrière a pris, grâce à la betterave, une extension énorme.

Le *tabac* est cultivé en grand dans plusieurs de nos départements. L'État a seul le droit de préparer ses feuilles sous forme de *râpé*, de *carotte*, de *scaferlati*, de *cigarettes* et de *cigares*, que l'on prise, chique ou fume, au profit du *trésor*, mais au grand détriment de la bourse et de la santé du public.

Résumons ce que nous venons de dire à propos de nos dernières plantes.

La navette, le colza, le pavot donnent leurs graines à l'industrie des fabricants d'huile; le lin et le chanvre en fournissent à l'industrie des tissus; le houblon sert à l'industrie des *brasseurs;* la betterave est la base de notre industrie sucrière, etc. Eh bien, nous pouvons faire de toutes ces plantes un groupe que nous nommerons *plantes industrielles.* Puis, si nous voulons diviser ce groupe, nous établirons les classes de plantes *oléagineuses, textiles, tinctoriales,* etc.

Je viens de nommer une classe dont nous n'avons pas eu occasion de nous occuper : les plantes tinctoriales. Pour terminer cet entretien, je vais vous citer les plus intéressantes parmi celles que l'on trouve dans notre pays.

Vous avez compris que tinctorial vient de *teinture,* et qu'il s'agit de plantes employées pour teindre les tissus, les cuirs, etc.

La couleur rouge des pantalons d'uniforme de notre armée s'obtient au moyen de la *garance,* petite plante herbacée dont on emploie la racine vivace, noueuse, d'un brun rouge.

La *gaude,* nommée aussi *réséda-gaude,* à cause de sa ressemblance avec le réséda, croît spontanément dans les endroits incultes. Mais on la cultive pour retirer de sa tige et de ses fleurs jaunes une matière colorante qui sert à teindre en jaune brillant. Les fruits du *nerprun* donnent aussi une couleur jaune.

On cultive, dans le midi de la France, le *safran* dont les pistils fournissent une belle couleur orange ; le *carthame*, qui sert à teindre en rose.

Le *renouée* des *teinturiers*, plante vivace qui porte des grappes de fleurs d'un rose rougeâtre, et le *pastel*, que l'on cultive comme plante fourragère, servent à préparer une bonne teinture bleue.

Autrefois, mes amis, on teignait presque tous les tissus au moyen de couleurs extraites des végétaux, mais les chimistes ont découvert des procédés plus simples, moins coûteux, d'obtenir des matières colorantes, de sorte que la culture des plantes tinctoriales perd chaque jour de son importance.

QUESTIONNAIRE.

Qu'appelle-t-on prairie naturelle ? — Qu'est-ce qu'un pâturage ou pacage ? — Nommez et décrivez quelques herbes des prairies naturelles. — D'où vient le mot graminée ? — Dites ce que vous savez sur les graminées. — Qu'est-ce qu'une prairie artificielle ? — Nommez des plantes cultivées en prairies artificielles. — A quelle famille appartiennent le sainfoin, la luzerne ? — Qu'est-ce qui caractérise les plantes de cette famille ? — Qu'appelle-t-on fourrage vert ? — Nommez quelques plantes cultivées comme fourrage vert. — Qu'est-ce qui caractérise la famille des crucifères ? — Nommez des plantes crucifères dont les racines sont employées comme fourrage vert. — Nommez des racines fourragères. — Dites ce que vous savez sur
colza. — Parlez-nous de la navette. — Quelles sortes d'huile emploie-t-on d'ordinaire dans la salade ? — Nommez des plantes qui fournissent de l'huile. — Quel nom général donne-t-on à ces plantes ? — Parlez-nous du lin. — Dites ce que vous savez sur le chanvre. — Qu'est ce qu'une plante textile ? — Que savez-vous sur le houblon ? — Parlez-nous de la betterave. — Expliquez, en donnant des exemples, ce que l'on appelle plantes industrielles. — Qu'est-ce qu'une plante tinctoriale ? — Nommez une plante dont la racine sert à teindre en rouge. — Indiquez des plantes qui fournissent des couleurs jaunes ou orangées. — Avec quelle plante obtient-on la teinture rose ? — Quelles plantes fournissent une teinture bleue ? — Pourquoi cultive-t-on moins qu'autrefois les plantes tinctoriales.

XXXII. — PLANTES MÉDICINALES.

Mes enfants, lorsque vous êtes malades, on vous soigne pour vous guérir. Votre mère vous applique un *cataplasme*, un *sinapisme*, ou bien même un *vésicatoire*, selon les indications du médecin. Vous buvez des *tisanes*, des *potions;* vous avalez, bien à contre-cœur d'ordinaire, des *pilules* qui contiennent des remèdes d'un goût désagréable.

Les médecins emploient très peu de produits du règne animal. Ce sont les minéraux et les plantes qui fournissent presque toutes les substances utilisées comme remèdes.

Il y a un très grand nombre de plantes utiles en médecine. Tous les pays en produisent. Le nôtre est spécialement favorisé. Cependant, on emploie beaucoup de remèdes tirés de plantes des pays lointains, et principalement des pays très chauds. Quelques-uns sont plus actifs que les remèdes du même genre préparés avec nos plantes. Il existe d'ailleurs, en divers pays, des plantes que l'on pourrait très difficilement remplacer : par exemple, le *quinquina* dont on extrait la *quinine* employée pour guérir les fièvres intermittentes rebelles aux remèdes moins énergiques.

Nous n'avons pas à causer de médecine, mais seulement de botanique. De même que nous avons passé rapidement en revue les plantes *alimentaires, fourragères, industrielles*, il est intéressant d'acquérir quelques notions sur les plantes employées en médecine, c'est-à-dire les *plantes médicinales*. Pour celles-ci comme pour les autres, je vous parlerai seulement des plantes que vous pouvez rencontrer dans les jardins, les prairies, les champs, les bois.

Voici une des premières plantes qui attirent l'attention des enfants. Je pense que vous reconnaissez tous ses grandes feuilles couvertes d'un duvet cotonneux, blanchâtre. De loin, on dirait un morceau de peluche. Je vous fais passer ces feuilles. Vous allez sentir combien elles sont moelleuses.

Louis, comment appelle-t-on cette plante?

— La molène.

Ce nom populaire de *molène* lui vient sans doute de ce qu'elle est molle et douce au toucher. Les pharmaciens l'appellent *bouillon-blanc*. Vos mamans la connaissent bien. Elles en font une tisane réputée adoucissante, pour les petites indispositions qui ne réclament pas un remède actif.

Je vous présente un échantillon de la *mauve* qui s'emploie dans les mêmes circonstances, ainsi que la *guimauve*, dont la racine contient une sorte de gomme, et les fleurs de *violettes* séchées.

Henri, décrivez-nous cette fleur de mauve

— Elle a un calice partagé en cinq sections. Cinq pétales de couleur lilas forment une corolle creuse, en cornet. Au milieu s'élève un pistil terminé par une masse irrégulière. Je ne vois pas d'étamines.

Cette masse mamelonnée qui entoure le *pistil* au-dessous du *stigmate* est formée par la réunion des *étamines* dont les *filets* soudés ensemble enveloppent le pistil, de sorte qu'à première vue il semble, en effet, qu'il n'y ait pas d'étamines.

Arthur, connaissez-vous une belle grande fleur semblable à la mauve?

— La passe-rose.

Vous avez raison, la fleur de *rose trémière*, appelée quelquefois *passe-rose*, est conformée comme celle-ci. Les deux plantes sont, en effet, de la même famille, ainsi que la *guimauve*. Il est intéressant de retenir le nom de cette famille à laquelle appartient aussi le cotonnier. On l'appelle famille des mauves ou, en botanique, famille des *malvacées*.

Au lieu d'une simple tisane de mauve, on donne souvent, lorsqu'il y a lieu de produire un effet rafraîchissant, une décoction de deux plantes très vulgaires: la *bourrache*, et la *pariétaire* qui croît sur les murs, sur les décombres. Ces deux plantes contiennent une notable proportion de nitre qui les rendent assez actives.

L'infusion de *fleurs de sureau* est spécialement sudorifique : celle de *fleurs de tilleul* est sudorifique et calmante.

Au commencement de la plupart des maladies, et dans une foule d'indispositions, les médecins prescrivent un *purgatif* ou un *vomitif*. Pour purger les enfants, ils emploient volontiers la *fleur de pêcher*. On en fait *infuser* une petite poignée dans un demi-litre de bouillon de veau que l'on administre par portions, de demi-heure en demi-heure, jusqu'à ce que l'effet commence à se faire sentir.

Edmond, à quelle famille appartiennent le *pêcher*, le *prunier*, l'*abricotier*, le *pommier?*

— A la famille des rosacées.

Comment reconnaissez-vous une fleur de *rosacée?*

— Elles ont un calice à cinq divisions, cinq pétales et des étamines très nombreuses; la forme arrondie et symétrique de la fleur rappelle l'ornement nommé *rosace*.

Je vous présente maintenant une plante dont les graines, que voici, fournissent l'huile purgative renfermée dans ce flacon. C'est le *ricin*, l'une des plus robustes et des plus belles plantes de nos jardins, remarquable par son port élégant, ses grandes feuilles *palmées*, c'est-à-dire divisées et ouvertes comme les doigts d'une main ; ses gros bouquets de fleurs, dont nous nous occuperons l'année prochaine, auxquelles succède un fruit assez semblable à un jeune fruit de marronnier.

La plupart des plantes de la famille des *euphorbiacées*, à laquelle appartient le ricin, contiennent un suc laiteux, âcre et sont douées de propriétés très énergiques : plusieurs *euphorbes* sont très vénéneux.

Les premiers bouquets que vous faites au printemps dans la campagne consistent en *primevères* que vous appelez *coucous*, et en *narcisse des prés* nommé communément *aiault, porion, Jeannette*.

Le narcisse des prés est une plante *bulbeuse* comme le *lis*, la *jacinthe*, la *tulipe*, dont les fleurs sont portées par une longue *hampe* lisse, d'un beau vert. Ses fleurs desséchées lentement s'emploient comme vomitif. Pour un adulte, on fait une *décoction* d'une vingtaine de fleurs dans un demi-litre d'eau.

S'il s'agit de purger et de faire vomir, la racine de *violette*, en décoction, fournit un excellent remède, à la dose de huit à dix grammes de poudre bouillis dans un verre d'eau et administrés en deux fois.

Vous voyez par ces exemples qu'il ne suffit pas de savoir qu'une plante est *purgative, émétique, tonique, fébrifuge*, c'est-à-dire capable de purger, de faire vomir, d'activer les fonctions, de dissiper la fièvre. Pour employer les plantes médicinales, il est indispensable de savoir quelle dose produira l'effet désiré. Cela exige une étude assez longue et beaucoup d'expérience.

Lorsqu'une personne tombe malade, chacun donne son avis et prétend savoir mieux que les autres de quoi il s'agit. On raisonne sur le cas de la façon la plus déraisonnable. Pour reconnaître une maladie, il faut avoir fait de longues études, fréquenté les hôpitaux, soigné beaucoup de malades sous la direction d'un maître, et conquis enfin le titre de médecin. Les meilleurs médecins hésitent encore quelquefois. Que pensez-vous que puissent valoir les commérages des parents, des amis, des voisins qui arrivent chacun avec son conseil?

A chacun son métier, sa profession, son art. Seul le médecin peut *diagnostiquer*, c'est-à-dire reconnaître les maladies et *prescrire* les remèdes.

Mais il est très utile, surtout dans les campagnes, de connaître les *simples*, c'est-à-dire les plantes médicinales dont le médecin prescrit l'usage, afin de lui obéir promptement et avec intelligence.

Voici un rameau de plante couvert de *siliques* étroites et minces. Arthur, à quelle famille appartient-elle ?

— A la famille des crucifères.

Jean, nommez des plantes *crucifères*.

— Le chou, le radis, le cresson, le colza. .

Bien. Nous avons ici un spécimen de *moutarde sauvage*, plante velue, à fleurs jaunes, très abondante dans nos champs. On pourrait employer ses graines broyées pour faire des *sinapismes*, mais on préfère se servir des graines beaucoup plus énergiques de la *moutarde noire* que l'on cultive en grand.

Un sinapisme consiste en un cataplasme préparé avec de la farine de graine de moutarde, délayée dans de l'*eau*, et non dans du vinaigre, comme on croit souvent devoir le faire. Ce cataplasme, appliqué sur la peau, y fait affluer le sang et produit une irritation qu'il faut surveiller chez les enfants.

Ne quittons pas la bonne famille des crucifères sans mentionner le *cochléaria* ou *herbe aux cuillers, cranson, herbe au scorbut*, qui fleurit de mai à juillet dans les lieux humides, au bord de la mer et sur les montagnes. C'est un proche parent de la *cardamine* ou *cresson élégant, passe-rage sauvage*, dont vous remarquerez les jolies fleurs d'un blanc rosé ou lilas disposées en une sorte de grappe dresséc. Ce sont des plantes stimulantes, dont on emploie principalement le suc contre le scorbut.

Je vous ai mentionné tout à l'heure la catégorie des remèdes *toniques*. On appelle ainsi ceux qui servent à *donner du ton* aux fonctions, à les rendre plus énergiques, ce qui rétablit très souvent l'harmonie interrompue par la maladie, et ramène la santé.

Voici une collection de plantes dont on emploie, comme tonique, l'infusion ou la décoction. Ces breuvages sont amers, mais sans goût nauséabond et repoussant, de sorte qu'ils deviennent agréables si on les édulcore avec du sucre ou du miel.

La *gentiane* sert de type à la famille des *gentianées* qui comprend la *petite centaurée*, nommée aussi *chironée, herbe à la fièvre*. Ce dernier nom très bien mérité indique sa réputation populaire pour la guérison des fièvres intermittentes communes au printemps et à l'automne. La gentiane, la *chicorée sauvage* et le *pissenlit* nommé aussi *florion d'or* et *dent de lion* sont des *toniques amers* à saveur franche, sans arrière-goût. L'amertume est accompagnée d'une saveur spéciale dans la *fumeterre*, nommée quelquefois *fiel de terre* ou *pied de géline*, plante utile dans les maladies scrofuleuses, les dartres; précieuse pour aider à faire disparaître les *croûtes de lait* et les vers. Vous ne manquerez pas de la reconnaître. La racine blanche, pivotante, fibreuse, donne naissance à une tige mince, étalée, longue de 25 à 30 centimètres, qui porte de très petites feuilles d'un vert bleuâtre ou cendré. Ces feuilles *décomposées* sont disposées à peu près comme celles du persil. Les fleurs, d'un bleu rougeâtre, tachetées de pourpre au sommet, forment des grappes lâches qui se montrent de mai à octobre.

Je vous présente encore une connaissance. Vous avez dû la voir dans les lieux secs, sablonneux, le long des routes. C'est une plante haute de 30 à 35 centimètres, dont les feuilles assez longues sont décomposées en une foule d'étroites et courtes bandelettes, un peu velues, qui donnent à l'ensemble un aspect chevelu. Ses fleurs, qui ressemblent à de très petites pâquerettes, ont une odeur forte mais aromatique, tandis que la *camomille puante*, nommée aussi *maroute*, *bouillot*, *amouroche*, n'offre qu'une odeur désagréable.

L'infusion de fleurs de camomille est amère et aromatique. Elle contient, outre le principe amer qui est tonique, un principe volatil, une *essence*, qui la rend *stimulante, excitante*.

L'*absinthe*, que voici, appartient à la même famille que le *pissenlit*, la *chicorée sauvage*, la *camomille*, le *bleuet*, le *chardon*, l'*artichaut*, les *chrysanthèmes*, les *pâquerettes*, les *soucis*, les *soleils*, les *laitues*, etc. Les fleurs sont formées par la réunion d'un grand nombre de *fleurons* renfermés dans une sorte de calice écailleux : ce sont des agglomérations de petites fleurs : d'où le nom de *composées* donné aux plantes de cette famille. L'absinthe est amère et aromatique. On l'emploie comme vermifuge, c'est-à-dire pour tuer les vers des intestins. Je vous signale aussi comme vermifuge la tige souterraine ou *rhizome* de la *fougère mâle*, employée avec succès contre le *ver solitaire*.

En général, les plantes très odorantes sont riches en essences stimulantes. Telles sont la *menthe* qui vous est déjà familière à cause de son odeur vive et pénétrante ; le *romarin*, la *lavande*, la *mélisse* ou *mélisse-citronelle, citronade, pouchirade, piment des ruches*. Les feuilles cueillies avant l'épanouissement des fleurs exhalent, lorsqu'on les froisse, une odeur de citron très suave ; mais celles que l'on cueille tard en automne sentent un peu la punaise.

Cette plante forme la base de l'*eau de mélisse*, dont l'usage, comme stimulant, est fort répandu.

Toutes ces plantes odorantes, douées de propriétés stimulantes, appartiennent à la même famille, qui compte aussi parmi ses membres le *thym*, la *sauge*, le *lierre ter-restre*, la *germandrée maritime* ou *herbe aux chats*.

Léon, rappelez-nous d'où vient le nom de *labiées*?

— Le nom de labiées vient de la disposition des fleurs dont le calice se partage et s'ouvre comme deux lèvres.

C'est cela. Je fais passer cette collection de labiées, et vous ne manquerez pas de les reconnaître à la première occasion.

Je vous ai cité tout à l'heure les *chardons*, au nombre des *composées*. L'un d'eux, qui porte des fleurs jaunes for-mées d'une vingtaine de fleurons, mérite bien son nom de *chardon bénit*. Les jeunes feuilles et les fleurs à demi épa-nouies ont les mêmes propriétés que la *gentiane* et la *petite centaurée*. Leur infusion est utile comme tonique et comme *fébrifuge*, c'est-à-dire comme remède capable de dissiper la fièvre.

Pour terminer notre aperçu des plantes médicinales, je vais vous en citer quelques-unes qui affectent spécialement les nerfs. Voici la *digitale* que vous connaissez sans doute, sous les noms de *doigtier*, *gaudis*, *gant de Notre-Dame*. Elle possède la propriété très remarquable de ralentir les battements du cœur. La *valériane* ou herbe *Saint-George*, *herbe aux chats*, calme les irritations nerveuses.

La *morelle*, nommée quelquefois *crève-chien*, *raisin de loup*, porte de petites baies qui deviennent rouges, puis noires en mûrissant. C'est une plante *narcotique*, c'est-à-dire propre à engourdir et à provoquer le sommeil. Les *capsules* du *coquelicot* sont légèrement narcotiques, mais elles ne contiennent pas les mêmes substances que les capsules du *pavot*, dont on retire le narcotique le plus énergique : l'*opium*. Toutes les plantes narcotiques sont dangereuses : on ne doit les employer qu'avec les plus grandes précautions.

QUESTIONNAIRE.

Qu'appelle-t-on plantes médicinales? — Décrivez la molène ou bouillon-blanc. — Dites ce que vous savez sur la mauve. — De quelle famille est-elle le type? — Nommez des plantes de la famille des malvacées. — Quelle substance active contiennent la bourrache et la pariétaire? — A quelle famille appartient le pêcher? — Quelles sont les propriétés de la fleur de pêcher? — Parlez-nous du ricin. — Qu'offre de particulier la famille des euphorbiacées? — Indiquez l'usage du narcisse des prés. — Expliquez ce qu'il faut savoir pour employer les plantes médicinales. — Qui peut, seul, reconnaître les maladies et prescrire les remèdes. — Pourquoi est-il utile de connaître les plantes médicinales. — Qu'est-ce qu'un sinapisme? — Quel effet produit-il sur la peau? — Comment prépare-t-on un sinapisme? — A quelle famille appartient la moutarde noire? — Nommez des plantes crucifères employées contre le scorbut. — Qu'entend-on par un remède tonique? — Parlez-nous de la gentiane. — Quelles sont les propriétés de la petite centaurée? — Décrivez la fumeterre. — A quoi-sert-elle? — Dites ce que vous savez sur la camomille. — A quelle famille appartient-elle? — Parlez-nous de l'absinthe. — Qu'est-ce qu'une fleur composée? — Nommez des plantes stimulantes, excitantes. — A quelle famille appartiennent-elles? — Quelles sont les propriétés du chardon-bénit? — A quelle famille appartient-il? — Quelle est la plante qui sert à modérer les battements du cœur? — Citez-en une employée pour calmer l'irritation des nerfs? — Que savez-vous au sujet des plantes narcotiques? — Nommez-en quelques-unes.

XXXIII. — PLANTES DANGEREUSES.

Mes enfants, je vous ai fait connaître les plantes médicinales que le médecin prescrit souvent sans donner une ordonnance écrite, parce qu'il peut confier à une mère de famille le soin de les employer selon ses instructions. La plupart n'ont pas des propriétés assez énergiques pour qu'il soit indispensable de limiter très minutieusement la dose de remède; il suffit d'un peu d'expérience et de soin.

Cependant quelques-unes de ces plantes contiennent des matières assez actives pour qu'il faille en surveiller l'emploi. Telles sont, par exemple : le *narcisse*, la racine de *violette*, le *ricin*. D'autres, comme la *digitale*, la *morelle*, le *pavot* exigent encore plus de précautions. On ne doit confier leur usage qu'à des personnes très soigneuses, car une dose trop forte produirait des accidents. On pourrait donc les classer parmi les plantes dont je veux vous parler aujourd'hui : les *plantes dangereuses*.

On appelle plantes dangereuses celles que l'on doit s'abstenir de manier sans nécessité, et dont il faut bien se garder de goûter les racines, les feuilles, les fleurs ou les fruits, les graines. De temps en temps on entend dire qu'un enfant est mort pour avoir goûté à l'une de ces plantes dangereuses qui contiennent des *poisons*.

Vous avez probablement remarqué dans les prairies de jolies fleurs de couleur lilas qui sortent de terre en automne. On les appelle vulgairement *safran des prés*, *vieil-*

lotte, chenarde, mort-chien, tue-chien. Pour les botanistes, c'est le *colchique d'automne.*

Au temps de la floraison, vous ne voyez pas de feuilles autour des grandes fleurs supportées par un long *pédoncule* blanchâtre. Les feuilles, *lancéolées* comme disent les botanistes, c'est-à-dire en forme de *fer de lance*, ne sortent qu'au printemps du *bulbe* qui constitue la tige ; elles se sèchent à la fin de l'été. Les animaux n'y touchent jamais dans la prairie. S'ils en mangent à l'étable, mêlées à d'autres herbes, ils sont malades ; quelques-uns meurent. Des enfants sont morts pour avoir mangé, en jouant, des fleurs de colchique. Admirez-les, mais n'y touchez pas.

Je vous signale une autre plante de la même famille qui ne vaut guère mieux, c'est l'*ellébore blanc*, nommé communément *varaire, vraire, vératre blanc.* Heureusement elle ne croît guère que dans les pâturages élevés des régions montagneuses. On la reconnaît à ses bouquets de fleurs d'un blanc verdâtre.

Voici une des plus belles plantes de notre pays, l'*arum*, appelé souvent *pied de veau, vaguette, langue de bœuf, herbe à pain, herbe dragone.* Son nom d'herbe à pain lui vient de ce que sa tige souterraine ou rhizome contient de l'amidon. Malheureusement cet amidon est accompagné d'un suc laiteux, âcre et de saveur brûlante, qui existe aussi dans les autres parties de la plante.

Ses feuilles en forme de fer de flèche, luisantes et d'un beau vert, souvent tachetées de blanc ou de brun, atteignent 25 à 30 centimètres. Quand on a vu sa fleur on ne l'oublie jamais. Regardez : ce beau cornet blanc a l'air d'une *corolle* formée d'un seul *pétale* enroulé. Je la détache. Ce qui reste est la vraie fleur, ou plutôt, deux sortes de fleurs disposées sur un même support. En bas, nous avons des fleurs qui ont un *pistil* et pas d'*étamines* ; en haut, les fleurs sans pistil mais avec étamines forment ce joli pompon allongé de couleur jaune.

Vous comprenez par cet exemple que le pistil et les étamines, organes essentiels, indispensables, peuvent ne pas
exister dans chaque fleur. Quelquefois, sur le même pied,
une fleur porte le pistil et l'autre les étamines : le *melon*,
la *citrouille*, sont dans ce cas. Il arrive aussi que les fleurs
pistillées et *étaminées* sont sur des pieds différents ; c'est
ce que l'on constate chez le *chanvre*.

A propos du melon et de la citrouille que les botanistes
appellent *potiron*, je vais vous dire deux mots d'une plante
de la même famille à laquelle appartiennent la *coloquinte*
bien connue par son amertume, la *bryone* des haies et le
concombre. Vous connaissez peut-être le *momordique* où
concombre sauvage, nommé aussi *gôlante, concombre d'âne,
prune de merveille*. Il croît spontanément dans nos régions
méridionales ; on le cultive dans beaucoup de jardins. Les
enfants s'amusent souvent à toucher ses fruits mûrs qui se
détachent au moindre effort. En tombant, ils se resserrent
subitement, et font jaillir un liquide gélatineux qui entraîne
les graines. Voilà certes un curieux moyen d'assurer leur
éparpillement. Ces fruits contiennent un suc d'une saveur
amère et désagréable qui n'annonce rien de bon et qui tient
juste ce qu'il promet.

En vous parlant du *ricin* je vous ai dit que les *euphorbes*
contiennent des sucs laiteux dont il faut se méfier. Je vous
signale tout particulièrement l'*euphorbe épurge* connue
sous les noms d'*euphorbe catapuce, euphorbe lathyrienne,
tithymale épurge*. C'est une plante commune sur la lisière
des routes, dans les terrains sablonneux et aussi dans les
bois. La tige lisse, d'un vert rougeâtre, se ramifie en une
sorte d'*ombelle* qui porte des feuilles bleuâtres très étroites.
En juin et juillet de petites fleurs d'un jaune verdâtre se
montrent à la bifurcation des rameaux. Voilà encore une
plante sur laquelle nous mettrons l'étiquette : n'y touchez
pas.

Voici une très jolie petite plante que l'on reconnaît

facilement sur les toits, les vieux murs, les décombres. Elle n'a pas manqué de parrains : on l'appelle *petite joubarbe*, *sédon âcre*, *orpin brûlant*, *poivre de murailles*, *pain d'oiseau*, *herbe Saint-Jean*. Son vrai nom est *vermiculaire*. Les tiges à demi rampantes, longues de 5 à 10 centimètres, portent de petites feuilles courtes, épaisses, charnues et des sortes d'épis de fleurs étoilées d'un jaune vif. Le nom populaire *orpin brûlant* vous indique que les feuilles contiennent un sucre âcre et dangereux.

On trouve dans les bois montueux un joli arbuste qui porte, au commencement du printemps, avant l'épanouissement des feuilles, des bouquets de fleurs roses, odorantes, en forme de clochette à quatre découpures. Aux fleurs succèdent de petites *baies* rouges de forme allongée, c'est le *mézéreon*, appelé vulgairement *bois gentil*, *merlin*, *malherbe*, *tramental*, *bois d'oreille*, *faux garou*, *lauréole femelle*.

Les deux derniers noms que je vous cite lui viennent de ce qu'il ressemble assez à la *lauréole* et au *garou*. La lauréole a des feuilles *persistantes*, c'est-à-dire qui ne tombent pas chaque année : ses fleurs forment, à l'aisselle des feuilles, de petites grappes d'un jaune verdâtre ; ses fruits sont *noirs* et non pas *rouges* comme ceux du mézéreon.

Quant au *garou* nommé aussi *sain-bois*, ses fruits sont rouges, mais on le distingue de la lauréole et du mézéreon par ses feuilles très nombreuses, étroites, aiguës, et par ses petites fleurs odorantes, blanches ou un peu rougeâtres, qui sont rassemblées à l'extrémité des rameaux. D'ailleurs le garou ne croît spontanément que dans nos départements du Midi.

Le mézéreon, la lauréole, le garou, appartiennent à la famille des *daphnés*. Leurs feuilles fraîches, leurs fruits, un fragment d'écorce légèrement mâchés produisent une sensation brûlante dans la bouche et dans la gorge.

Mes enfants, vous connaissez tous cette plante. Louis, comment la nommez-vous ?

— C'est un bouton d'or.

Bouton d'or, soit. C'est un de ses noms populaires, et celui qui dépeint le mieux sa corolle luisante d'un jaune éclatant. On l'appelle aussi *clair-bassin, jauneau, herbe à la tache, patte de loup, codron, grenouillette, renoncule des prés*. Des botanistes l'ont nommée *renoncule âcre*. Léon va nous la décrire.

— La tige est haute d'environ 50 centimètres. Elle porte des feuilles très découpées et dentées qui deviennent de plus en plus étroites sur le haut. Les fleurs ont cinq pétales et un petit calice à cinq dents.

Ce n'est pas mal. Vous êtes peut-être étonnés que je vous mentionne le bouton d'or parmi les plantes dangereuses. Mêlée au foin elle ne fait aucun mal aux animaux, mais ils se gardent bien de la brouter fraîche. Toutes les renoncules contiennent, en effet, un suc très âcre. Celui de la racine est particulièrement dangereux.

Vous vous abstiendrez donc de mâcher une partie quelconque de ces plantes.

Nous rangerons dans la même catégorie l'*anémone*, ou *pulsatille noirâtre, bassinet, sylvie*; la *pulsatille*, connue sous les noms populaires de *coquelourde, herbe au vent, fleur de pâques, teigne-œuf, passe-fleur, fleur aux dames*. Remarquez combien de noms divers ont reçu toutes ces plantes bien connues pour leurs propriétés énergiques, dangereuses.

Voici une autre série dont nous avons des échantillons : le *pied d'alouette*, nommé aussi *consoude, herbe au cardinal, dauphinelle des blés*; le *staphysaigre*, que l'on appelle vulgairement *herbe aux poux*, et dont les petites graines ridées, courbées, anguleuses, sont connues, chez les herboristes, sous le nom de *graine de capucin*; l'*actée*, ou herbe de *Saint-Christophe, faux ellébore noir, herbe aux poux*; l'*ancolie*, nommée aussi *colombine, gant de Notre-Dame, aiglantine*, qui croît dans les bois montueux. On la cultive dans la plupart des jardins où ses jolies fleurs bleues sont devenues doubles en même temps qu'elles prenaient des couleurs rouges, roses, bleues, blanches et panachées.

Regardez bien ces spécimens que je vous fais passer. Répétez plusieurs fois le nom de chaque plante pendant que vous l'examinerez, afin de les reconnaître, au premier coup d'œil, quand vous les rencontrerez. Toutes ces plantes sont dangereuses.

La *clématite*, ornement des haies et des tonnelles, dont le feuillage découpé se pare, à l'automne, de si belles teintes empourprées, est encore une plante dont il faut vous garder de goûter les feuilles ou les petits fruits accompagnés de longues aigrettes soyeuses. Elle est faite pour le plaisir des yeux et non pour les mains imprudentes. Ses feuilles, son écorce broyées et appliquées sur la peau y produisent un ulcère. Dans les campagnes on désigne souvent cette clématite par les noms de *cranquillier*, *aubervigne*, *berceau de la vierge*, *viorne*, *vigne blanche*, *herbe aux gueux*. Ce dernier nom lui vient de ce que des paresseux se sont parfois formé des ulcères sur les membres au moyen de la clématite, pour attirer la compassion et vivre sans travailler.

Peu de plantes ont reçu autant de noms que celle dont je vais vous faire passer ce spécimen. On l'appelle, suivant les provinces ou les cantons, *coqueluchon*, *capuchon*, *thore*, *madriélet*, *capuce de moine*, *napel*, *tue-loup*, *pistolets*. Ces derniers noms ne sont pas rassurants. Nous pouvons tout d'abord nous tenir sur nos gardes. Les botanistes l'appellent *aconit napel*. C'est une plante vivace qui croît dans les lieux ombragés, principalement sur les montagnes. On la cultive dans les jardins pour ses jolies fleurs d'un bleu sombre, mais il vaudrait mieux ne pas l'y admettre, car c'est une plante scélérate, qui a causé de nombreux malheurs. Sa racine noirâtre ressemble assez à un petit navet. Des personnes qui s'y sont trompées ont été empoisonnées.

Remarquez bien la fleur d'aconit. Le calice est coloré comme les pétales et forme la partie supérieure qui a la forme d'un casque.

A propos des champignons comestibles, je vous ai signalé comme vénéneux ceux qui ont une odeur repoussante, une chair mollasse ou très dure, des couleurs vives, des mouchetures. Sauf trois ou quatre espèces faciles à reconnaître, tenez-les donc tous pour suspects. Il vaut mieux se priver d'un plat agréable que de courir la chance de s'empoisonner.

Voici quelques échantillons de plantes qui appartiennent toutes à une famille redoutable, celle des *solanées* qui cependant nous fournit l'innocente pomme de terre que nous appellerons désormais *parmentière*. A propos des plantes médicinales, vous avez appris à reconnaître la *morelle*, qui est *narcotique*, c'est-à-dire capable d'engourdir et de provoquer le sommeil. Celles-ci sont beaucoup plus énergiques et par conséquent bien plus dangereuses.

La *bryone* s'accroche aux haies au moyen de ses longues *vrilles*, et ses fruits, gros comme des pois, deviennent rouges en mûrissant : ses noms populaires sont : *vigne blanche, racine vierge, colubrine, feu ardent, couleuvrée, navet du diable, vigne du diable,* etc.

La *morelle douce amère,* nommée communément *vigne de Judée, vigne sauvage, morelle grimpante, herbe à la fièvre, loque, crève-chien,* est un sous-arbrisseau grimpant qui croît dans les lieux frais, ombragés. Les chèvres la recherchent, mais elle est délaissée, avec raison, par les autres animaux. Vous reconnaîtrez facilement ses feuilles : les unes sont *entières;* les autres sont divisées en trois *lobes* dont deux petits et l'un très développé, au centre. Les fleurs violettes ou blanches, assez semblables à celles de la morelle, se montrent de juin à septembre, groupées à l'extrémité des tiges. Elles produisent de petites *baies* arrondies, rouges, accompagnées du calice de la fleur.

Passons à cette plante aux grandes feuilles d'un vert sombre, molles, anguleuses, à dents aiguës, aux fleurs blanches ou violettes en forme de long cornet terminé par cinq dents pointues. Ses noms populaires sont : *chasse-taupe, endormie, herbe aux sorciers, herbe du diable, pommette, pomme épineuse;* ce dernier nom lui vient de son fruit hérissé d'épines molles comme celui du *marronnier.* Les botanistes appellent cette plante *stramoine.* Elle exhale une odeur *vireuse* très pénétrante qui annonce toujours de mauvaises qualités.

Cet autre spécimen ne vaut pas mieux, c'est la *jusquiame* ou *hannebane, potelée, herbe aux engelures, herbe à la teigne, porcelet, mort aux poules.* La tige velue, haute de 50 à 60 centimètres, est garnie de longues feuilles cotonneuses, pendantes, profondément découpées. Les fleurs, en forme de clochettes, d'un brun jaunâtre, veinées et marquées de pourpre, forment, d'un seul côté de la tige, un épi recourbé. Elles paraissent de mai à juillet et sont remplacées par une curieuse petite capsule qui s'ouvre comme une boîte à savonnette.

Enfin, voici la *belladone,* nommée vulgairement *belle-dame, morelle furieuse, parmenton, guigne de côte, herbe empoisonnée.* Elle croît dans les lieux ombragés, le long des haies, des murs. La tige, un peu velue, porte d'assez grandes feuilles *entières,* molles, d'un vert sombre. De l'aisselle des feuilles partent, solitaires ou deux à deux, des fleurs d'un pourpre obscur en forme de clochette allongée, terminée par cinq dents obtuses. A ces fleurs succèdent, de juin à septembre, des baies de la grosseur d'une cerise, d'abord vertes, puis rouges, et enfin noires, accompagnées du calice à cinq divisions. Ces fruits trompeurs ont causé de nombreux empoisonnements.

Pour terminer notre entretien, je vous invite à comparer

ce pied de *persil* avec ce pied de *ciguë*, afin de bien les distinguer. Dans le persil, les *folioles* sont larges, à trois *lobes* et en forme de coin. Les feuilles de la ciguë sont plus grandes ; les folioles sont incisées en dents aiguës. Les fleurs de la ciguë forment des *ombelles* lâches de fleurs blanches serrées les unes contre les autres en petites masses irrégulières. En cas de doute, froissez la plante : elle répandra un suc jaune, d'une odeur *vireuse*, désagréable, tandis que le persil colorera votre main en vert et exhalera une odeur aromatique. La ciguë est un poison pour l'homme et les animaux à l'exception des moutons et des chèvres.

Toutes les plantes dont nous avons parlé aujourd'hui contiennent des poisons. Cependant les médecins savent, dans quelques circonstances, les employer, à très petites doses, pour la guérison de maladies qui exigent une médication énergique. Elles ont donc leur raison d'être, leur utilité dans la nature; c'est à nous d'apprendre à les connaître pour éviter d'en ressentir les effets et pour en préserver les animaux domestiques.

QUESTIONNAIRE.

Qu'appelle-t-on plantes dangereuses? — Dites quelques-uns des noms populaires du colchique d'automne. — Dites ce que vous savez sur cette plante. — Donnez les noms de l'arum. — Faites-en la description. — Parlez-nous du momordique ou concombre sauvage. — Que pensez-vous des euphorbes en général? — Décrivez la vermiculaire et donnez quelques-uns de ses noms. — Dites les noms du mézéréon et indiquez ce qui le caractérise. — Parlez-nous de la lauréole. — Comment la distinguez-vous du mézéréon? — Comment se distingue le garou? — Quel effet produit le suc de ces trois daphnés ? — Dites quelques-uns des noms de la renoncule âcre. — Que pensez-vous de la famille des renoncules. — Nommez des plantes dangereuses de cette famille. — Parlez-nous de la clématite. — Dites quelques noms populaires de l'aconit. — Quelle conduite faut-il tenir à l'égard des champignons? — Quelle est la propriété commune à la plupart des solanées? — Nommez des plantes de cette famille. — Décrivez la morelle. — Décrivez la stramoine. — Décrivez la jusquiame. — Indiquez divers noms de la belladone. — Faites la description de cette plante. — Comment distingue-t-on le persil de la ciguë? — A quoi servent les plantes dangereuses?

QUATRIÈME PARTIE

NOTIONS SUR LA MATIÈRE.

XXXIV. — LA MATIÈRE BRUTE.

Mes amis, nous nous sommes occupés jusqu'à présent des êtres *organisés*, vivants : l'homme, les animaux, les plantes.

Vous allez maintenant faire connaissance avec la *matière brute*, celle qui ne vit point et par conséquent n'a pas d'*organes*. L'eau, l'air, les pierres ne vivent pas. Aussi dans l'eau que contient ce verre, toutes les parties se ressemblent, comme se ressemblent tous les grains de sable qui forment cet amas.

Voici un morceau de granit. En le regardant avec soin, vous y découvrez trois substances qui diffèrent par la couleur et l'aspect : du *quartz*, du *feldspath*, du *mica*. Tout le bloc, toute la montagne d'où provient ce fragment offrait cet aspect et cette composition. Cette pierre s'est formée par le *mélange* de trois *minéraux*. Ce simple mélange ne constitue pas, vous le comprenez bien, une *organisation* comparable, par exemple, à celle d'une *feuille*.

Regardez maintenant ce *cristal* de quartz qui ressemble

à un morceau de verre taillé. Il offre des formes régulières, *géométriques;* mais ces formes ne constituent pas non plus une organisation. Si nous le cassons, nous trouverons chaque parcelle semblable aux autres, inerte et sans aucun *rapport de vie* avec ses voisines.

Nous pouvons donc conclure que les minéraux, l'air, l'eau, sont constitués par de la matière brute.

Parmi ces matières, les unes sont *solides* comme les pierres, les métaux, le soufre; les autres sont *liquides,* comme l'eau, l'alcool, l'huile; d'autres enfin existent à l'état de *gaz* comme l'air, ou de *vapeur*, sorte de gaz produit par l'*évaporation* des liquides.

La matière s'offre donc à nous sous ces trois états : *solide, liquide, gazeux.*

Regardez ce petit tas de sable et ce morceau de grès. N'importe dans quel sens je tourne la pierre, elle conserve sa forme. Ce morceau de grès consiste en sable comme celui-ci; mais chaque grain, qui forme une *parcelle*, une *particule* de la pierre, est lié à ses voisins par une sorte de *ciment* qui remplit tous les vides, de sorte que l'ensemble constitue une masse solide.

Ce morceau de quartz cristallisé est composé aussi de parcelles infiniment petites, *invisibles*, que nous appellerons des *atomes*. Chaque parcelle ou plutôt chaque atome est uni à son voisin, non pas par un ciment étranger, mais par une certaine *force* d'attraction. Cette attraction entre les atomes est si forte qu'il faudrait un coup violent pour la vaincre et briser la pierre.

Dans tous les corps solides : pierres, bois, métaux, soufre, charbon, vous trouverez ces deux qualités ou *propriétés* de la matière qui les constitue : *attraction des atomes, stabilité de la forme.* L'attraction des atomes vous est prouvée par la dureté, la résistance des corps. Quant à la stabilité de leur forme, vous la connaissez déjà. Vous savez bien que dans dix, cent ou mille ans, ce caillou, ce morceau de soufre, ce fragment de charbon, déposés dans une armoire, n'y subiraient aucun changement.

Revenons à notre sable. Je le verse dans cet entonnoir. Vous voyez, il tombe, il *s'écoule* comme ferait un liquide. D'où vient cela? C'est que chaque parcelle de pierre, chaque grain de sable est indépendant ; parce que la force d'attraction ne l'unit pas à ses voisins. Chaque grain roule librement ; la masse s'écoule et prend toutes les formes que vous voulez lui donner : vous voyez que le sable remplit ce verre comme le remplirait un liquide.

Ce qui se passe dans le sable vous représente, d'une façon grossière mais facile à comprendre, ce qui se passe dans les liquides. Chaque atome des liquides éprouve, il est vrai, un peu d'attraction pour ses voisins, mais cette attraction n'est pas assez forte pour l'empêcher de rouler dans toutes les directions. Il en résulte que les liquides *coulent*, et prennent exactement la forme des vases qui les contiennent.

De plus, comme leurs atomes sont beaucoup plus *mobiles* que ne l'étaient nos grains de sable, le liquide se met *de niveau*, tandis que, vous voyez, le sable qui a coulé de l'entonnoir a formé un monticule, un *cône*.

Ainsi, **dans la matière à l'état solide, les atomes sont fortement attirés les uns par les autres et les corps conservent leur forme. Dans l'état liquide, l'attraction des atomes est très faible ; les corps coulent, prennent la forme des vases qui les contiennent et tendent à se mettre de niveau.**

Les atomes des gaz, des vapeurs, se comportent d'une façon tout à fait différente. Ils ne se touchent pas, de sorte qu'ils conservent la liberté absolue de leurs mouvements. De plus, au lieu de s'attirer, ils se repoussent. Par suite de cette *répulsion* réciproque, ils tendent toujours à s'éloigner, à s'échapper. Il en résulte que les gaz, les vapeurs occupent tout l'espace qu'on leur offre. Mais en revanche, comme leurs atomes ne se touchent pas, on peut les rapprocher en les serrant, en les comprimant, et les obliger à occuper un espace bien moins considérable que dans leur état naturel.

Avant d'aller plus loin, je veux m'assurer que vous m'avez bien compris.

Ernest, quels rapports ont entre eux les *atomes*, c'est-à-dire les particules extrêmement petites qui constituent un corps solide ?

— Dans les corps solides, les atomes se touchent, et ils s'attirent fortement les uns les autres.

— Bien. Ce sont comme des amis intimes, unis, à la vie à la mort, par une attraction énergique.

Jules, quels sont les rapports des atomes dans les liquides ?

— Ils se touchent, comme se touchent des grains de sable, mais ils ne s'attirent presque pas et se déplacent très facilement.

— C'est cela. Ils n'ont entre eux que des rapports de bon voisinage, l'attraction est faible et chacun conserve toute son indépendance.

Charles, comment se comportent les atomes des corps gazeux ?

— Ils ne se touchent pas et même ils se repoussent les uns les autres.

— Très bien. Ceux-là ne peuvent pas se sentir; ils se témoignent de l'antipathie, une véritable *répulsion* et s'éloignent autant que possible.

Faisons maintenant quelques petites expériences.

Voici un fragment de soufre qui est *solide*. Je le place dans la cuiller à pot qui chauffe *doucement* sur ce fourneau. Le soufre *fond*, il se *liquéfie*, c'est-à-dire passe à l'état *liquide*. Regardez-le *couler*, je vais le verser dans cette soucoupe.

Il reste encore un peu de soufre dans la cuiller. Je la replace sur le feu que j'avive au moyen du soufflet. Vous voyez s'élever comme une légère fumée : c'est le soufre qui passe à l'état de *vapeur ;* le soufre liquide est devenu gazeux et s'est échappé dans l'air. Pour fabriquer le soufre en poudre fine nommée *fleur de soufre,* on chauffe suffisamment du soufre fondu pour qu'il s'en dégage des vapeurs que l'on *condense* rapidement en les faisant passer dans une grande chambre froide. C'est ainsi que l'on a produit cet échantillon.

Ceci vous prouve que la même substance peut exister sous les trois états : *solide, liquide* et *gazeux.*

Il y a des substances qui passent de l'état solide à l'état gazeux sans se *liquéfier.* Je fais circuler cette poudre blanche. Sentez-la : c'est du camphre comme celui-ci, mais pulvérisé. Je chauffe doucement l'assiette couverte de camphre. Peu à peu la poudre disparaît : il ne reste plus rien ; tout a pris l'état gazeux.

Vous connaissez la glace, la neige, c'est-à-dire l'eau à l'état solide. Je vais vous montrer que, dans cette salle, il y a une assez forte quantité d'eau à l'état gazeux, c'est-à-dire sous forme de *vapeur.*

J'ai fait apporter cette bouteille pleine d'eau très fraîche. On a eu soin de bien l'essuyer avant de la déposer sur ma table. Je vous la passe sur une assiette. Vous voyez, on dirait qu'elle sue. Cette humidité condensée sur la bouteille comme de la rosée provient de la vapeur d'eau contenue dans l'air de la salle.

Mais, me direz-vous, pourquoi la vapeur d'eau s'est-elle déposée justement sur la bouteille et non pas sur l'assiette, sur nos tables et nos livres ?

C'est que l'assiette, vos tables, vos livres ne sont pas froids comme cette bouteille. Je vais vous expliquer ceci en détail pour compléter ce que je dois vous dire sur le *changement d'état* des corps.

Vous venez de voir qu'il suffit de *chauffer* une substance solide pour la faire *changer d'état,* c'est-à-dire pour la rendre liquide et gazeuse. Eh bien, pour obtenir l'inverse, c'est-à-dire pour changer un corps gazeux en liquide ou un liquide en solide, il suffit d'employer le *froid*.

De même, si l'on refroidit de la vapeur d'eau, elle perd la forme gazeuse et reprend la forme liquide. C'est sur ce principe que repose la *distillation* au moyen de l'*alambic*.

Dans le récipient de l'alambic placé sur un fourneau, on verse le liquide à distiller. Au couvercle du récipient s'adapte un long tuyau qui forme dans un réservoir d'eau froide une *spirale* nommée *serpentin* et débouche en dehors du réservoir. La chaleur du fourneau vaporise le liquide. Les vapeurs, qui tendent à s'échapper, en vertu de la répulsion de leurs atomes, passent dans le serpentin. Mais, comme ce tuyau est refroidi par l'eau du réservoir, la vapeur ne peut plus conserver son état ; elle se *condense* et forme de nouveau un liquide qui coule par l'extrémité du tuyau.

On peut distiller ainsi du soufre, du camphre et même des métaux. Ainsi cette poudre blanche, nommée *blanc* de zinc ou *fleur de zinc*, a été obtenue à peu près comme on obtient les fleurs de soufre.

Il suffit de chauffer ou de refroidir suffisamment la plupart des corps pour les faire passer d'un état à un autre.

Le suif, la cire, le soufre fondent à une température assez basse. Il faut une chaleur intense pour fondre de l'étain comme je le fais ici. La cuiller en fer ne va pas fondre en même temps que l'étain, parce que le fer ne devient liquide qu'à une température extrêmement élevée, Pour le fondre il faut des fours construits exprès en briques *réfractaires*, c'est-à-dire capables de résister à une chaleur intense. D'ailleurs ces briques elles-mêmes finissent par fondre si la température est suffisamment élevée, et produisent une sorte de verre.

Voici notre étain fondu. Pour changer d'état, il a *absorbé* une certaine quantité de chaleur. Si nous le retirons du feu, il va *perdre* cette chaleur et redevenir solide. L'absorption de chaleur a produit la *fusion* ou *liquéfaction* du métal ; la perte de chaleur va produire sa *solidification*.

Lorsque la solidification s'opère lentement, les corps prennent d'ordinaire une *texture* spéciale. Leurs *atomes* ou leurs *particules* s'arrangent, comme ces cristaux de quartz, suivant des *formes géométriques*. On dit alors qu'ils sont cristallisés. L'étain refroidi lentement prend une texture cristalline, comme vous le montre ce petit bloc que j'ai cassé après l'avoir convenablement refroidi.

La neige est formée par de la vapeur d'eau condensée et solidifiée dans l'air sous forme d'élégants cristaux, qui s'accrochent les uns aux autres et se *soudent* en partie pour former les *flocons* que vous connaissez bien.

La glace est également constituée par une agglomération de petits cristaux. Pour se former, pour se séparer les uns des autres, ces cristaux, si menus qu'ils soient, ont besoin d'un peu de place. Il en résulte que la glace, en se formant, occupe un peu plus d'espace que l'eau. Une bouteille d'eau bien bouchée éclate quand le liquide s'y congèle. On a fait éclater ainsi des obus et même des canons. C'est cette *expansion* de l'eau pendant son changement d'état, qui émiette les pierres poreuses dites gélives lorsqu'elles sont exposées à l'humidité, et tue les plantes délicates dont la sève glacée déchire les *tissus*.

Vous venez de voir, mes amis, que la cire, le soufre, le camphre, l'eau, les métaux, peuvent prendre tour à tour l'état solide, liquide ou gazeux.

En serait-il de même pour un morceau de bois, du cuir, une étoffe?

Le bois, le cuir, l'étoffe sont des matières *organisées* ou *organiques*, comme disent les savants. Celles-là ne changent pas d'état à la manière des matières brutes : elles se *désorganisent* et une fois désorganisées ne reprennent jamais leur première apparence.

QUESTIONNAIRE.

Rappelez comment la matière brute diffère des corps organisés. — Quels sont les trois états sous lesquels existe la matière? — Qu'est-ce qu'une vapeur? — Qu'appelez-vous un *atome?* — Comment sont unis les atomes dans des corps solides? — A quoi reconnaissez-vous un corps solide? — Expliquez l'écoulement du sable. — Dans quels rapports se trouvent les atomes des liquides? — Pourquoi les liquides se mettent-ils de niveau? — De quelle manière se comportent les atomes des corps gazeux? — Pourquoi peut-on comprimer les gaz, les vapeurs? — Expliquez comment le soufre peut passer par les trois états? — Citez une substance qui passe de l'état solide à l'état gazeux sans se liquéfier. — Parlez-nous des trois états de l'eau? — Comment prouveriez-vous qu'il y a dans cette salle de la vapeur d'eau? — Que faut-il faire pour qu'une substance passe de l'état solide à l'état liquide et de l'état liquide à l'état gazeux? — Comment fait-on revenir à l'état liquide ou à l'état solide une matière qui a pris la forme gazeuse ou liquide? — Expliquez en quoi consiste la distillation. — Citez des substances que l'on peut distiller. — Montrez, par des exemples, que les diverses substances changent d'état à des températures différentes. — Que faut-il pour qu'une substance change d'état? — Qu'appelle-t-on fusion et solidification? — Qu'est-ce qu'un corps cristallisé? — Citez des corps cristallisés. — Qu'est-ce qui produit l'expansion de l'eau pendant sa congélation? — Quelles sont les matières qui se désorganisent et ne peuvent reprendre leur état primitif?

XXXV. — L'AIR.

Mes enfants, vous savez que tout autour de nous il y a de l'air. La terre roule dans l'espace, entourée d'une couche d'air que l'on appelle *atmosphère*.

L'air est un mélange de matières gazeuses très légères et transparentes.

Voilà des faits sur lesquels vous possédez déjà quelques notions; nous allons y ajouter des détails intéressants.

Occupons-nous d'abord de prouver que l'air est quelque chose de matériel, que l'on peut toucher, sentir, voir, peser.

Léon, essayez de toucher, de palper l'air entre vos doigts. Le sentez-vous ?

— Je ne sens rien.

C'est vrai. L'air s'écoule, s'échappe entre vos doigts, et comme il ne leur offre pour ainsi dire aucune résistance, vous ne le sentez pas. Mais soufflez sur votre main. L'air arrivant avec une certaine vitesse *presse* votre peau et vous le sentez, le sens du tact vous révèle son existence.

Voici un soufflet dont on a mastiqué tous les joints, de telle sorte qu'il constitue un excellent appareil de physique. Je le remplis d'air en écartant les deux plateaux, puis je bouche le tuyau, ou mieux la *tuyère*. Ernest, prenez le soufflet, pressez sur les deux poignées et dites-nous ce que vous sentez.

— Je ne peux pas fermer le soufflet. L'air résiste en dedans.

Cela suffit, n'est-ce pas, pour vous prouver que l'air est quelque chose de matériel.

Toutes les matières que vous connaissez sont plus ou moins pesantes. L'air est bien léger assurément, mais il doit cependant avoir un certain poids. Ce soufflet suffit pour nous le prouver.

Regardez bien la figure que je dessine au tableau. Voici un tonneau plein d'eau, muni d'une *cannelle* fermée. Ici se trouve un petit baril vide avec sa cannelle ouverte. Je réunis par un tuyau en caoutchouc les deux cannelles, de manière à mettre le petit baril en communication avec le tonneau.

A la partie supérieure du tonneau et du baril se trouve un petit trou fermé par une cheville de bois nommé *fausset* J'enlève les deux faussets.

Jean, que va-t-il arriver si j'ouvre la cannelle du tonneau?

— L'eau va couler dans le baril et le remplir.

C'est vrai, mais pourquoi cela va-t-il se passer ainsi ?

— Parce que c'est un liquide, qui est lourd, et qui cherche à se mettre de niveau.

Très bien. Dès que nous offrirons à l'eau du tonneau un espace *vide* elle s'y précipitera, et le remplira si l'espace n'est pas trop grand.

Revenons maintenant à l'atmosphère et à notre soufflet.

Je ferme le soufflet. Nous pouvons supposer qu'il ne reste plus d'air dedans. Maintenant je l'ouvre. Il se remplit d'air. Vous venez de voir que si je bouchais le tuyau, on sentirait la résistance de cet air.

Pourquoi l'air a-t-il rempli le soufflet, à mesure que je l'ouvrais ? — Parce que je lui offrais un espace vide. Les matières gazeuses, ou les gaz si vous voulez, se comportent comme des liquides extrêmement légers et mobiles. L'air tend à s'infiltrer partout et à se mettre de niveau. Dès qu'un espace, si petit qu'il soit, se trouve vide il s'y précipite.

Je vous ai préparé une jolie expérience pour vous prouver tout ceci de la manière la plus évidente.

Voici un bidon à pétrole qui contient trois litres. Il est plein d'air que nous allons déloger. Voici comment. Je verse un peu d'eau dans le bidon; je bouche l'un des orifices, puis je le place sur ce réchaud, en prenant soin de ne pas trop le chauffer, afin de ne pas fondre les soudures. L'eau bout. Elle se change en vapeur qui chasse l'air, et s'échappe par cet orifice. En secouant le bidon je ne sens plus d'eau ballotter au fond. Je ferme le second orifice. Ernest va nous dire ce qu'il y a maintenant dans le bidon.

— Il reste de la vapeur d'eau.

C'est cela. Et à mesure que le bidon se refroidit, la vapeur se *condense* et se réunit en gouttelettes. Ce qui remplissait tout le bidon ne forme plus que quelques gouttes. Le bidon est *vide* ou à peu près.

Pesons le bidon tel qu'il est. Nous trouvons 802 grammes.

Maintenant j'enlève tout doucement ce bouchon. Écoutez. L'air se précipite en sifflant pour remplir l'*espace vide* que je lui offre : voilà le bidon plein d'air. Je le pèse de nouveau. Nous avons 806 grammes.

Jean va nous dire d'où vient cette augmentation de poids.

— C'est le poids de l'air qui est entré dans le bidon.

Vous voyez, mes amis, que sans appareils compliqués nous sommes arrivés à prouver ce fait très intéressant : l'*air est pesant*. Un litre d'air sec, à la température de 0 degré, c'est-à-dire à la température où se forme la glace, pèse environ 1 gramme 3 décigrammes.

Dans les cabinets de physique, on fait la même expérience d'une façon plus élégante. On pèse un grand ballon de verre, on aspire tout l'air qu'il contient, au moyen d'une pompe, puis on le pèse de nouveau. On constate qu'il a perdu 1 gramme 3 décigrammes par litre de capacité.

L'atmosphère s'élève à une hauteur qui dépasse certainement 80 kilomètres. Vous comprenez que le poids de tout cet air n'est pas à négliger. Sur une surface d'un décimètre carré l'air pèse 103 kilogrammes. C'est ce poids, cette *pression* de l'air qui le faisait s'engouffrer si vite dans le bidon.

Je ne doute pas que vous n'ayez déjà sur ce sujet des idées assez nettes. Cependant nous allons les préciser mieux par quelques expériences.

Voici un verre de lampe dont le bord est bien uni et une rondelle de carton traversée à son centre par un fil. Je passe le fil dans le verre, de manière à soutenir la rondelle qui ferme sa partie inférieure et la dépasse tout autour. Regardez bien. Je plonge le verre de lampe ainsi disposé dans ce grand verre à demi plein d'eau. Je lâche le fil. La rondelle ne tombe pas. Louis, comprenez-vous ce qui la retient collée au verre de lampe ?

— Je pense que c'est l'eau qui la pousse.

Oui, c'est le poids, la *pression* de l'eau qui pousse la rondelle de bas en haut. Si un autre poids, une pression égale la poussait de haut en bas, elle tomberait. Vous allez le voir. Je verse doucement de l'eau dans le verre de lampe. Nous voici presque au niveau de l'eau dans le verre. La rondelle est tombée.

Cette expérience parle aux yeux. Faite avec de l'eau, elle vous paraît très simple. Cependant j'avais besoin de cette démonstration pour être sûr que vous comprendriez bien comment agit, dans le même cas, le poids, c'est-à-dire la pression de l'air.

Je remplis d'eau ce verre. Je le couvre avec ce morceau de papier qui touche exactement l'eau. Je pose sur le papier une assiette, puis je retourne vivement le tout. J'enlève l'assiette et vous voyez, l'eau du verre ne tombe pas. L'air presse le papier de bas en haut avec une force bien supérieure à la pression que produit le poids de l'eau.

Il faudrait une colonne d'eau de trente-deux pieds pour faire contre-poids à cette pression de l'atmosphère.

Encore une expérience amusante pour démontrer le poids, la pression de l'atmosphère.

Dans cette carafe je laisse tomber des fragments de papier allumés, légèrement imprégnés d'alcool, et je ferme le goulot, en guise de bouchon, avec cet œuf cuit, débarrassé de sa coquille. La combustion du papier et de l'alcool chauffe, dilate, l'air contenu dans la carafe, et en fait sortir une partie. Lorsque la carafe se refroidit, l'air qu'elle contient se condense, il se produit un vide partiel; de sorte que l'œuf ne se trouve plus pressé aussi fortement de bas en haut que de haut en bas. Aussi, voyez: l'œuf cède au poids de l'atmosphère et s'enfonce dans la carafe.

Vous voilà tous bien convaincus du poids de l'air et des effets que produit la pression de l'atmosphère. Je vais maintenant vous citer quelques applications importantes de la *force* produite par cette pression.

Voici un long tube de verre. J'y introduis cette boulette de mie de pain, puis j'aspire l'air contenu dans le tube entre ma bouche et la boulette ; *je fais le vide* dans le tube. Aussitôt la pression atmosphérique pousse, chasse la boulette qui parcourt rapidement le tube.

Dans plusieurs grandes villes on se sert de la pression atmosphérique pour faire circuler dans des tuyaux, placés sous terre, de petites boîtes pleines de dépêches. Les boîtes cylindriques, garnies de rondelles de cuir graissé, ferment parfaitement les tuyaux. Quand on fait le vide au bout du tuyau, situé à plusieurs kilomètres, la boîte qui forme un tampon glisse dans le tuyau et en moins d'une minute arrive à destination.

Notre soufflet est fermé. Je bouche la *tuyère*, et l'ouverture de la soupape : Jean, essayez de l'ouvrir.

— Je ne puis pas, parce que le tuyau est bouché.

En effet, à mesure que vous écartez les plateaux, vous

faites le vide à l'intérieur, et le poids, la pression de l'atmosphère vous empêche d'ouvrir notablement le soufflet.

Je débouche la tuyère, j'ouvre le soufflet autant que possible. Le voici plein d'air. Je replace le bouchon. Ernest, essayez de fermer le soufflet.

— Je ne puis pas; l'air ne peut s'échapper.

Cependant, remarquez ceci. En appuyant bien fort, vous le fermez un peu. Puis, quand vous cessez de presser, il se gonfle de nouveau. Assurez-vous que cela se passe ainsi. Comment appelez-vous une substance qui peut se comprimer et qui reprend son volume dès que la pression cesse.

— C'est une substance élastique.

Très bien. Voilà une nouvelle propriété de l'air. Il est *élastique*. Nous pouvons bien le *comprimer*, c'est-à-dire lui faire occuper un volume plus petit qu'à l'ordinaire; mais dès que la compression cesse, il se *dilate* et reprend son volume primitif.

Vous allez comprendre que l'air comprimé presse les parois des vases, des récipients, et tend à s'échapper avec une *force* proportionnelle à la compression qu'on lui fait subir.

Je serre avec cette ficelle les deux poignées du soufflet rempli d'air et bouché. L'air se trouve comprimé. Je fixe la ficelle, puis j'ouvre dans le bouchon un petit trou. L'air s'échappe en sifflant.

Eh bien, mes amis, on a construit de très ingénieuses machines qui sont mises en mouvement par de l'air comprimé dans de grands réservoirs au moyen de pompes ou par d'autres procédés. Un réservoir plein d'air comprimé devient un réservoir de *force*. Si l'on met en communication avec le réservoir un *cylindre* dans lequel peut se mouvoir un *piston*, l'air comprimé, arrivant alternativement au-dessus et au-dessous du piston, le déplacera dans le cylindre, et l'on aura ainsi une machine en mouvement un *moteur*, capable de faire fonctionner des pompes, des outils, etc.

Georges, voyez-vous l'air dans cette salle ?

— On ne le voit pas parce qu'il est transparent.

Ajoutez qu'il est incolore. En effet, une vitre en verre jaunâtre serait transparente, mais vous la verriez facilement à cause de sa couleur.

L'eau de ce verre est transparente et paraît incolore. Mais l'eau en grande masse est verdâtre ou bleuâtre. Les vitres des fenêtres vous semblent incolores parce que vous voyez le verre sous une faible épaisseur. Mais regardez celle-ci par le travers, et vous allez y reconnaître une teinte verte très prononcée.

Il en est de même pour l'air. En petite quantité il est incolore. Mais en grandes masses il offre une teinte bleue. C'est la couleur azurée de l'air qui fait paraître bleuâtres les objets très éloignés et qui donne à la voûte céleste sa belle-couleur bleue.

Arthur, qu'arrive-t-il à l'air qui s'échauffe ?

— Il se dilate et occupe plus de place.

Quand nous faisons du feu dans une cheminée, l'air contenu dans le tuyau s'échauffe, se dilate, et devenant plus léger que l'air froid qui l'entoure, il monte. De même un bouchon plongé au fond d'un vase plein d'eau monte à la surface.

A mesure que l'air chaud et léger monte, il se produit un *vide* dans la cheminée. L'air de la chambre se précipite aussitôt pour combler ce vide, de sorte qu'il s'établit un *courant* d'air, *attiré* par l'air léger. C'est ce que l'on appelle le *tirage* de la cheminée.

Jean, que voit-on s'élever au-dessus des cheminées où l'on fait du feu ?

— On voit s'élever de la fumée.

La fumée consiste en un peu de *charbon* très divisé, entraîné par le *courant d'air chaud.*

Au-dessus de la cheminée il y a donc un courant d'air. A l'entrée de la cheminée, il y a un autre *courant* formé par l'*air froid* qui accourt remplacer l'air chaud. Supposons que l'air de cette pièce soit tout à coup refroidi. Les atomes qui le composent se rapprocheraient un peu. Au lieu de se dilater, il se condenserait. Cette condensation formerait un vide partiel. Aussitôt il arriverait par la cheminée, par les interstices des portes et des fenêtres un peu d'air pour rétablir la pression : il se produirait des *courants* d'air.

Ainsi, dès que l'air s'échauffe ou se refroidit en un certain point, il se produit des *mouvements* dans sa masse, des *courants* par lesquels la pression se rétablit peu à peu et reprend son *équilibre*. Ernest va nous dire comment on appelle l'air en mouvement.

— C'est le vent.

Lorsque l'air s'échauffe en un point, il monte, produit un *tirage*, un *appel* d'air froid. Si l'air se refroidit, il se condense, produit un vide, et un *appel* d'air chaud. Voilà en deux mots ce qui produit le vent, depuis la brise qui fait à peine trembler les feuilles, jusqu'à l'ouragan qui déracine les arbres et renverse des maisons.

Joseph, rappelez-nous ce que nous avons dit l'année dernière au sujet des ballons.

— Il y a deux sortes de ballons : les montgolfières à air chaud, et les vrais ballons que l'on gonfle avec du gaz d'éclairage.

C'est cela. Et pourquoi les ballons gonflés d'air chaud ou de gaz d'éclairage montent-ils dans l'air?

Parce que l'air chaud et le gaz d'éclairage sont bien plus égers que l'air. Le ballon monte comme un bouchon monte dans l'eau.

Mes amis, nous compléterons plus tard ces premières notions sur l'air. Ne soyons pas trop ambitieux. Si chaque leçon vous laisse quelques idées bien nettes, soyons satisfaits du résultat. Rappelons-nous le proverbe : « qui trop embrasse, mal étreint ». Nous allons doucement, afin que vous sachiez bien ce que vous savez.

QUESTIONNAIRE.

Qu'est-ce que l'atmosphère? — Comment pouvez-vous connaître l'air par le tact? — Prouvez, par une expérience très simple, que l'air est résistant. — Indiquez un rapport remarquable entre l'air et les liquides. — Expliquez pourquoi l'air remplit un soufflet dont on écarte les plateaux. — Comment chasseriez-vous l'air d'un vase en métal facile à fermer, comme un bidon en fer-blanc? — Expliquez comment vous feriez le vide dans un vase de cette sorte. — Prouvez, au moyen d'une simple expérience, que l'air est pesant. — Combien pèse un litre d'air? — Représentez en poids la pression de l'atmosphère sur un décimètre carré. — Faites comprendre par une expérience la pression exercée par l'eau de bas en haut. — Démontrez, par une expérience analogue, la pression de bas en haut exercée par l'atmosphère. — Expliquez l'expérience de l'œuf et de la carafe pour démontrer la pression atmosphérique. — Faites comprendre les effets de l'aspiration de l'air dans un tube. — Citez une application pratique de cette expérience. — Prouvez que l'air est compressible et élastique. — Indiquez une application pratique de l'élasticité de l'air comprimé. — Quelle différence y a-t-il entre une substance transparente et une substance incolore? — Dites ce que vous savez sur la couleur de l'air. — Expliquez ce qui produit le tirage d'une cheminée. — Qu'est-ce que la fumée? — Expliquez comment les changements de température produisent des courants dans l'air. — Qu'est-ce que le vent? — Dites, en peu de mots, ce que vous savez au sujet des ballons.

XXXVI. — L'EAU.

Arthur, dites-nous ce qui fait couler l'eau des ruisseaux, des rivières.

— L'eau des ruisseaux et des rivières coule parce qu'elle se trouve sur un terrain en pente.

Henri va nous donner une autre raison.

— L'eau qui se trouve sur un terrain en pente coule parce qu'elle tend à se mettre de niveau.

Nous avons donc deux causes qui font couler l'eau des ruisseaux, des rivières : la pente du terrain et la propriété que possèdent les liquides de tendre toujours à se mettre de niveau. Il est donc évident que la vitesse des cours d'eau dépend de la pente ou *déclivité* plus ou moins considérable du terrain.

Les *torrents* se précipitent sur la pente des montagnes, tandis que dans la plaine les *ruisseaux*, les *rivières*, les *fleuves*, coulent parfois si lentement que leur courant est à peine sensible. En certains endroits, leur eau semble *stagnante*, c'est-à-dire immobile, comme l'eau *dormante* des mares, des *étangs*.

Voici un tube de verre recourbé en forme d'U. Charles, si je verse de l'eau dans l'une des branches, à quel niveau arrivera-t-elle dans l'autre?

— L'eau se mettra de niveau dans les deux branches.

C'est vrai. Regardez maintenant la figure que je trace au tableau. Voici un réservoir d'eau que nous supposerons placé dans le grenier d'une maison. De ce *réservoir* descend un tuyau qui passe sous terre dans le jardin puis se redresse ici, au milieu d'un petit bassin. Le tuyau est muni d'un robinet qui se trouve fermé.

Ouvrons le robinet. L'eau du réservoir tend à se mettre de niveau. Si nous avions ici un tuyau dressé jusqu'à la hauteur du grenier, ce tuyau se remplirait d'eau, comme vous l'avez vu tout à l'heure, dans notre tube en U. Si le long tuyau n'existe pas, l'eau ne tendra pas moins à se mettre de niveau. Qui peut nous dire ce qui arrivera? Jean a la parole.

— On verra un jet d'eau s'élever du petit bassin.

Très bien. L'eau tendra à prendre le niveau du réservoir, ce qui formera un *jet d'eau*. Mais les frottements dans le tuyau, puis dans l'air, ne lui permettront pas de jaillir à la hauteur du grenier.

Je vous ai préparé, d'une manière très primitive, mais très suffisante, l'expérience du jet d'eau. Remarquez que l'une des branches de notre tube U est *effilée* et se termine en pointe percée d'un très petit trou. Voici un seau dont j'ai percé le fond pour y adapter, au moyen d'un bouchon, un petit bout de tuyau de verre. Je suspends le seau à ce crochet; je fixe le tube en U sur cette planchette, enfin je réunis le tube du seau et celui-ci par un long tube de caoutchouc. Nous avons donc un réservoir et ses tuyaux disposés comme pour l'installation d'un jet d'eau. Je verse de l'eau dans le seau, et vous voyez, elle cherche son niveau, et pour l'atteindre jaillit par le tube effilé en pointe. Pour augmenter ou diminuer la lenteur du jet d'eau, je n'ai qu'à élever ou abaisser le réservoir.

Notez bien qu'au lieu de percer un seau, j'aurais pu fermer le réservoir avec un entonnoir ordinaire. Nous n'avons pas besoin d'appareils coûteux et compliqués pour faire de jolies expériences.

Georges, quel rapport voyez-vous entre un jet d'eau et un puits artésien?

— Un puits artésien est une sorte de jet d'eau.

En effet, l'eau de pluie qui tombe sur les terrains élevés s'infiltre dans les couches de sable qui se trouvent entre des couches de pierre ou d'argile. Elle arrive ainsi dans les plaines où elle forme sous terre des sortes de lacs. Si l'on perce un puits jusqu'à ces couches d'eau, le liquide emprisonné s'élance pour se mettre de niveau.

Mes enfants, il y a des pays où l'on voit jaillir de terre de magnifiques jets d'eau bouillante. Voilà un phénomène un peu plus difficile à comprendre que la théorie du jet d'eau et du puits artésien. Une très simple expérience va vous en donner une idée assez exacte.

Voici un humble bidon à pétrole qui nous a déjà rendu quelques services, et un bout de tube de verre dont j'ai effilé la pointe après l'avoir chauffée dans un feu de braise. Je passe le tube dans ce bouchon soigneusement percé au moyen d'une lime ronde nommée *queue de rat.*

Je verse un peu d'eau dans le bidon et je bouche au moyen de ce bouchon muni du tube. Vous voyez que le tube est disposé de telle sorte qu'il plonge dans l'eau qui occupe la partie inférieure du bidon.

Je chauffe doucement mon appareil — très doucement, de peur de faire fondre les soudures — et je dispose une cuvette pour recevoir l'eau de notre *geyser* ou fontaine jaillissante d'eau chaude.

Vous voyez, l'eau jaillit en sifflant et s'entoure d'un *nuage* de *vapeur condensée.*

Voici ce qui produit ce jet d'eau bouillante. En chauffant l'eau j'en ai converti une partie en vapeur. Cette vapeur tend à s'échapper, en vertu de la *répulsion* de ses *atomes.* Elle presse les parois du vase qui la retient prisonnière; elle presse la surface de l'eau qui reste au fond du vase. Comme ce tube plonge dans l'eau, il est clair que le liquide s'y trouve refoulé par la pression de la vapeur. Voilà pourquoi il jaillit d'autant plus vite que je chauffe davantage le vase.

Dans le voisinage de certains volcans il se passe quelque chose d'analogue à ce que nous venons de représenter ici.

Une nappe d'eau souterraine se trouvant échauffée, il s'en dégage de la vapeur qui presse violemment la surface et refoule le liquide dans les crevasses du sol. Si l'une de ces crevasses arrive jusqu'à la surface, on voit jaillir une gerbe d'eau bouillante.

Notre expérience du *geyser* nous conduit à parler de l'eau à l'état de vapeur.

Louis, si je renferme dans une armoire une assiette contenant un peu d'eau, y trouverai-je encore de l'eau au bout de quelques semaines ?

— L'eau se sera évaporée.

C'est cela. Dans les circonstances ordinaires l'eau s'*évapore* lentement, prend la forme gazeuse : cette manière de changer d'état s'appelle *évaporation*. Si l'on fait bouillir l'eau de manière à la changer rapidement en vapeur on la *vaporise*. La *vaporisation* n'est donc qu'une évaporation rapide.

Voici un gramme d'eau. Je le verse dans ce tube étroit bouché à la partie inférieure. Le tube se trouve rempli à une hauteur de trois centimètres. Pour couvrir de trois centimètres d'eau le fond de cette assiette creuse, il n'en faudrait pas moins de 300 grammes. Eh bien, si je laisse évaporer l'eau dans l'assiette et dans le tube, je constaterai que le tube sera sec et que, après avoir perdu seulement 2 grammes d'eau, l'assiette, sèche aussi, en aura perdu 300 grammes. J'en conclus que l'*évaporation*, à la surface d'un liquide, est *proportionnelle à la surface*. Dans ce tube étroit, 2 grammes d'eau s'évaporeraient à peine en huit jours. Si j'en imbibe un mouchoir et si je l'étends de manière à offrir une grande surface, toute l'eau sera

évaporée en une heure, par un temps sec, à la température ordinaire.

Alexis, je viens de dire qu'un mouchoir mouillé sèche
très promptement, à la température ordinaire, pourvu
que le temps soit sec. Qu'arriverait-il par un temps humide?

— Le mouchoir sècherait lentement.

On dit, vous le savez, que le temps est humide, lorsque
l'air contient beaucoup de vapeur d'eau. Cette vapeur légère, invisible, est dissoute dans l'air, comme un morceau
de sucre se dissout dans l'eau. Elle s'y trouve intimement
mélangée.

Voici un verre à moitié plein d'eau et de sucre. Je
plonge dans l'eau quatre morceaux de sucre, j'agite pour
hâter la dissolution. Mais j'ai beau faire, il reste au fond
du verre un peu de sucre. J'en ai mis plus que l'eau n'en
peut dissoudre. Elle est *saturée* de sucre, c'est-à-dire elle
n'en peut pas recevoir davantage.

Je verse le contenu du verre dans cette bouillotte, je le
chauffe et le verse de nouveau dans le verre. Tout le sucre est dissous. J'en ajoute un, deux morceaux, ils se dis-
solvent. L'eau n'était donc plus saturée? Évidemment
non, et ceci nous prouve que l'eau chaude peut dissoudre
beaucoup plus de sucre que l'eau froide.

De même l'air dissout plus ou moins de vapeur d'eau,
selon qu'il est plus ou moins chaud. Mais quelle que soit
sa température, il arrive un moment où il se trouve *saturé*,
c'est-à-dire incapable d'en dissoudre davantage. Lorsque
l'air est presque saturé de vapeur d'eau, on dit que
le temps est humide. Vous comprenez que par ces temps
le linge sèche difficilement, car l'air n'a pas soif pour ainsi
dire, il ne dissout presque plus de vapeur.

Voilà donc un autre point bien établi : l'évaporation
s'effectue en proportion de la quantité de vapeur qui se
trouve déjà dans l'air.

Léon, si vous vouliez sécher très promptement un mouchoir mouillé, comment feriez-vous ?

— Je l'étendrais devant le feu.

Ce serait, en effet, le bon moyen. Si l'on veut vaporiser rapidement de l'eau on la chauffe. L'évaporation se fait d'autant plus vite que la température est plus élevée : voilà un troisième point à noter.

Dans cette expérience si simple d'un mouchoir qui sèche devant le feu, nous avons le concours de plusieurs circonstances qui hâtent l'opération. L'eau se trouve répartie sur une grande surface ; elle se trouve portée à une température assez haute ; l'air qui l'entoure est chaud, par conséquent apte à dissoudre plus de vapeur que l'air froid de la chambre ; enfin, l'air qui se sature de vapeur au contact du linge mouillé se trouve constamment renouvelé par le tirage, l'appel de la cheminée, de sorte qu'il cède à chaque instant sa place à une nouvelle couche d'air non saturé.

Voyez, mes amis, que de remarques nous suggère ce fait si simple, et combien les choses les plus vulgaires deviennent intéressantes lorsque l'on s'applique à en chercher le *pourquoi* et le *comment*.

Pendant que nous causions, notre verre d'eau sucrée s'est refroidi. Je vous le fais passer. Vous voyez qu'en se refroidissant l'eau saturée à chaud s'est débarrassée du sucre que j'ai ajouté à l'eau qui était saturée à froid. Nous avons au fond du verre un dépôt de sucre.

De même l'air saturé de vapeur d'eau à une certaine température abandonne une partie de sa vapeur s'il vient à se refroidir. Dans ce cas, la vapeur d'eau se condense, sous forme de nuages, de pluie, de brouillard, de rosée.

Arthur, qu'est-ce que la rosée ?

— Ce sont des gouttelettes d'eau qui se déposent sur les corps froids pendant les nuits bien claires.

Et les nuages ?

— Ce sont des brouillards qui se forment très haut dans l'air.

C'est vrai, si l'on s'élève jusqu'aux nuages en gravissant une haute montagne ou au moyen d'un ballon, on constate que ce sont des brouillards semblables à ceux qui se forment près de la terre, par la condensation de la vapeur d'eau en gouttelettes très fines ou en petites sphères creuses nommées *vésicules*.

Cependant les nuages très élevés de forme allongée, appelés *queues de chats* par les marins, et *cirrus* par les savants, sont formés de fines aiguilles de glace. A cette hauteur, le brouillard gèle, de sorte que les nuages sont formés par une poussière glacée.

Vous pourrez vous faire une idée de la forme des aiguilles de glace dont se compose un cirrus en examinant attentivement le givre sur une vitre. Le givre est une sorte de rosée glacée. Par les temps froids, lorsque l'air d'une chambre est humide, il se forme sur les vitres un dépôt de vapeur condensée, une rosée en fines gouttelettes, qui se gèlent au fur et à mesure. Il en résulte des aiguilles élégamment disposées en forme de feuilles de fougère.

Joseph, rappelez-nous pourquoi la mer ne change pas de niveau, bien qu'elle reçoive constamment l'eau de tous les fleuves.

— Parce que l'eau s'évapore à sa surface

Bien, et que devient cette vapeur d'eau ?

— Elle est emportée par le vent, et quand elle arrive dans des régions froides, elle forme des nuages, de la pluie.

C'est cela. Mais pour bien comprendre comment les choses se passent, il faut vous rappeler ce que vous savez au sujet de l'alambic. Vous savez qu'il fait très chaud à l'équateur et très froid aux pôles. Toute la vapeur d'eau qui s'élève de la mer dans les pays chauds est emportée par des courants d'air vers les pôles. Ceux-ci agissent comme le réservoir d'eau froide d'un alambic. Ils condensent la vapeur et la changent en blocs de glace qui, peu à peu, glissent dans la mer. En même temps, une certaine quantité de vapeur se condense sur les hautes montagnes, sous forme de neige, et dans l'air sous forme de nuages qui se résolvent en pluie. Vous voyez qu'en fin de compte, l'eau, à la surface de la terre, est soumise à une continuelle distillation.

QUESTIONNAIRE.

Qu'est-ce qui fait couler l'eau sur un terrain en pente? — Qu'arrive-t-il à l'eau que l'on verse dans un tube en forme d'U? — Expliquez la théorie du jet d'eau. — Pourquoi l'eau d'un jet d'eau ne jaillit-elle pas jusqu'à la hauteur du réservoir? — Indiquez comment on peut exécuter très simplement l'expérience du jet d'eau. — Expliquez ce qui se passe dans un puits artésien. — Qu'appelle-t-on *geyser?* — Faites comprendre comment l'eau se trouve chauffée, comprimée de manière à former des fontaines jaillissantes nommées geysers. — Quelle différence y a-t-il entre l'évaporation et la vaporisation? — Expliquez, par un exemple, que l'étendue de la surface influe sur l'évaporation. — Qu'est-ce que l'on entend lorsque l'on dit que le temps est humide? — Qu'est-ce que l'on entend par la *saturation* d'un liquide? — Faites comprendre par un exemple comment la température d'un liquide agit sur son état de saturation. — Qu'entendez-vous par de l'air saturé de vapeur d'eau. — Pourquoi un linge mouillé sèche-t-il lentement dans l'air humide? — Expliquez pourquoi un linge mouillé sèche rapidement devant le feu. — Qu'arrive-t-il lorsqu'une solution de sucre saturée à chaud se refroidit? — Qu'est-ce que la rosée? — Quelle ressemblance y a-t-il entre le brouillard et les nuages? — De quoi sont composés les nuages nommés cirrus? — Rappelez pourquoi la mer ne change pas de niveau. — Expliquez, en peu de mots, le fonctionnement d'un alambic. — Faites comprendre que l'eau, à la surface de la terre, est soumise à une distillation continuelle.

XXXVII. — LA COMBUSTION.

Mes enfants, je verse dans cette cuiller un peu d'alcool très fort, et j'en approche cette allumette enflammée. L'alcool s'enflamme, brûle, se *consume*. Il ne reste plus rien. Je traite de même ce fragment de camphre : il produit une belle flamme blanche que surmonte un long panache de fumée, et tout disparaît.

L'huile ou le pétrole dans une lampe ; le bois dans une cheminée ; le charbon dans un fourneau se consument ainsi, et disparaissent à mesure qu'ils brûlent.

En brûlant, en se consumant, toutes ces matières produisent de la chaleur, de la lumière ; c'est-à-dire ce que nous appelons du *feu*.

Nous pouvons donc dire que le feu, la flamme, proviennent du changement d'état et de la disparition de ces matières, et pour être brefs, nous exprimerons ces idées par un seul mot : la *combustion*.

Ainsi un corps en combustion se brûle, c'est-à-dire se *consume*, disparaît, en produisant de la lumière et de la chaleur.

Notez bien, toutefois, qu'une substance peut s'échauffer au point de produire de la lumière sans brûler, sans disparaître. Dans ce cas, il y a *incandescence* et non combustion. Si je fais rougir dans un fourneau un tube de verre, une tringle de fer ou de cuivre, ces matières s'approprieront une partie de la chaleur produite par la combustion du charbon, elles s'échaufferont, deviendront lumineuses, mais elles ne disparaîtront pas, elles ne seront pas en combustion. Ce qui rend lumineux le fer rouge que le maréchal forge sur l'enclume, c'est la chaleur *empruntée* au feu de la forge, et non pas celle que pourrait *produire* sa propre combustion.

Le mot combustion éveille tout naturellement l'idée de feu, de flamme. Lorsque les choses se passent autrement, on a soin de l'indiquer en disant : *combustion lente*, c'est-à-dire sans lumière, et accompagnée d'une chaleur peu intense ou même insensible.

Mais, pour le présent, occupons-nous seulement de la combustion qui produit une chaleur intense, du feu, de la flamme.

Henri, voici sur cette assiette un bout de bougie allumé. Que va-t-il arriver si je le couvre avec ce verre?

— La bougie va s'éteindre faute d'air.

Bien. Vous savez que, sans air, la combustion est impossible.

Arthur, de quoi se compose l'air?

— C'est un mélange de plusieurs gaz dont les plus importants sont l'oxygène, l'azote et le gaz carbonique.

Très bien. Edmond va nous dire lequel de ces trois gaz est indispensable à la combustion.

— C'est l'oxygène.

Ainsi, au lieu de dire : point de combustion sans air, nous pouvons dire : point de combustion sans *oxygène*.

L'oxygène est le grand brûleur. Il est avide d'une foule de substances et principalement de charbon, ou, comme disent les savants, de *carbone*. Toutes les fois que l'oxygène rencontre du carbone à une température suffisamment élevée, il s'en empare, s'unit rapidement et violemment à lui. De cette union rapide de l'oxygène et du carbone résulte un échauffement considérable qui produit les apparences ordinaires du feu, de la flamme.

Essayons de prouver que les choses se passent ainsi.

Dans cette assiette il y a un peu d'eau. J'y pose une rondelle de liège et sur ce petit radeau je place cette coquille de noix dans laquelle j'ai versé un peu d'alcool. J'enflamme l'alcool, et aussitôt je couvre noix et rondelle au moyen de ce grand verre dont les bords trempent dans l'eau.

Vous voyez, l'alcool ne brûle plus. Il n'avait à sa disposition que l'oxygène renfermé sous le verre. Une fois cette ration épuisée, la flamme s'est éteinte.

Mais cet oxygène, consommé par la combustion de l'alcool, n'a pas été anéanti, car rien ne se perd dans la nature. Les matières qui disparaissent ne font que changer de forme, d'état, de manière d'être : il a formé une combinaison d'où sont nées deux autres substances : de l'eau et du gaz *carbonique*, que vous connaissez bien, car c'est lui qui fait mousser le cidre, la bière, l'eau gazeuse et le vin de Champagne.

C'est ce gaz carbonique, riche en charbon, que les plantes absorbent pour en former les *fibres* de leurs *tissus :* feuilles, branches, tronc, racines.

Pendant la combustion de la braise, il se forme beaucoup plus de gaz carbonique. Aussi, je choisis ce combustible pour vous démontrer ce fait si intéressant.

Dans cette carafe vous voyez une eau très limpide. Cette eau n'est pas pure, elle contient un peu de chaux. Pour l'obtenir, je l'ai agitée avec de la chaux en poudre, et après un repos suffisant je l'ai filtrée : c'est de l'eau de chaux.

Lorsque le gaz carbonique se trouve en contact avec de l'eau de chaux, il s'empare de la chaux qu'elle tient en solution, s'y unit, et forme du *carbonate de chaux*, c'est-à-dire de la *craie* qui trouble l'eau.

Dans ce petit panier en fil de fer je vais allumer un peu de braise. Au-dessous j'ai disposé une plaque de fer blanc qui sert de cendrier. Un fil de fer recourbé me permettra de descendre à volonté le feu dans ce bocal.

Au fond du bocal, je verse un peu d'eau de chaux. Je descends mon petit brasier. Il consomme bien vite l'oxygène du bocal. Le voilà qui s'éteint. Je le retire et ferme le vase.

Nous devons avoir ici, emprisonnée, une certaine quantité d'acide carbonique. Pour le vérifier, j'agite le bocal : vous voyez, l'eau se trouble, elle devient blanchâtre ; il s'est formé de la craie qui va lentement se déposer au fond du vase. Plus de doute possible : pendant la combustion, l'oxygène s'unit à du carbone pour former du gaz *carbonique*.

Ce gaz carbonique est impropre à entretenir la combustion et la respiration. L'air n'en contient d'ordinaire qu'une très petite proportion : de trois à six dix-millièmes. Lorsque cette proportion augmente beaucoup, l'air devient irrespirable. On doit donc renouveler constamment l'air dans lequel se produit du gaz carbonique. La respiration des hommes et des animaux, la combustion, la fermentation sont des sources abondantes de ce gaz et par conséquent des causes de viciation de l'air.

Jean, d'où provient le charbon de bois ?

— Il provient de branches d'arbres carbonisées lentement et presque sans air.

Bien. Par conséquent vous admettez sans peine qu'il y a du charbon, du *carbone* dans les végétaux, et que ce carbone est le *combustible* auquel s'unit l'oxygène pour former de l'acide carbonique. Quant à la houille, c'est une sorte de charbon préparé par la nature, avec des végétaux décomposés. Mais il peut vous sembler plus difficile de comprendre qu'il y ait du charbon dans le suif, dans l'huile, dans la stéarine, dans la cire, et même dans un morceau de camphre et dans l'alcool.

Cependant, vous avez vu tout à l'heure que la flamme du camphre était accompagnée d'une fumée assez intense. Vous savez qu'une lampe fume si l'air n'active pas la com bustion de l'huile par le tirage artificiel que produit son tube de verre. Voici une bougie allumée. Elle brûle sans fumée. Mais pour rendre visible le charbon il suffit de passer sur sa flamme une assiette *froide*. Vous voyez aussitôt sur l'assiette un abondant dépôt de charbon en fine poussière : c'est-à-dire du *noir de fumée*.

Ceci nous conduit à examiner en détail ce qui se passe dans cette flamme de bougie.

La stéarine, fondue par la chaleur de la flamme, monte dans la mèche. Là, elle prend l'état gazeux. Cette partie sombre de la flamme est formée de *vapeur de stéarine* qui ne peut s'enflammer parce que l'air n'y arrive pas. Tout autour et au-dessus de cette partie sombre, l'air se mêle à la vapeur de stéarine, l'oxygène s'en empare, et il en résulte une quantité de chaleur telle que chaque particule de charbon, chauffée *à blanc*, devient lumineuse. La flamme éclaire d'autant mieux qu'elle contient plus de charbon chauffé à blanc. L'alcool donne une flamme presque incolore parce qu'il est pauvre en charbon. L'huile, la stéarine, sont riches en charbon : plus leur flamme s'échauffe par la combustion de ce charbon, plus elle devient bril lante. Il suffit de refroidir la flamme pour diminuer sa clarté et pour qu'une partie du charbon se dégage sous forme de fumée.

Dans le gaz d'éclairage fabriqué en distillant de la houille, la flamme est d'autant plus éclairante qu'elle contient plus de charbon. Mais à la condition que l'air ne la refroidisse pas. Aussi est-il avantageux de disposer les becs de gaz de telle sorte que l'air n'y arrive qu'après s'être échauffé grâce à une disposition spéciale du brûleur.

La combustion du gaz d'éclairage produit, comme celle de l'alcool, une assez grande quantité de vapeur d'eau. En hiver, on voit cette vapeur se condenser sur les vitres des salles éclairées au gaz.

Ernest, nommez des substances combustibles.

— La houille, le coke, le bois, le charbon, la braise. Continuez, Arthur.

— Le suif, la cire, la stéarine, l'huile, la résine.

Bien. Voilà des substances que nous sommes habitués à voir brûler, se consumer, pour nous procurer de la chaleur ou de la lumière.

Il y en a bien d'autres : le phosphore, le soufre, l'alcool, le camphre, l'essence de térébenthine, etc.

Au commencement de notre causerie je vous ai dit qu'une tringle de métal chauffée au rouge ne brûlait pas, ne se consumait pas. Cependant la plupart des métaux sont combustibles dans certaines circonstances.

Lorsque vous en aurez l'occasion, regardez forger une grosse pièce de fer. Les coups de marteau font jaillir des parcelles de métal chauffé à blanc. Ces parcelles étincelantes, qui forment des gerbes autour de la pièce forgée, sont beaucoup plus brillantes que cette pièce même. Cela vient de ce qu'elles *brûlent* véritablement dans l'air en s'unissant vivement à l'oxygène. Cette combustion ne produit pas de l'acide carbonique parce que le carbone n'y était pour rien, mais un *oxyde* de la matière brûlée; un oxyde de fer, analogue à la rouille.

Dans les cabinets de physique, on fait une très jolie expérience pour démontrer cette combustibilité du fer. Après avoir rempli d'oxygène pur un grand bocal, on y introduit un fil de fer contourné en spirale, au bout duquel est fixé un fragment d'amadou allumé. L'oxygène active tellement la combustion de l'amadou que le fer rougit puis devient d'un blanc éblouissant, se consume et laisse pour résidu une sorte de rouille.

Le mot combustion éveille ordinairement l'idée de feu, de flamme. Cependant vous vous rappelez, qu'à propos de la respiration nous avons expliqué comment l'union lente de l'oxygène avec diverses matières constitue une véritable combustion. La chaleur de notre corps est due à la combustion lente de notre substance même et d'une partie des aliments. Quand un morceau de fer se rouille, il subit une combustion très lente. C'est encore par l'effet d'une combustion très lente que s'échauffent les fumiers.

Quelle que soit la nature de la substance *oxydée* ou *brûlée*, c'est toujours l'oxygène qui est l'élément actif. Vous pouvez maintenant comprendre que, pour les chimistes, toutes les fois que l'oxygène s'unit à une substance, il y a combustion.

Cependant, comme nous ne faisons pas aujourd'hui de la chimie, je tiens surtout à ce que vous reteniez ce qui concerne la combustion telle qu'on l'entend dans le langage ordinaire, c'est-à-dire celle qui est accompagnée de chaleur intense et de lumière, comme dans le feu, la flamme.

Georges, connaissez-vous des sources naturelles de feu?

— Les volcans sont des feux naturels.

Oui, dans ces grandes fournaises souterraines brûlent des matériaux très divers dont la combustion entretient le foyer dans une activité constante. L'année prochaine nous aurons l'occasion d'en causer avec quelques détails. La foudre est une autre sorte de feu naturel dont nous nous occuperons plus tard.

Léon, pensez-vous que l'homme pourrait vivre s'il ne savait pas faire du feu?

— On serait obligé de manger des aliments crus, et l'on ne pourrait vivre en hiver que dans les pays chauds.

C'est vrai. Sans le feu, l'homme ne pourrait habiter que les climats chauds ou tempérés. Et même dans les climats tempérés, il serait obligé, pendant l'hiver, d'émigrer vers les parties les moins froides. Cette vie nomade et misérable est incompatible avec la civilisation.

C'est grâce au feu et à la fabrication des outils que l'homme a pu prendre possession de la terre, y former des sociétés policées. C'est au feu que nous devons les métaux sous leur forme usuelle, les vases de terre et de verre d'un usage journalier. Aucune industrie ne pourrait se passer du feu. C'est lui qui, emprisonné sous la chaudière d'une machine à vapeur, donne à l'homme une force incalculable pour mettre en mouvement des outils, des machines, pour courir sur les rails de chemins de fer, ou traverser les mers en dépit des vents contraires.

Le rôle du feu étant si grand dans le monde, vous voyez qu'il est bon de savoir en quoi il consiste et d'avoir des données exactes sur ce qui concerne la combustion.

QUESTIONNAIRE.

Qu'arrive-t-il à une matière en combustion? — Qu'est-ce qui a rendu lumineux le fer que l'on forge? — Expliquez la différence qu'il y a entre l'*incandescence* et la combustion. — Quelles idées éveille le mot combustion? — Quelle est la condition indispensable de la combustion? — Quel est le corps qui produit toutes les combustions? — Qu'arrive-t-il lorsque l'oxygène se trouve en présence de carbone à une haute température? — Que résulte-t-il de leur union? — Comment peut-on prouver, par une simple expérience, que la combustion du charbon produit du gaz carbonique? — Dites ce que vous savez concernant ce gaz. — Qu'est-ce qui produit la fumée? — Comment peut-on prouver la présence du carbone dans la flamme d'une bougie qui ne fume pas? — Faites comprendre la composition de la flamme d'une bougie. — Qu'est-ce qui rend éclairante la flamme? — Indiquez un produit abondant de la combustion de l'alcool et du gaz d'éclairage. — Citez des matières combustibles. — Expliquez dans quelles circonstances le fer peut brûler. — Quel est le résidu de la combustion du fer? — Indiquez les rapports qui existent entre la respiration et la combustion. — Donnez une idée de ce qui constitue une combustion lente. — Quelles sont les sources naturelles du feu? — Donnez une idée de l'existence de l'homme s'il ne connaissait pas le feu. — Faites comprendre l'utilité du feu et ses rapports avec la civilisation.

TABLE DES CHAPITRES

TROISIÈME PARTIE

LES VÉGÉTAUX

QUATRIÈME PARTIE

NOTIONS SUR LA MATIÈRE

FIN DE LA TABLE.

Corbeil. Typ. et stér. Crété.

www.ingramcontent.com/pod-product-compliance
Ingram Content Group UK Ltd.
Pitfield, Milton Keynes, MK11 3LW, UK
UKHW021012140726
13695UKWH00001B/202